전기자동차 고전압시스템 입문

EV

INTRODUCTION TO
EV HIGH-VOLTAGE SYSTEMs

저자소개
이정환 오산대학교 미래전기자동차과 교수

전기자동차 고전압시스템 입문

초판 인쇄 | 2025년 2월 20일
초판 발행 | 2025년 2월 28일

저　　자 | 이정환
발 행 인 | **조규백**
발 행 처 | 도서출판 **구민사**
(07293) 서울특별시 영등포구 문래북로 116, 604호(문래동 3가 46, 트리플렉스)
전　　화 | (02) 701-7421
팩　　스 | (02) 3273-9642
홈페이지 | www.kuhminsa.co.kr

신고번호 | 제2012-000055호 (1980년 2월 4일)
I S B N | 979-11-6875-515-4 (93550)

값 | **30,000원**

Preface

머리말

최근 글로벌 전기자동차 시장이 지속적으로 확대되며, 성장세를 보이고 있다. 국내에서도 전기자동차 관련 수요와 관심이 늘어나기 시작하였고, 전기자동차를 구매했거나 구매를 고려하는 고객이 점진적으로 증가하고 있다.

따라서 전기자동차를 점검 및 수리하는 기회가 많아지고 있으며 관련 안전사고 또한 빈번히 일어나고 있는 실정이다. 특히 전기자동차는 고전압을 이용하므로 감전사고나 단락에 의해서 작업 중에 화상을 입거나 배터리 폭발에 의한 화재 등 인명에 치명적일 수 있는 안전사고가 증가하고 있다.

본 교재에서는 전기자동차를 안전하게 사용하고 안전한 정비를 위해서 필수적인 전기자동차 고전압시스템 관련 기본 정비 방법 및 점검과 안전관리를 위한 주의사항에 대하여 다음과 같이 수록하였다.

1장 전기자동차 이해

2장 전기안전 개론

3장 전기자동차 모터 및 컨트롤시스템

4장 전기자동차 고전압배터리 및 보조배터리시스템

5장 전기자동차 냉각시스템

6장 전기자동차 충전시스템

7장 전기자동차 공조시스템

8장 전기자동차 유지관리 및 주의사항

본 교재를 통하여 전기자동차 점검 및 수리 시 고전압 안전에 대한 지식을 향상시키는데 도움이 되길 바라며, 내용 중 오류에 대해서는 독자 여러분께서 지도와 조언을 해주시면 수정 보완하겠습니다.

끝으로 이 한 권의 교재가 완성되도록 도와주신 모든 분들께 감사드리며, 교재가 완성될 때까지 성심성의로 본 원고를 다듬어준 도서출판 구민사 조규백 대표님과 직원분들에게 깊은 감사를 드립니다.

CHAPTER 01

전기자동차 이해

1. 전기자동차의 개요 _ 2
2. 전기자동차의 특징 _ 5
3. 전기자동차의 구성 _ 7

CHAPTER 02

전기안전 개론

1. 고전압 _ 24
2. 감전 _ 25
3. 전기자동차 고전압장치 안전수칙 _ 50
4. 전기자동차 작업 시 안전 유의사항 _ 54
5. 안전장비 _ 55
6. 감전 사고사례 _ 64

Contents

차 례

CHAPTER 03 전기자동차 모터 및 컨트롤시스템

1. 전기자동차의 주요부품 _ 68
2. 모터 및 감속기 _ 71
3. 전기자동차 컨트롤시스템 _ 88

CHAPTER 04 전기자동차 고전압배터리 및 보조배터리시스템

1. 전기자동차 고전압배터리 시스템 _ 116
2. 전기자동차 고전압배터리 안전기준 _ 142
3. 고전압배터리 관련 안전수칙 _ 164
4. 보조배터리(12V) 시스템 _ 216
5. 커패시터 _ 224

CHAPTER 05

전기자동차 냉각시스템

1. 전기자동차 냉각장치의 개요 _ 230
2. 전기자동차 냉각장치 구성품 _ 240
3. 고전압배터리 냉각시스템 _ 272
4. 냉각수 온도 센서 _ 290

CHAPTER 06

전기자동차 충전시스템

1. 전기자동차 배터리 충전 _ 294
2. 충전 케이블 _ 303
3. 충전 시 안전 유의사항 _ 306
4. 회생제동 _ 310

Contents

차 례

CHAPTER 07 전기자동차 공조시스템

1. 에어컨 _ 314
2. 히터 _ 356
3. 히트펌프 _ 372

CHAPTER 08 전기자동차 유지관리 및 주의사항

1. 고전압배터리 시스템 취급 시 주의사항 _ 380
2. 고전압배터리 시스템의 화재 발생 시 주의사항 _ 381
3. 고전압배터리 가스 및 전해질 유출 시 주의사항 _ 381
4. 전지가동차 장기방치 시 주의사항 _ 382
5. 고전압배터리의 관리 및 보관 시 주의사항 _ 383
6. 우천 시 주의사항 _ 384
7. 사고 전기차 취급 방법 _ 385
8. 기타 주의사항 _ 391

전기자동차 이해

01

CHAPTER 01

전기자동차 이해 (EV, Electric vehicle)

1 전기자동차의 개요

인류가 자동차를 발명하여 사용해 온 이래 화석연료의 사용을 증가시켜 에너지 문제와 온실가스 배출로 인한 지구 기후변화 문제를 초래하게 되었고, 이를 해결하고 완화시키기 위해서 친환경자동차(Environmentally Friendly Vehicle)의 보급 확대가 어느 때보다도 중요하게 되었다.

하이브리드자동차(HEV, Hybrid Electric Vehicle)는 엔진과 모터를 동시에 이용하여 구동력을 발생시키는 자동차이다. 하이브리드자동차 중에서 외부로부터 충전이 가능한 자동차를 플러그인 하이브리드자동차(PHEV, Plug-in Hybrid Electric Vehicle)라고 한다. 그리고 엔진이 없고 모터로만 구동력을 발생시키는 자동차를 총칭해 전기자동차(EV, Electric Vehicle)라고 한다.

HEV나 PHEV 모두 전기모터와 엔진이라는 동력을 발생시키는 두 개의 심장을 가졌다는 점은 같다. 단지 차이는 외부전원을 이용한 충전가능여부이다. 따라서 플러그인 하이브리드자동차와 하이브리드자동차의 가장 큰 차이점은 배터리의 용량이며, 전기 플러그를 이용해 충전한다는 점이다. PHEV에는 HEV보다 4배에서 10배가량 큰 배터리를 탑재하며 리튬이온 배터리가 차량의 주동력원이 된다.

또한 이 둘의 차이점은 주동력과 보조동력이 다르다는 점이다. HEV는 주동력원이 화석연료(열에너지)이고 보조동력원이 전기에너지인 반면, PHEV는 주동력원이 전기에너지이고, 보조동력원이 화석연료이다. 따라서 PHEV는 EV보다는 주행거리가 길고 HEV보다 연비가 좋다는 장점이 있지만, 여전히 화석연료를 사용한다는 부분에서 환경적인 부담이 남아 있는 자동차이다.

한편, 전기자동차는 화석연료(가솔린 · 디젤 등)를 사용하는 엔진 없이 충전된 배터리를 통한 전기에너지만을 동력원으로 사용하는 자동차이다. 전기에너지만을 이용하기 때문에 이산화탄소 등 배출가스가 전혀 발생하지 않는다. 즉, 내연기관이 필요 없고 전기모터만 장착하면 되기 때문에 자동차 구조를 단순화할 수 있고 자동차 앞쪽의 엔진룸이 없어도 되기 때문에 그 공간을 활용해 기존 방식과는 다른 다양한 디자인의 자동차가 등장하고 있다. 또한, 전기자동차가 기존 화석연료를 사용하는 자동차와 다른 점은 내연기관을 사용하지 않기 때문에 엔진 소리가 나지 않는다. 전기자동차를 처음 운전해보면 엔진 소리가 없어서 시동이 걸렸는지, 차가 지나가고 있는지도 모르는 상황이 발생하기도 한다. 이러한 이유로 전기자동차에는 일부러 엔진 소리가 나도록 효과음을 넣기도 한다. 자동차의 동력원인 엔진이 모터로 대체되고 변속기를 대신할 수 있는 감속기가 장착된다. 또한 고출력의 전기모터를 구동하기 위한 고전압배터리 및 이를 제어하기 위한 각종 보조 장치가 적용된다.

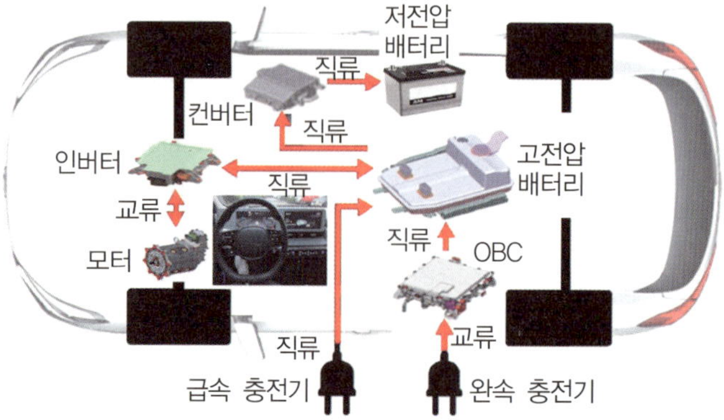

그림 1-1 전기자동차의 전기에너지 흐름

EV는 배터리만으로 자동차를 구동하므로 배터리 성능이 가장 중요한 요소인데, 현재 기술력으로는 한 번 충전으로 최대 약 500km를 주행할 수 있는 수준이다. 앞으로는 1회 충전으로 800km 이상 주행이 가능하고 배터리 충전시간도 100kW급 급속충전기로는 400km 가량 주행 가능한 전기자동차 배터리를 80% 충전하는 데 약 1시간이 소요됐으나, 초급속충전기(350kW급)는 약 20분 만에 80%를 충전할 수 있어 충전 속도가 획기적으로 개선된다.

전기자동차의 보급은 자동차산업 전반의 큰 변화를 이끌고 있다. 지금까지 내연기관 자동차는 엔진을 생산하는 완성차 제조업체를 중심으로 변속기와 클러치 등을 공급하는 업체의 협력으로 만들어졌으며, 다소 복잡한 생산구조를 이루고 있다. 그러나 2차 전지와 모터로 구동하는 전기자동차는 엔진 및 변속기가 필요 없어지는 등 구조가 간단해진다. 자동차 구조만 단순해지는 게 아니다. 산업구조도 자동차 업체를 기준으로 하는 계열화에 의한 수직통합형에서 전지·전자 등을 중심으로 하는 수평통합적인 구조로 완만하게 변화할 것이다. 다시 말해 관련 계열 이외의 기업도 참여할 수 있는 여지가 생기는 것이다.

2 전기자동차의 특징

2.1 내연기관 파워트레인과 전기자동차 파워트레인 비교

① 자동차에서 파워트레인은 동력장치에서 생산한 동력을 바퀴에 전달하는 과정에서 필요한 시스템을 지칭한다.

② 전기자동차 파워트레인은 동력을 만드는 모터와 전기의 특성을 제어하는 파워일렉트로닉스 그리고 전기에너지를 저장하는 배터리팩으로 구성된다. 연료를 저장하고 배출하는 내연기관 자동차의 연료탱크는 파워트레인에 포함되지 않지만, 전기자동차의 배터리팩은 에너지의 저장 및 효율적 관리 역할까지 하므로 파워트레인 구성요소에 포함된다.

③ 전기자동차와 내연기관 자동차 파워트레인의 가장 큰 차이는 동력을 만드는 방법에 있다. 내연기관 자동차의 동력을 엔진이 만든다면 전기자동차의 동력은 모터가 만든다. 엔진을 구동하려면 휘발유 등 연료가 필요하고, 모터를 돌리려면 전기가 필요하다. 동력을 전달하는 방식도 전기자동차와 내연기관 자동차는 다르다. 전기자동차가 동력을 만들고 전달하는 방식은 내연기관 자동차에 비해 상대적으로 간단하다. 따라서 전기자동차 파워트레인은 내연기관 자동차보다 구조적으로 훨씬 단순하고, 부품수도 최대 70%까지 줄어든다.

④ 내연기관 자동차의 성능은 파워트레인 구성부품인 엔진과 변속기의 개별 성능 그리고 부품 간 효율적 연계 수준에 달려있다. 전기자동차에서도 파워트레인의 성능은 중요한 경쟁요소다. 원가 측면에서도 파워트레인의 비중은 전기자동차 부품 중에서 가장 높으며, 전기자동차 모델 간 경쟁의 핵심이다.

2.2 전기자동차의 장 · 단점

2.2.1 장점

① 주행 시 CO_2를 배출하지 않는다. 소형 전기자동차가 충전전기 제조 시 주행 1km당 40g(소형 가솔린자동차의 경우는 170g)의 CO_2를 발생한다.

② 부품 수가 하이브리드자동차 또는 내연기관 자동차보다 적어(엔진, 트랜스미션 등이 불필요) 시스템 단순화가 가능하므로 고장 리스크 범위도 줄일 수 있고 고장이 적은 편이다. 배터리 생산 비용이 줄어들면 차량 가격이 저렴해질 수 있다.

③ 전기자동차는 전기모터로만 구동할 경우 운행비용이 가장 저렴하고, 값싼 심야 전기를 이용할 경우 비용을 더 낮출 수 있으며 자택에서 충전 가능하다.

④ 주행 중 화석연료를 전혀 사용하지 않아 친환경적이다.

⑤ 차량 소음과 진동이 적고, 수명이 상대적으로 길다.

⑥ 다양한 에너지원을 이용할 수 있고, 에너지 효율이 높다.

⑦ 차량디자인 및 부품배치 자유도가 크다.

⑧ 전기자동차는 내연기관 자동차와는 다르게 운전조작이 간편하다(원페달 드라이빙).

2.2.2 단점

① 고가의 배터리가 필요하다.

② 자동차 수명보다 배터리 수명이 짧다.

③ 장거리 주행을 위해서는 여러 번 충전해야 한다.

④ 고가의 배터리가 대량으로 필요하므로 차량 가격이 비싸다.

⑤ 배터리 1회 충전으로 주행할 수 있는 거리(항속거리)가 짧다.

⑥ 충전 시간이 오래 걸리며, 별도의 충전을 위한 인프라 구축이 필요하다.

⑦ 겨울철에 주행거리의 편차가 심하다.

3 전기자동차의 구성

3.1 전기자동차 구동장치(PE, Power Electric)

① 전기자동차의 구동장치는 내연기관의 엔진과 변속기 및 연료탱크 등의 주요 구동계의 역할을 모터와 감속기, 배터리가 담당하게 된다. 클러치와 변속기가 없으므로 구조가 간단하다.

② 현재의 전기자동차 대부분에서 적용하고 있는 것이 내연기관 자동차와 같은 구동장치의 배치이다.

③ 전기자동차는 주로 배터리의 전원을 이용하여 전기모터로부터 동력을 얻어 차량을 구동한다.

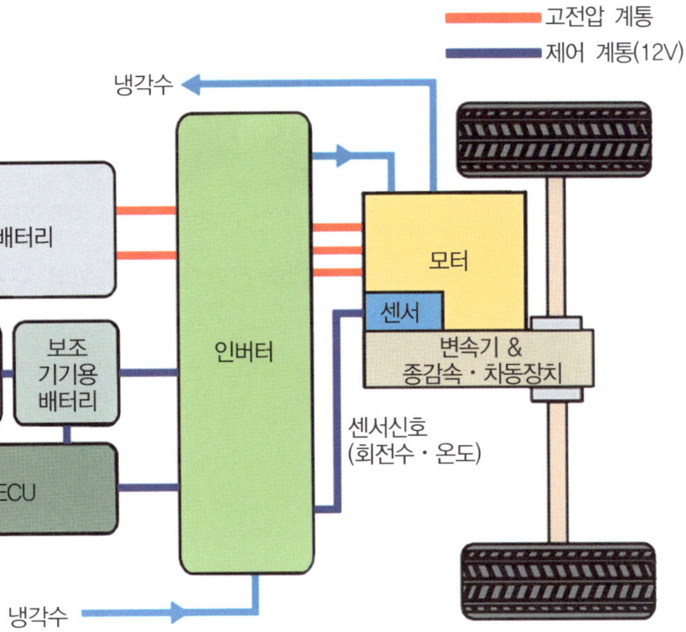

그림 1-2 인휠 모터 아우터 로터식의 구조

④ 가장 간단한 것이 모터의 회전을 그대로 전달하는 방법으로 인휠(In Wheel) 모터 방식이다. 전기자동차만의 특징을 가장 잘 살린 구동장치라고 할 수 있다.

⑤ 현재 3세대 구동장치는 효율성 향상 및 출력 밀도가 향상되었다.

⑥ 전기자동차 구동장치 사용전압은 400~800V로 충전시간 단축 및 모터 출력 향상을 위한 유리한 환경이 조성되었다.

⑦ 감속할 때는 모터를 발전기(회생제동 기능)로 사용하여 운동에너지를 전기에너지로 변환시켜 배터리를 충전한다.

⑧ 전기자동차의 주요 부품은 고전압배터리, 배터리관리시스템(BMS, Battery Management System), 전기모터, 인버터 및 컨버터, 회생제동장치 등으로 구성되어 있다.

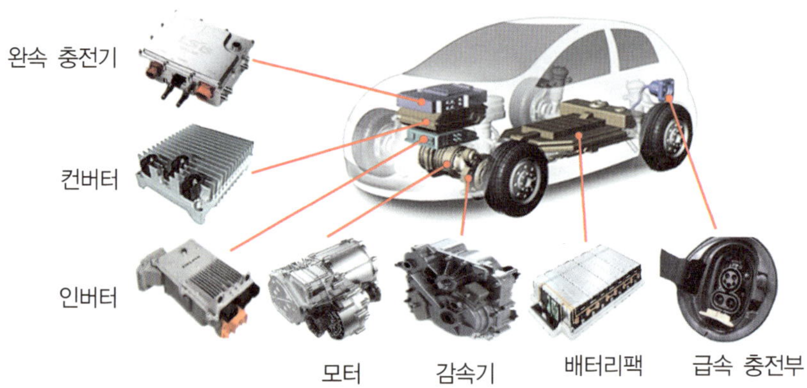

그림 1-3 전기자동차의 기본 구조

표 1-1 내연기관 · HEV/PHEV · EV 구성 부품 비교

구분	내연기관 차량	HEV/PHEV	EV
구동계	Engine/TM 	Engine/Motor 	Motor 
에너지계	연료탱크 	배터리  DC/DC 컨버터  BMS 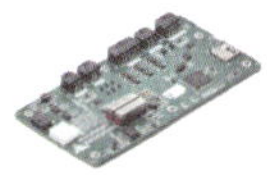 OBC 	
현가/조향/제동계	엔진을 이용하여 유압 발생 또는 전기모터 사용	EHPS  EPS  SBW  EMBrake 	
공조(A/C)계	엔진을 이용 구동	전동 Compressor  Air Blower 	

- BMS : Battery Management System
- OBC : On Board Charger
- EHPS : Electric Hydrauric Power Steering(유압전동식 조향장치)
- EPS : Electric Power Steering(전자제어 조향장치)
- SBW : Steer By Wire(와이어링 제어 조향기구)
- EM Brake : Electric Motor Brake(전기모터 브레이크)

3.2 전기자동차 주행모드 및 전기자동차의 전원

3.2.1 전기자동차의 주행모드

주행기능은 출발 또는 가속 시 전기에너지를 이용하여 구동모터에서 구동력을 발생하여 바퀴에 전달하는 기능이다.

그림 1-4 주행기능

전기차는 출발 및 가속, 감속, 완속충전, 급속충전의 4가지 주행모드로 전기에너지를 효율적으로 이용하고, 친환경적인 모빌리티를 제공하고 있다.

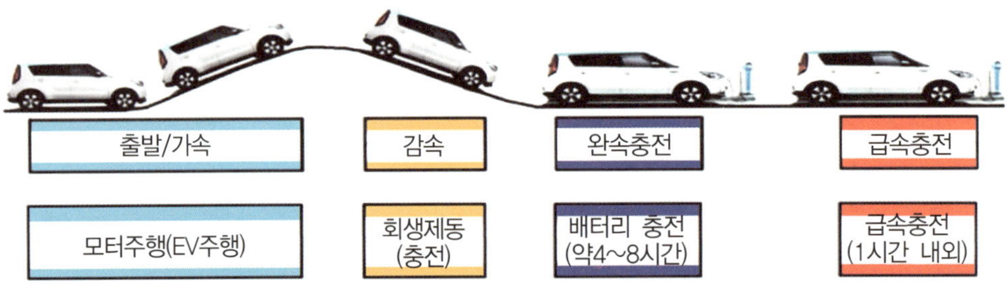

그림 1-5 전기자동차 주행 패턴

[1] 출발 및 가속

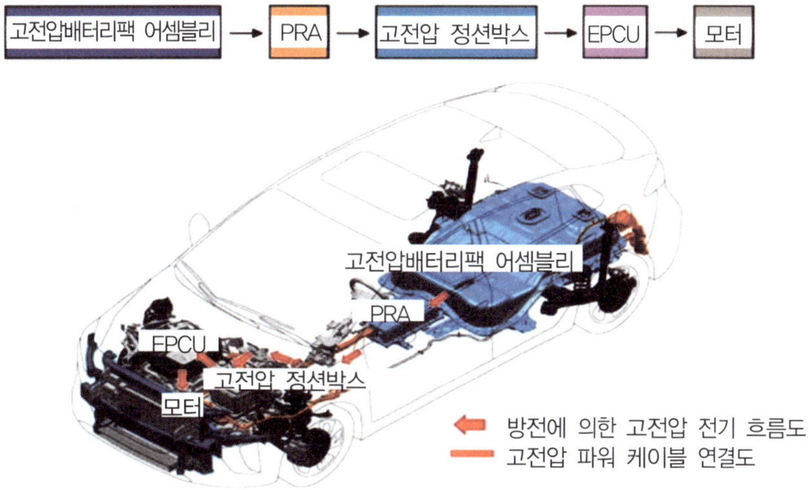

- PRA(Power Relay Assembly) : 고전압배터리의 방전 또는 충전을 위해 전원을 공급하거나 차단하는 부품
- EPCU(Electric Power Control Unit) : 통합전력제어장치

그림 1-6 출발 가속 시 동력 흐름도

시동키를 ON 후 운전자가 가속 페달을 밟으면 전기자동차는 고전압배터리팩 어셈블리에 저장된 전기에너지를 이용하여 구동 모터가 구동력을 발생함으로써 전기에너지를 운동에너지로 바꾼 후 바퀴에 동력을 전달한다.

차속을 올리기 위해 가속 페달을 더 밟으면 모터는 더 빠르게 회전하여 차속이 높아진다. 큰 구동력을 요구하는 출발과 언덕길 주행 시는 모터의 회전속도는 낮아지고 구동 토크를 높여 언덕길을 주행할 때에도 변속기 없이 순수 모터의 회전력을 조절하여 주행한다.

[2] 감속

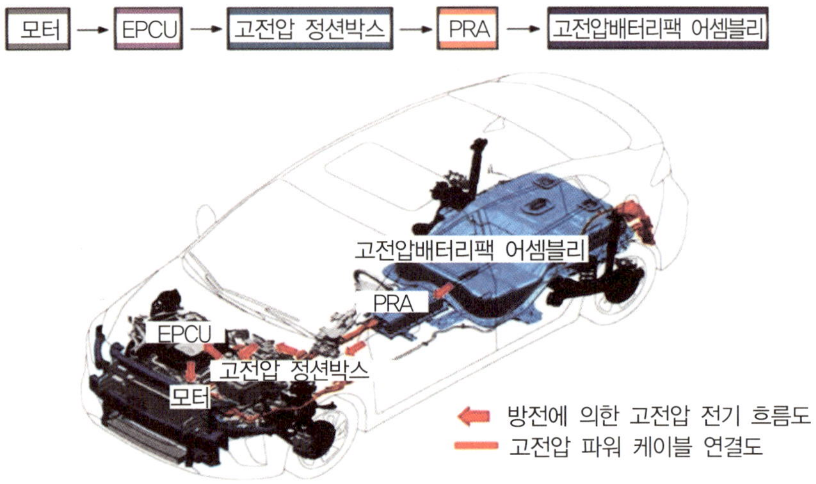

그림 1-7 감속(회생제동) 시 동력 흐름도

① 차량 속도가 운전자가 요구하는 속도보다 높아 가속 페달을 작게 밟거나 브레이크를 작동할 때 전기모터의 구동력은 필요하지 않으므로, 이때 구동모터는 발전기의 역할로 변환되어 차량의 주행 관성 운동에너지에 의해 구동모터는 전류를 발생시켜 고전압배터리에 저장한다.

② 구동모터는 감속 시 발생하는 운동에너지를 이용하여 발생된 전류를 고전압배터리팩 어셈블리에 충전하는 것을 회생제동이라고 한다. 회생제동 작동은 10km/h 이상일 경우이고 미작동은 3km/h 이하일 경우이다.

[3] 완속충전

배터리를 충전하기 위해 전기차를 가정이나 공공 220V의 충전기에 연결하여 전기를 공급하는 것을 완속충전이라 한다. 완속충전은 주로 가정이나 사무실 등에서 일상적으로 사용된다. 배터리 충전은 차량의 OBC(On-Board Charge)를 통해 충전되며, 전기차의 배터리 충전량은 연결한 충전기의 전류, 전압에 따라 달라진다.

온보드차저(OBC)는 고전압배터리를 충전하기 위하여 차량에 탑재된 충전기이며, 차량 주차 상태에서 완속충전을 하거나 휴대용 충전기로 가정용 플러그에 꽂아서 충전할 경우, 차량에 입력된 교류전원(AC)을 직류전원(DC)으로 변환하는 장치이다. 교류를 직류로 전환한다는 점에서 인버터와 비슷해 보이지만, OBC는 충전을 위한 장치이며 인버터는 차량 가속과 감속과 관련된 장치라는 점에서 그 역할이 다르다. 고전압배터리 제어기인 BMU(Battery Management Unit)와 CAN 통신을 통해 배터리 충전(정전류, 정전압)을 최적으로 제어하고, 급속충전은 직류를 이용한다.

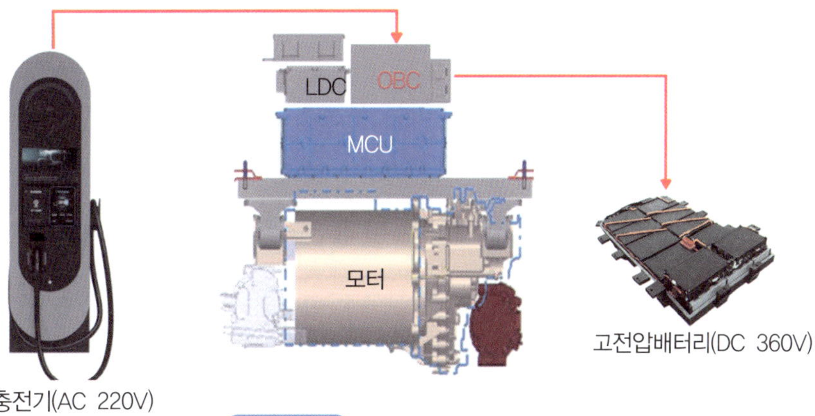

그림 1-8 완속충전 흐름

[4] 급속충전

급속충전은 충전 시간을 단축시키기 위해 고전압 충전기를 이용하는 충전 방법이다. 고전압 충전기는 보통 공공장소에 설치되어 있으며, 대부분 30분 내외의 짧은 시간에 배터리를 충전할 수 있다. 다만, 고전압 충전기를 사용하면 배터리 수명에 영향을 줄 수 있으므로 자주 사용하는 것은 좋지 않다.

3.2.2. 전기자동차의 전원

표 1-2 전기자동차 에너지 계통 구성부품

구분	배터리	OBC	컨버터	BMS
형상				
사양	300Wh/kg (Li-ion)	3.3kW (탑재형)	3.2kW (=300→14V)	300V/200A (-30~80℃)
요구 특성	고용량	고효율 소형 경량	고신뢰성	신뢰성, 안정성

[1] 전기차 전원제어(전력제어)

전기자동차 내부에서 전기를 사용하는 부분은 크게 두 가지로 나뉘게 된다. 모터로 연결되는 구동계와 에어컨, 내비게이션 등의 전자장치의 전원으로 나뉜다.

하지만 모터를 작동시키는 전기와 차량내부의 전자 장비를 작동시키는 전기는 각각 다른 종류를 사용해야 한다. 차량내부의 대부분의 전자장비는 높은 전압이 인가되면, 전자장치들이 손상될 수 있어 12V의 전압으로 구동된다. 하지만 12V의 전압은 자동차를 구동시키기 위한 충분한 힘을 내지 못하므로 300V 이상의 고전압의 전기로 모터에서 동력을 발생시킨다. 전기차에서 이렇게 고전압이 사용되는 부분을 HV(High Voltage), 전자장치를 LV(Low Voltage)로 나뉘게 된다.

전기차의 전원제어는 고전압배터리, 파워 릴레이 어셈블리(PRA, Power Relay Assembly), 전동식 에어컨 컴프레서, LDC(Low DC/DC Converter, 전류변환장치), PTC 히터(Positive Temperature Coefficient Heater), 차량탑재형 완속충전기(OBC, On-Borad Battery Charger), 모터 제어기(MCU, Motor Control Unit) 및 구동모터로 구성된다. 이러한 부품들은 모두 고전압으로 연결되어 있으며, 배터리팩에는 고전압배터리와 파워 릴레이 어셈블리 1, 파워 릴레이 어셈블리 2 및 고전압을 차단할 수 있는 안전 플러그가 장착되어 있다.

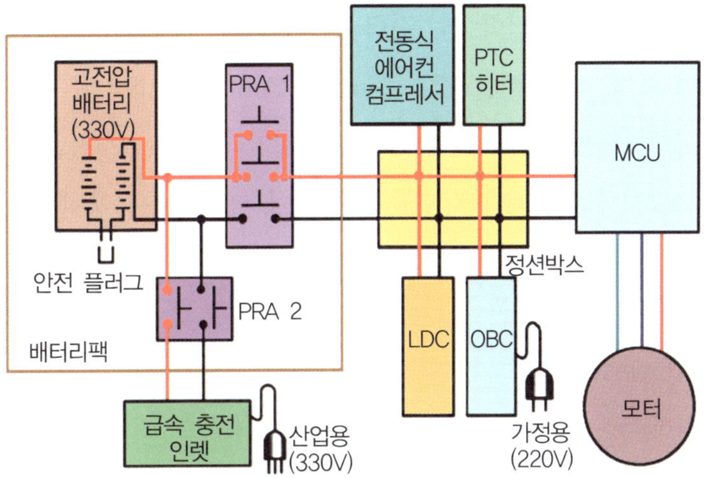

그림 1-9 고전압 흐름도

① 파워 릴레이 어셈블리 1(PRA, Power Relay Assembly 1)은 구동용 전원을 차단 또는 연결하는 릴레이

② 파워 릴레이 어셈블리 2는 급속충전 시 BMU(Battery Management Unit)의 신호를 받아 고전압배터리에 충전될 수 있도록 전원을 연결하는 기능

③ 전동식 에어컨 컴프레서, PTC 히터(Positive Temperature Coefficient Heater), LDC(Low DC/DC Converter, 전류변화장치), OBC(On-Board Battery Charger, 차량탑재형 배터리 완속충전기)에 공급되는 고전압은 정션박스를 통해 전원을 공급받는다.

④ MCU(Motor Control Unit)는 고전압배터리에 저장된 직류를 파워 릴레이 어셈블리 1과 정션박스를 거쳐 공급받아 전력변환기구(IGBT, Insulated Gate Bipolar Transistor) 제어로 고전압의 3상 교류로 변환하여 구동 모터에 고전압을 공급하고 운전자의 요구에 맞게 모터를 제어한다.

[2] 통합전력제어장치(EPCU, Electric Power Control Unit)

통합전력제어장치는 대전력량의 전력변환시스템으로서 고전압의 직류를 전기자동차의 통합제어기인 차량 제어 유닛(VCU, Vehicle Control Unit) 및 구동 모터에 적합한 교류로 변환하는 장치인 인버터(Inverter), 고전압배터리 전압을 저전압의 12V DC로 변환시키는 장치인 LDC(직류변환장치) 등으로 구성되어 있다. 이를 통해 전기자동차는 안정적이고 효율적인 전력 공급이 이루어진다(EPCU = VCU + 인버터 + LDC).

(1) 인버터(Inverter)

전기자동차에서는 내구성, 성능 효율성 등을 이유로 AC모터를 사용한다. 따라서 전원을 DC에서 AC로 변환해 주어야 하므로 그 역할을 하는 장치가 필요한데 이 역할을 하는 것이 인버터(Inverter)이다.

인버터는 고전압배터리의 DC 전원을 차량 구동 모터의 구동에 적합한 AC 전원으로 변환하는 시스템으로서 인버터는 케이스 속에 IGBT(Insulated Gate Bipolar Transistor), 파워 드라이버(Power Driver), 제어회로인 컨트롤러(Controller)가 일체로 이루어져 있다.

가속할 때는 고전압배터리에서 구동모터로 에너지를 공급하고, 감속 시에는 구동 모터에서 발생한 에너지를 다시 배터리에 충전하는 회생제동을 통해 주행거리를 늘려준다. 이렇듯 인버터는 다양하게 전기차를 구동하는데 있어 개입하는 부분이 많기 때문에 매우 중요한 부품 중에 하나이다.

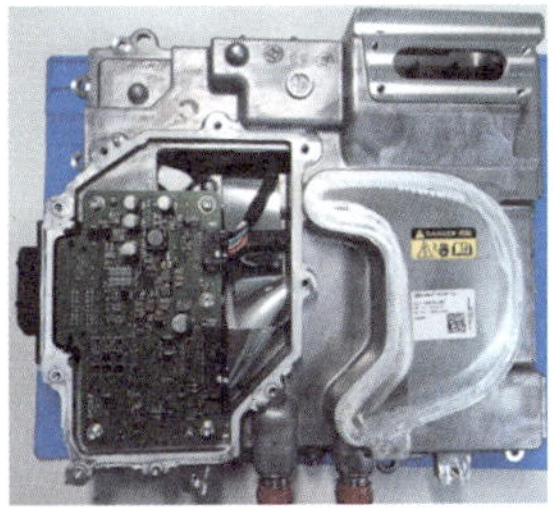

(a) 인버터 제어보드

(b) 인버터 내부(커패시터/전력 반도체/게이트 드라이버/파나소닉 릴레이/모터 출력단자/전류센서)

(c) 전력 반도체 수냉각 구조

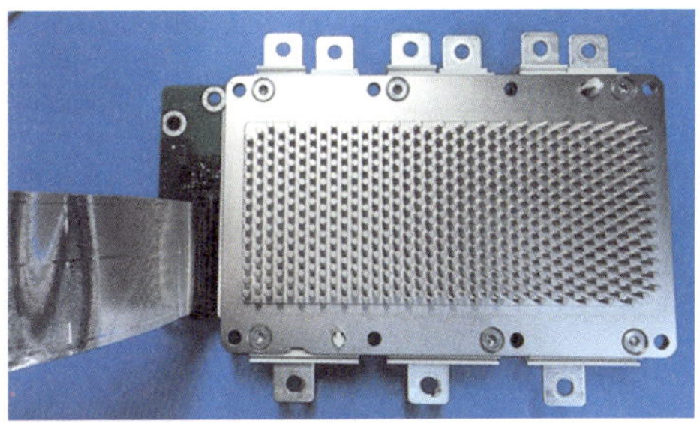

(d) 인피니언 전력 반도체 FS05MR12(1200V200A)

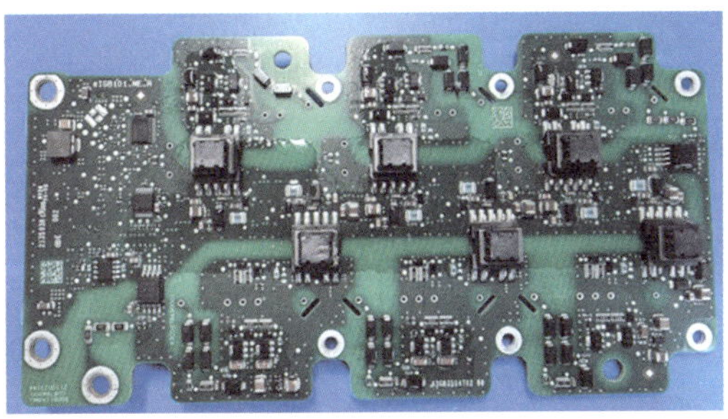

(e) 게이트 드라이버

(f) 절연전원 SMPS용 TDK 트랜스포머

(g) 게이트 드라이버 보드(Bottom)

(h) ROHM사 게이트/드라이버 IC

그림 1-10 IONIQ5 인버터 구성(출처 : 폴페어)

(2) **직류 변환장치**(LDC, Low Voltage DC-DC Converter)

전기자동차는 고전압배터리 시스템을 탑재하고 있으므로 이를 HV 시스템인 모터로 전달하는 데에는 문제가 없다. 하지만 LV 시스템으로 전달하려면 전압을 낮춰줘야 한다. 이때 사용하는 것이 DC-DC 컨버터이다. DC-DC 컨버터는 HV를 LV로 바꿔주어 전기차의 다양한 전자장치들을 사용할 수 있게 만들어 준다.

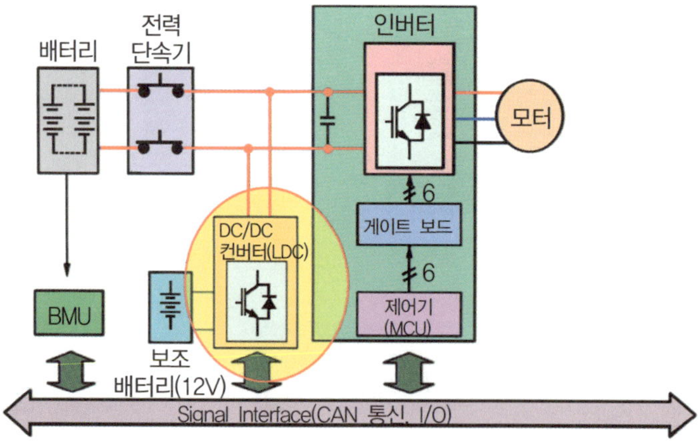

그림 1-11 전력제어장치 다이어그램

(3) VCU(Vehicle Control Unit, 차량제어장치)

VCU는 EPCU에서 가장 중요한 부품 중 하나이다. 전기자동차 제어 기구는 MCU(모터제어장치), BMS(배터리관리시스템), LDC(저전압직류변환장치), OBC(차량 탑재형 배터리 완속충전기), AHB(Active Hydraulic Booster, 회생제동용 액티브 유압 부스터 브레이크 시스템), 계기판(Cluster), 전자동 온도 조절장치(FATC, Full Automatic Temperature Control) 등과 협조 제어를 통해 최적의 성능을 유지할 수 있도록 제어하는 기능을 수행(차량의 속도, 배터리 제어 등 각종 제어)한다.

표 1-3 VCU 주요기능

주요기능	상세 내용
구동 모터 토크 제어	배터리 가용 파워, 모터 가용 파워, 운전자 요구(APS, Brake, Shift Lever)를 고려한 모터 토크 지령 계산
회생제동 제어	회생제동을 위한 모터 충전 토크 지령 연산, 회생 제동 실행량 연산
공조 부하 제어	배터리 정보 및 FATC 요청 파워를 이용하여 최종 FATC 허용 파워 전송
전장 부하 공급 전원 제어	배터리 정보 및 차량 상태에 따른 LDC On/Off 및 동작 모드 결정
Cluster 표시	구동 파워, 에너지 Flow, ECO Level, Power Down, Shift Lever Position, Service Lamp 및 Ready Lamp 점등
주행 가능 거리 DTE(Distance to Empty)	배터리 가용 에너지, 과거 주행연비를 기반으로 차량의 주행가능 거리 표시, AVN을 이용한 경로 설정 시 경로의 연비 추정을 통하여 DTE 표시 정확도 향상
예약/원격 충전 공조	TMU와의 연동을 통해 Center·스마트폰을 원격제어, 운전자의 작동 시각 설정을 통한 예약기능 수행
아날로그·디지털 신호 처리 및 진단	APS, Brake S/W, Shift Lever, Air Bag 전개 신호 처리 및 판단

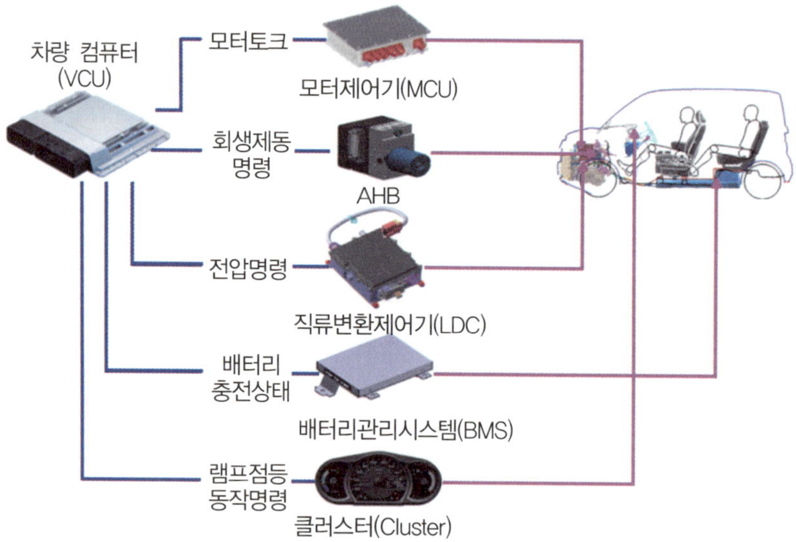

그림 1-12 VCU 제어도

MEMO

Electric Vehicle Safety Training

전기안전 개론

02

CHAPTER 02

전기안전 개론

1 고전압(High voltage)

1.1 고전압 개요

고전압 전기란 부상이나 손상을 일으킬 수 있을 만큼 큰 전위를 말한다. 특정 산업에서 고전압은 특정 임계값 이상의 전압을 의미하고 고전압을 전달하는 장비 및 도체는 특별한 안전 요구 사항 및 절차를 보장한다.

전기자동차 안전교육은 아직 국내에는 생소한 개념이다. 충전 및 주차 시에 화재가 발생하는 것은 알고 있지만 아직 국내에 전기차 관련 큰 사건·사고 사례가 있어도 발표가 되지 않고 있지만(사례로 고전압배터리 취급 시 보호장비 미착용으로 감전 및 고전압배터리 쇼트로 인한 화재로 화상을 입은 경우), 미리 대비하고 예방해야 한다는 지적이 나오고 있다. 전기자동차 배터리는 고전압이기 때문에 자동차 정비사는 물론 운전자 모두에게 전기 안전 교육이 반드시 필요하다.

"고전압"은 계량적 표현이 아닌 상대적 개념의 용어지만, 일반적으로 전압이 62Vdc 이상이 되면 인체에 피해를 입힐 가능성이 생기므로 적절한 안전조치를 취해야만 한다.

한국전기설비규정(KEC, Korea Electro-technical Code)은 지난 2018년 3월 공고된 이후, 약 3년의 유예기간 끝에 2021년 1월 1일부로 저압·고압·특별고압 구분이 적용된다.

표 2-1 저압·고압·특고압 구분(2021년 이후)

구분	교류(60Hz)	직류
저압	1000V 이하	1500V 이하
고압	1000V 초과 7000V 이하	1500V 초과 7000V 이하
특별고압	7000V를 넘는 것	

2 감전(Electric shock)

2.1 감전 개요

감전이란 외부적인 상황에 의해 전기를 느끼게 되는 것으로 감전사나 화상 등 외부의 전기가 신체에 흘러 해로운 결과를 발생시키는 것으로 쓰이는 경우가 많다. 감전은 전류가 인체를 통해 흐르는 것을 총칭하는 의미라 너무 짧으니 부수적인 내용들을 조금 더 포함한다. 전류량에 따라 다르지만 고전압에서는 튕겨나가기도 하고, 중/저전압에서는 오히려 더 끌려 들어가서 떼어내기 힘들어져 위험해지는 상황이 일어난다.

나무는 물론, 어지간한 건물이라도 번개 정도 되면 피뢰침이 아닌 이상 박살나지만 인간이 특히 감전에 취약한 이유는 바로 우리 몸에 약한 전류가 흐르기 때문이다. 이러한 약한 전류는 신경 전달을 돕지만 강한 전류는 말 그대로 사람을 움직이지 못하게 만드는 수준이다. 그래서 감전된 상태에서는 스스로 손을 뗄 수도 없어서 더 위험한 상황으로 발전될 수 있다.

감전에 의한 인체의 반응 및 사망의 한계는 그 속성상 인체실험이 어렵고, 또 어떠한 실험결과가 나와도 그것은 검증이 어렵다는 점과 인간의 다양성, 재해 당시의 상황변수 등의 이유로 획일적으로 정하기는 어렵지만, 인체의 감전 시 그 위험도는 통전전류의 크기, 통전시간, 통전경로, 전원의 종류에 따라 달라진다.

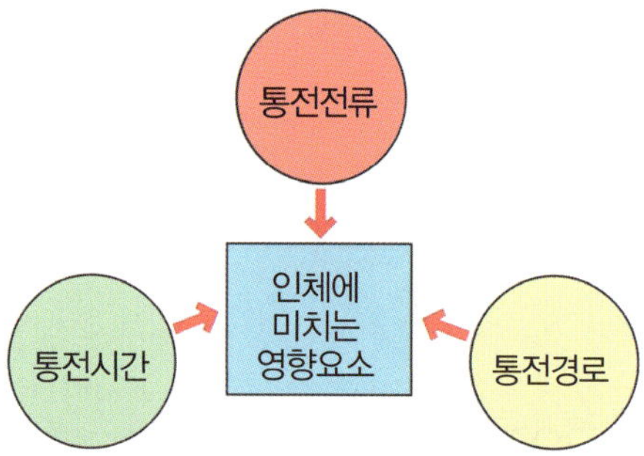

그림 2-1 인체에 미치는 영향요소

2.2 감전의 유형들

① 물건을 만지는데 외함에 전류가 흘러 사람을 타고 흐르는 것으로 보통 접지 상태가 좋지 않을 때 일어난다.

② 회로를 다루다가 한 선에 신체가 걸렸다.

③ 회로를 다루다가 두 선에 신체가 걸렸다(→ 단락사고).

④ 코로나 방전(corona discharge).

⑤ 낙뢰 사고.

⑥ 저주파 자극기로 근육을 마사지하는 등 의료 활동을 위해 의도적으로 신체에 아주 약한 전류를 공급하는 것도 감전의 일종이다.

2.3 감전사고가 자주 발생하는 환경

① 목욕탕 : 헤어드라이어 때문에 감전사고가 많이 일어난다. 머리를 말리고 싶으면 목욕탕에서 나와서 몸을 일단 수건으로 닦은 다음 머리를 말려야 한다. 특히 헤어드라이기를 쓰기 전에는 손의 물기를 반드시 수건으로 닦아 없애야 한다. 그 외 자격증이 없는 전기공이 전기 시공을 한 목욕탕에서 누전으로 감전사고가 일어난 경우가 있다.

② 휴대폰 충전기 : 좋지 않은 충전기를 사용할 경우 절연이 불량하거나 보호회로가 없을 수 있기에 감전의 위험이 있다. 목욕 중 충전기에 연결된 휴대폰을 조작하던 사람들이 그만 휴대폰을 욕조에 빠뜨리고 그대로 감전사하는 사례, 베트남에서 피복이 벗겨진 낡은 전선이 문제가 되어 감전사한 사례 등이 있다. 영유아가 스마트폰 충전 케이블을 빨다가 감전당하기도 한다.

감전을 당하게 되면 근육이 수축 및 경련하며 인체의 전기신호가 무시되고, 몸을 움직일 수 없게 된다. 이러한 사고에서 생존을 결정하는 조건은 전압이 얼마나 높은지, 전류가 빨리 차단되는지, 어디를 통과하는지, 피부의 전기저항이 어떤지, 주요 장기를 통과하는지 여부 등 여러 가지가 있을 수 있다. 여기서 주목해야 할 점은 5~9V의 낮은 전압으로도 사람이 죽을 수 있다는 것이다. 낮은 전압이 무서운 이유는 사람을 천천히 고통스럽고 끔찍하게 죽이기 때문이다. 앞의 사례 중 목욕 중 충전기에 연결된 휴대폰을 조작하던 사람들이 그만 휴대폰을 욕조에 빠뜨리고 그대로 감전사하는 경우에서는 경련이 와서 마비되어 빨리 전원을 차단하지 못하고, 심지어 물에 젖어있는 상태라서 피부의 전기저항까지 낮아진 상태로 몇 시간동안 감전될 경우 세포들이 다 익어서 죽을 수 있다.

약한 전압이라도 지속적으로 흐르는 전기에 감전된다면 몸 하나 움직이지도 못하고 내부 장기가 전부 익어 의식을 잃을 때까지 산채로 천천히 타 죽어가야 한다. 휴대폰 충전기보다 훨씬 높은 전압인 1.5kV(지하철 차량 전원)에 스쳐도 운 좋게 사는 경우도 있으며 수만 볼트의 번개를 맞고도 높은 확률로 산다는 것과는 대조적이다. 물론 당연히 고전압에 감전되는 것은 말할 것도 없이 위험하다.

③ 세탁기 : 물을 사용하는 기기이기 때문이다.

④ 낡은 전선 : 낡은 전선은 피복이 손상되어 있어 손상된 전선부분에 감전된다.

⑤ 비데 : 물을 사용하는데다 한국의 경우 습식 화장실이 많아 더더욱 위험하다. 괜히 욕실용 콘센트에 커버와 즉석 누전차단기가 있는 것이 아니다.

⑥ 진공관 : 진공관은 유리로 되어있다. 유리는 높은 온도에서 전류가 흐르므로 작동 중인 진공관은 보통 전기가 흐른다고 생각하면 된다. 또한 대부분의 진공관은 수천 볼트 이상의 매우 높은 전압을 플레이트에 걸기 때문에 진공관이 들어간 기기를 함부로 분해하여 수리하는 것은 매우 위험하다.

⑦ 전선이 근처에 있는 목재

⑧ 전기장판

⑨ 컴퓨터 및 철재로 구성된 주변기기 : 일반적으로 컴퓨터 케이스는 금속으로 되어있어 사용 중 감전되는 경우도 있다. 10mA 정도의 전류가 흐르지만 컴퓨터 표면에 전류가 흐른다면 접지를 하거나 파워 서플라이를 의심해야 한다. 군대를 포병 계산병으로 갈 경우 온갖 무전기와 계산 컴퓨터를 앵글로 만든 다이에 올려 쓰는 경우가 있는데, 이때 접지가 제대로 되지 않으면 닿을 때마다 짜릿해질 수 있다. 이는 컴퓨터와 같은 전자장치 내에 들어있는 SMPS 전원공급장치의 특성 때문인데, EMI 필터가 외부와 내부에서 나오는 전원 노이즈를 전부 걸러낸 다음 접지로 내보내는 동작을 하는 과정에서 공통접지의 특성상 파워 서플라이의 외함에도 접지라인이 연결되어 있고, 케이스에도 접지가 이루어지기 때문에 EMI 필터에서 걸러진 노이즈들이 본체 표면에 모여 있기 때문이다. 그렇기에 만져도 묵직한 상용주파수 60Hz의 짜릿함이 아닌 따갑고 불규칙한

느낌이 든다. 파워 서플라이에 접지만 되어도 증세가 완전히 사라지니 접지를 진행하도록 하자. 무접지 EMI 필터는 매우 고가인데다가 흡수 가능한 에너지가 많지 않아서 휴대전화 같은 기기가 아닌 이상 적용되지 않는다.

⑩ 전기철도 : 공중에 전선이 설치된 전차선(가공전차선)을 사용하는 노선에서 취김에 혹은 장난으로 열차 위로 올라갔다가 그대로 감전사하는 경우가 발생한다. 그리고 긴 쇠막대기에 의해서도 발생하며, 특히 철도에 사용하는 전기는 수만 볼트 이상인데다가 전력도 강하다.

⑪ 제3궤조집전식 철도 : 가공전차선 방식과 달리 이 방식은 전차선이 철로 바로 옆에 있다. 단, 이곳에는 스크린도어가 잘 되어 있으니 수동으로 열고 들어가지 않는 한 일상생활에서 문제될 일은 거의 없다. 하지만 서구권의 오래된 지하철들은 대부분이 제3궤조에 스크린도어도 없으니 함부로 선로 근처에 가지 말자. 특히 런던 지하철이나 파리 지하철, 베를린 지하철, 뉴욕 지하철 등을 이용할 때는 플랫폼 끝자락에 가까이 가지 말자.

⑫ 고압선 : 전봇대 배전선, 가공전차선 등 특고압 전류가 흐르는 전선의 경우 직접 닿지 않아도 30cm 이내로 접근하면 유도 전류로 인해 감전될 수 있다.

⑬ 특고압 장비 근처 : 코로나 방전에 의한 감전이 일어난다. 전압이 메가볼트(MV)까지 올라가지만 전류가 낮아 손을 움직이진 못하고 발도 움직이지도 않고 자세는 유지되는 기묘한 현상이 생긴다.

⑭ 음향기기 : 옛날에는 마이크 스탠드 등이 도금이 되어 있지 않아 기타와 마이크를 같이 잡고 노래를 부르면 감전을 당하기도 하였다. 대표적으로 기타 앰프와 마이크가 연결된 음향기기의 전원 설비가 아예 달라서 기타와 마이크 사이에 전위차가 있었고, 이로 인해 마이크를 잡은 순간 몸을 타고 전류가 흘렀다.

지금도 저가의 마이크는 그런 경우가 있다. 음향기기의 케이스는 노이즈 방지를 위해 금속재질로 되어 있는데, 접지가 안 된 금속 케이스를 만지면 감전이 될 수도 있다. 마이크나 일렉트릭 기타도 마찬가지로 금속으로 된 케이스 부분이나 기타 줄은 접지와 연결되어 있어서 만약 접지가 제대로 안 된 환경이라면 감전될 수도 있다.

⑮ 부스형 코인 노래방 : 여기서 말하는 코인 노래방은 위와 같이 옛날 마이크를 쓰는 노래방을 말한다. 특히 막사 이전 중 임시로 컨테이너 박스 안에 마련한 군대 노래방이 감전이 잘되며, 마이크를 잡고 노래를 부름과 동시에 동전을 넣는 경우에 감전이 된다.

⑯ 전기 장비나 전선에 인접한 물웅덩이

⑰ 미국식(Type A/B) 플러그 : Type A/B 플러그는 콘센트에 완전히 꽂지 않아도 전기가 흐르는 금속 부분이 그대로 노출된다. 따라서 플러그를 불완전하게 꽂은 상태에서 접촉하거나 플러그를 꽂는 중에 금속 부분을 만지면 감전이 된다. 일부 플러그는 이러한 위험을 줄이기 위해 핀의 3분의 1 정도를 절연하는 경우도 있다.

⑱ 간판 : 오래된 간판이나 가게 앞에 세워놓는 입간판과 접촉하여 감전되는 사례가 발생한다. 특히 간판 중에서도 네온사인은 작동을 위해 7,500~15,000V의 고압 전기가 필요하므로 이를 위한 별도의 고압 변압기가 달려 있다. 이로 인해 작동중인 네온사인에 접촉할 경우 감전 사고의 위험이 크다.

⑲ 전자레인지, LCD 디스플레이, 복사기, 레이저 프린터 등 고전압을 사용하는 전자제품 : 특히 전자레인지의 마그네트론은 진공관의 한 종류이기 때문에 매우 높은 전압을 사용한다. 다만 해당 제품들은 소비자 보호를 위해 고전압이 기기 내부에만 흐르도록 설계되어 있으며, 접지 등 추가적인 안전장치가 된 경우도 흔하므로 의도적으로 분해하거나 불의의 사고가 나지 않는 한 감전 위험은 낮은 편이다.

⑳ 전격살충기, 전기 파리채 등 전기를 사용한 살충 도구 : 여타 고전압을 사용하는 전자제품들과 달리 고전압이 흐르는 부분이 직접적으로 노출되어 있으므로 잘못 다룰 시 감전의 우려가 있다. 점검 시에는 전원을 차단해야 한다.

㉑ 전기 울타리/철조망 : 농업용이나 보안용으로 사용되는 전기 울타리에 감전되는 경우가 많다. 야생동물 출입을 막기 위한 농업용 전기 울타리의 경우 안전을 위해 전류가 매우 낮고, 높은 고전압으로 순간적인 충격을 주는 방법을 택하고 있으나 220V 상용전

원을 직접 연결하는 미인증 혹은 자작 제품으로 인해 감전사고가 발생하는 경우가 있다. 보안용 또한 저전류 고전압으로 전기충격을 주고, 누전을 감지하여 경보를 울리는 방법을 택하고 있다. 그러나 북한 쪽 휴전선이나 외국의 일부 강력 보안 교도소에 있는 전기 철조망에는 치사량의 고압 전류(수천~수만 볼트)를 사용하고 있으며, 감전되면 감전사한다.

㉒ 유니버설 어댑터 : 여행용으로 사용되는 유니버설 어댑터에서 둘 이상의 플러그를 뽑은 상태로 콘센트에 꽂을 경우 콘센트에 꽂힌 플러그로부터 꽂히지 않은 플러그로 전기가 흐르므로 감전 위험이 있다. 또한 정상적으로 사용하더라도 플러그를 완전히 꽂지 않은 상태에서 금속 부분이 노출되므로 일반적인 콘센트보다는 감전 위험이 높은 편이다. 게다가 잘못된 방법으로 꽂으면 더욱 위험하다. 플러그의 한 핀만 어댑터에 꽂아 전기가 통하는 다른 핀이 노출되게 된다던지, 영국식 플러그(Type G)처럼 돌출된 접지 핀을 사용하는 플러그를 잘못 꽂아 기기의 금속제 외함 전체를 활선으로 만든다든지 등 위험한 상황이 벌어질 수 있다.

㉓ 고전압배터리팩 : 일반적인 소비자용 전자제품에 쓰이는 배터리팩에는 해당되지 않지만, 전기자동차, ESS 등에 쓰이는 고전압배터리팩의 경우 감전 위험이 있다. 일반적인 교류 전원은 전원을 차단하면 감전 위험이 없어지지만, 고전압배터리팩은 전원을 차단하거나 배터리가 완전 방전되어 잔량이 0%인 상태에서도 상시 활선상태를 유지하며 감전 위험이 없어지지 않는다. 이 때문에 전기자동차 폐차 시에는 보호구를 착용한 전문 인력이 해체 작업을 진행한다. 다만 이러한 과정이 원칙이긴 하지만, 전문 인력이 처음부터 끝까지 모든 폐차 과정을 주관하면 비용이 상당하므로, 대부분은 배터리팩 어셈블리를 차체에서 내리는 데까지는 일반 인력이 수행하고, 이후 배터리팩 어셈블리 상태로 전용 폐기 업체로 보내는 것이 대부분이다.

㉔ 파손된 태양광 패널 : 단일 또는 저전압 태양광 어레이에 사용되는 패널은 안전하지만, 여러 개의 모듈이 직렬되어 수백 볼트 이상을 만드는 고전압 태양광 어레이의 경우 파

손된 태양광 패널에 접촉하면 감전 위험이 있다. 파손으로 인해 누전이 발생할 수 있기 때문이다. 햇빛이 내리쬐고 있다면 전원을 차단해도 상시 활선상태가 유지되며, 특히 비가 내린 경우 더욱 위험하다. 때문에 태양광 패널 교체 작업은 밤에 하거나 가림막으로 패널들을 전부 가린 뒤 진행해야 한다.

㉕ 크리스마스 트리용 전구 : 크리스마스 전구의 전선은 일반 가정용 전선보다 피복이 얇고 약한 편이기에 쉽게 손상될 수 있으며, 피복이 손상된 부분에 접촉하여 감전 사고가 발생하는 경우가 있다. 다만 건전지나 USB로 작동하는 제품은 감전 위험이 없다.

㉖ 전기자동차 내부의 배선 및 단자 : 전기자동차 내의 주황색 배선은 모두 고전압 배선이다. 따라서 비전문가가 이러한 전선을 임의로 취급하면 위험하다.

2.4 감전 노출 시간

전기자동차의 배터리 전압은 보통 400~800V 가까이 되며, 배터리 용량은 60kWh를 넘는다. 즉, 높은 출력을 낼 수 있으며, 전기자동차에 적용되는 리튬이온 배터리는 고전압, 고용량의 배터리가 적용되기 때문에 전기자동차를 점검 또는 수리 시에는 감전에 주의를 해야 한다.

인체가 전류에 노출된 시간이 길어질수록 인체에 더 많은 전류가 흐르게 되므로 위험하다. 통전 전류가 작은 경우에는 노출 시간이 길어도 인체에 무리가 없지만, 통전 전류가 큰 경우에는 노출시간이 길어지면 통전 전류의 크기에 따라 인체에 미치는 영향도 커지므로 누전 차단기를 작동하여 전류를 차단해야 한다. 고전압 차량에서는 절연저항이 300kΩ 이하일 경우 BMS(Battery Management System)가 PRA(Power Relay Assembly)의 메인 릴레이를 차단한다.

2.4.1. 감전사고 시 전류의 강도에 의한 신체에 영향

① 1mA : 찌릿함을 느낀다.

② 5mA : 상당한 통증을 느낀다.

③ 10mA : 견딜 수 없는 통증을 느낀다.

④ 20mA : 근육이 심하게 수축하여 감전을 일으키는 것으로부터 벗어날 수 없다.

⑤ 50mA : 단시간이라도 죽음으로 이어질 수 있다.

⑥ 100mA : 치명적인 결과로 이어진다.

통전 전류의 크기	1mA	5mA	10mA	15mA	50~100mA
증상	약간 느낌 정도	경련 유발	통증 유발	강렬한 경련 초래	사망 우려

그림 2-2 감전사고가 일어나면 신체에 미치는 영향

2.4.2. 절연저항 파괴 감전 경로

[1] 고전압 (+), (-)단자 중 하나가 차체에 접촉한 상태에서 인체가 차체에 접촉할 경우

① 인체가 차체에만 접촉 시 : 전류는 흐르지 않음

그림 2-3 인체가 차체에만 접촉 시

② 인체가 차체와 단자 동시 접촉 시 : 차체와 인체로 통전(500mA), 인체에 500mA 통전 시 심장마비, 호흡정지 및 화상 또는 세포 손상과 같은 병리 생리학적인 영향이 발생한다.

그림 2-4 인체가 차체와 단자 동시 접촉 시

[2] 고전압 양 단자가 동시에 차체 접촉 시

차체 간 통전(2,000~3,000A)이 되는 경우 자동차 구조상 퓨즈가 끊어지게 된다(fuse cut).

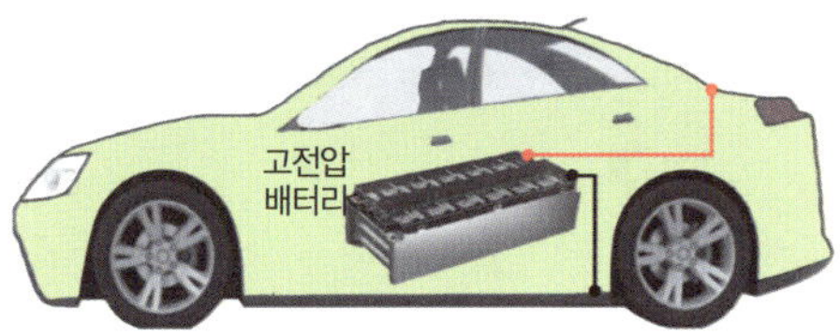

그림 2-5 고전압 양 단자가 동시에 차체 접촉 시

2.4.3. 통전전류에 의한 영향

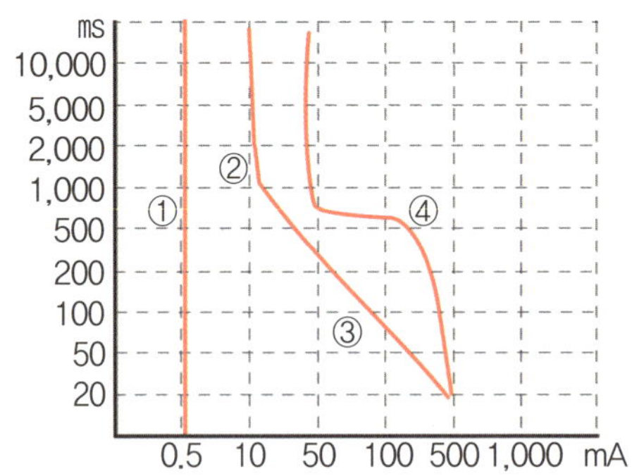

그림 2-6 통전전류의 크기와 생리적 영향

① 최소 감지전류 : 통전전류의 크기가 어느 한계값 이하의 경우에는 인체가 느끼지 못하는 전류값을 최소 감지전류(지각한계)라 부르며 직류에서는 2~5mA, 상용주파수 60Hz, 교류에서는 0.5~1.0mA 정도가 된다. 이 정도의 전류로서는 위험이 없다.

② 고통전류(이탈전류) : 통전전류가 감지전류의 한계를 넘게 되면 점차 고통을 느끼게 되고, 이 고통을 참을 수 있으면서 생명에는 위험이 없는 한계의 전류로 교류 상용주파수 60Hz에서 성인남자의 경우 약 7~8mA이다.

③ 이탈 불능전류(마비 한계전류) : 통전전류가 이탈전류의 한계를 넘게 되면 전류가 흐르는 부위의 인체는 근육이 경련현상을 일으키거나 신경이 마비되어 운동을 자유로이 할 수 없게 되므로, 자력으로는 위험지역을 벗어날 수 없게 되는 전류이다. 직류에서는 약 60~90mA, 교류 상용주파수 60Hz에서는 10~15mA 정도이다.

④ 심실세동 전류(치사전류) : 심장의 맥동에 영향을 주어 혈액 순환이 곤란하게 되고 끝내는 심장 기능을 잃게 되는 현상을 일반적으로 심실세동이라 하며, 이 값은 대개 교류 15mA 이상이다. 심실세동을 일으킬 때 그대로 방치하면 수분 이내에 사망하게 되므로 즉시 인공호흡을 실시하여야 한다.

2.5 감전경로의 영향

인체 감전 시의 영향은 전류의 경로에 따라 그 위험성이 달라지며, 전류가 심장 또는 그 주위를 통하게 되면 심장에 영향을 주어 더욱 위험하게 된다. 특히 "왼손과 가슴"으로 흐른다면 전류가 심장을 통과하게 되므로 가장 위험하다. 즉, 인체에 전류가 통과하게 되면 심실세동이 일어날 수 있는 것은 물론이고 감전경로에 따라서는 그보다 낮은 전류에서도 심실세동의 위험성이 있으며, 이에 대한 것을 심장전류계수를 예를 들어, 220V의 전압에 10kΩ저항의 인체가 닿아서 전류가 흐른다면 전류는 22mA의 전류가 인체로 흘러 감전된다. 심장전류계수는 다음과 같다.

표 2-2 통전경로별 심장전류계수

통전경로	심장전류계수
왼손 → 가슴	1.5
오른손 → 가슴	1.3
왼손 → 한발 또는 양발	1.0
양손 → 양발	1.0
오른손 → 한발 또는 양발	0.8
왼손 → 등	0.7
한손 → 또는 양손 → 앉아있는 자리	0.7
왼손 → 오른손	0.4
오른손 → 등	0.3

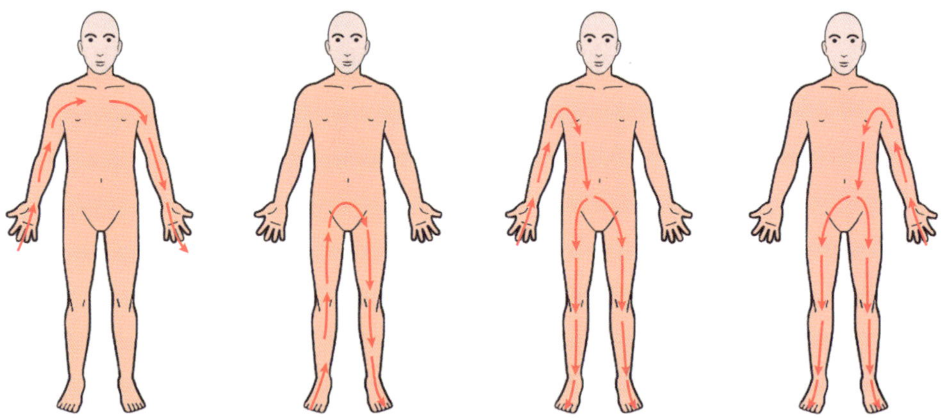

그림 2-7 인체감전 경로

2.6 감전 시 인체에 미치는 영향

2.6.1. 접촉전압의 허용한계

인체를 통과하는 전류와 인체 저항의 곱이 인체에 가해지는 전압이며, 이것을 접촉전압이라고 한다. 전격의 위험성은 이 접촉전압의 크기와 전격 시간과의 곱에 비례한다. 위험한 장소에서의 안전전압의 한계로 접촉상태에 따라 다음과 같이 제시하고 있다.

표 2-3 안전전압의 한계

종별	접촉 상태	허용접촉 전압
제 1 종	인체의 대부분이 수중에 있는 상태	2.5V 이하
제 2 종	– 인체가 현저하게 젖어 있는 상태 – 금속성의 전기 기계기구나 구조물에 인체의 일부가 상시 접촉되어 있는 상태	25V 이하
제 3 종	건조한 통상의 인체상태로서, 접촉전압이 가해지더라도 위험성이 낮은 상태	50V 이하
제 4 종	– 건조한 통상의 인체상태로서, 접촉전압이 가해지더라도 위험성이 낮은 상태 – 접촉전압이 가해질 우려가 없는 경우	제한 없음

2.6.2. 감전 시 인체에 미치는 영향

AC 42V(DC 60V) 이상의 전압은 감전의 위험이 있으므로 접촉하지 말아야 한다. 전압이 높아지면 전류가 흐르는 부위를 만지지 않아도 감전의 위험이 있으므로 주의가 필요하다. 마치 벼락처럼 거리가 있는 곳에도 전기가 흐를 가능성이 있기 때문이다.

보통 인체의 전기저항은 약 5,000Ω으로 보고 있지만, 이것은 피부가 젖은 정도, 대지와의 접촉상태, 인가전압 등에 의해 크게 변화하며 인가전압이 커짐에 따라 약 500Ω 이하까지 감소하기도 한다. 일반적으로 피부저항은 피부에 땀이 나 있는 경우는 건조 시의 약

1/12~1/20, 물에 젖어 있을 경우는 1/25로 저하된다.

전기사고 후에는 의식상실, 발작, 실어증, 시각장애, 두통, 이명, 마비, 기억력 장애를 비롯한 외상 후 스트레스 장애를 겪는 경우가 많다. 심한 경우에는 심실세동이 발생한다. 감전 생존자는 겉으로 보이는 화상은 없어도, 장기간의 근육통과 불편함, 피로감, 두통, 말초신경전도 및 감각 장애, 균형감 상실 등의 장애를 겪을 수 있다.

① 신경의 마비 : 인체의 신경 신호도 약한 전류에 해당하는데, 일정 세기 이상의 감전 전류가 흘러 들어오면 신경 신호가 무시되어 스스로 감전 상태를 탈출할 수 없게 된다. 이러한 감전전류의 기준을 가수전류라고 하는데 교류 상용 주파수에서는 6~9mA 정도 된다. 그나마 220V라도 손가락 하나만 감전되는 경우는 떨어질 수 있다. 전기가 손가락에 통하는 고통이 느껴짐과 동시에 즉각 몸통이 반사적으로 움직여 떨어지는 식으로 감전 상태에서 벗어난다.

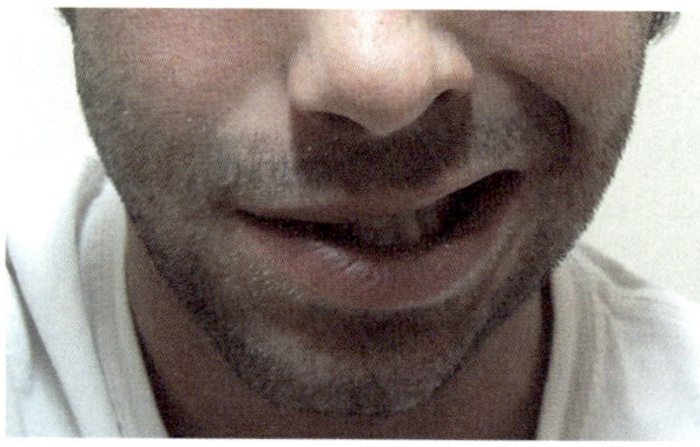

그림 2-8 신경마비

② 근경련 : 갑자기 근육을 조였을 때 발생하는 통증이다.

③ 화상 : 특고압이나 고압 계통에서 발생되는 아크의 온도는 약 3,000℃ 수준으로 이것이 인체에 직접 작용할 경우 심각한 화상이나 사지절단 등의 인체손상이 나타난다. 하지만 일반인은 통상적으로 저압만 접할 수 있으므로 전기를 다루는 직종이 아닌 이상 대부분의 사람들에게는 해당될 일이 없는 항목이다. 다만 저압대전류 사고 시 발생하

는 아크플래시(arc flash) 현상은 고압전류에 의해 이온화되어 발생하는 기다란 아크보다 훨씬 폭발적이며 넓은 범위에 고열을 방출하여 더 위험하다.

그냥 전기만 흐르는 게 아니라 주변 도체가 녹아 폭발하기 때문이다. 일반적인 아크현상은 공기의 절연파괴 현상을 지칭하는 것이고, 공기의 절연내력은 직류기준 약 30kV/cm로 당연히 저압에서는 나타나지 않는 현상이나 저압대전류에 의한 불꽃은 도체에 순간적인 과대전류가 흘러 도체가 융용되며 폭발하는 현상으로 전선 등의 과대전류에 의한 발화 단계 중 순시용단이라고 부르는 현상이 있어 이로 인해 주변의 사람이 화상을 입을 수 있다.

실제 사례도 아크로 인한 사례보다 이쪽이 더 많다. 참고로 융용 후에는 기존에 대기가 도체의 폭발로 이온화된 상태에 있어 공기의 절연이 파괴되어 아크 방전이 일어난다. 일반적으로 순시용단은 전기화재의 원인이기도 한데, 일단 튀기는 순간 앞에 있던 사람은 태양권과 화염방사기를 동시에 맞는 꼴이 된다. 그리고 인간급의 큰 생물에게는 해당이 덜 되는 이야기긴 하지만 쥐나 고양이 같은 비교적 작은 동물이 공업용 용접기에 쓰이는 고압전기에 감전될 경우 말 그대로 육체가 폭발한다. 전기에 의한 화상을 전기화상이라고 하는데, 전압이 높을 경우 감전 즉시 신체에 불이 붙는다. 이때는 전기 자체에 의한 전기화상뿐만 아니라 전기에 의해 불이 붙으면서 불에 의한 화염 화상까지 같이 입게 되어 큰 치명상을 입는다.

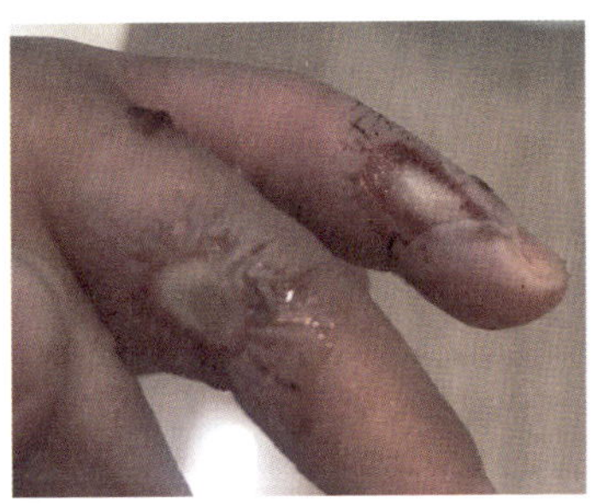

그림 2-9 화상

④ 부정맥 : 전류가 심장을 통과할 때 일어나는 일로 가장 치명적이다. 심장의 전기 시스템에 혼란이 생기면서 부정맥을 일으키는데 겉은 멀쩡할지 몰라도 돌연사의 위험이 있다. 일반적으로 감전으로 인한 심실세동이라고 하며 감전으로 인한 추락사와 같은 2차 재해를 제외하곤 감전사의 가장 주된 요인이 된다. 이를 역이용한 것이 일명 심장충격기라고도 부르는 제세동기이다.

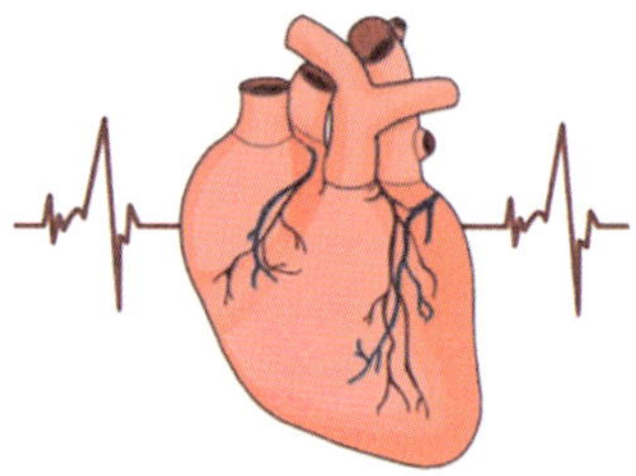

그림 2-10 부정맥

⑤ 세포 괴사 : 발열 및 과도한 전류로 인한 손상으로 특고압인 경우 유입 및 유출 부위 피부 및 조직 화상 이외에도 별도의 내부장기 화상이 발생하는데 중추신경계가 특히 취약하기 때문에 심실세동으로 인한 즉사를 면하더라도 다발성 장기 부전이나 뇌사 상태에 빠져 결국 사망하는 경우가 생긴다.

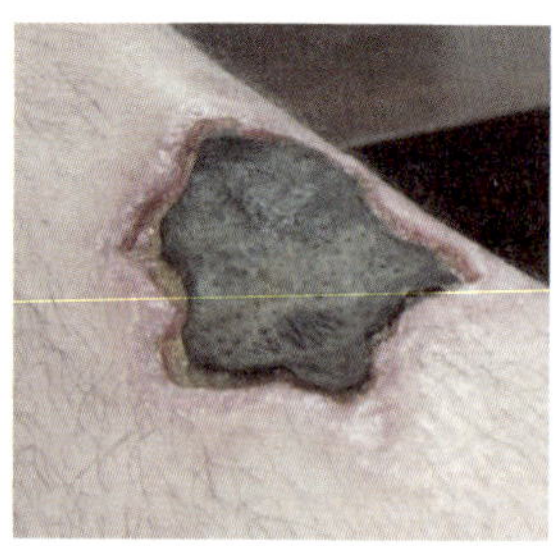

그림 2-11 세포괴사

⑥ 감전사 : 감전에 따른 죽음을 감전사라고 한다. 인체에 장애를 주는 전기에는 2종류가 있고, 인공전류의 전도에 따른 것(전격사)과 자연적인 낙뢰에 의한 장애(뇌격사)이다. 감전사는 일반적으로 전격에 따른 심실세동으로 사망하는 것이 가장 주된 현상이고, 이 밖에 호흡곤란, 과다출혈, 치료 중 사망(감전된 후 상당한 시간이 지나 사망) 등이 있으며, 뇌격에 따른 감전사는 확률이 낮다. 감전사를 결정하는 조건으로 통전 전류의 크기, 전압의 종별, 주파수, 통전 시간, 통전 경로, 피부의 전기저항, 접촉 면적 등의 인자를 들 수 있다. 이 가운데 매우 중요한 인자는 통전전류의 크기와 통전 시간 관계 그리고 통전 경로로써, 통전 전류의 크기가 크고 감전 시간이 길수록, 전류의 통전 경로가 심장 부근에 형성될수록 감전에 따른 사망 확률이 높아진다.

2.7 감전사고 시의 응급조치

2.7.1. 감전사고 시의 조치사항

[1] 감전자의 구출

감전사고 시에는 응급조치가 필요하므로 구조자 추가 피해를 방지하기 위해서 피해자를 맨손으로 만지지 말고, 우선 피해자가 접촉된 충전부나 누전된 기기의 전원을 구조후크(절연체)를 이용하여 차단한다. 만약 구조후크가 없다면 절연체(나무, 절연장갑)를 이용하여 차단한 후 위험지역에서 안전한 장소로 신속히 대피시켜야 한다. 그렇지 않으면 구조자까지도 감전재해를 당할 가능성이 크다. 감전사고가 발생하면 다음의 내용을 신속히 조치해야 한다.

① 최우선적으로 전원스위치부터 차단해야 한다.

② 즉시 전원을 차단할 수 없다면 고무로 된 발매트, 책 등 마른 물건을 밟고 올라서서 전선 등 감전부위로부터 감전자를 떼어내어야 한다.

③ 물에 젖은 물건이나 금속으로 만들어진 물건을 사용하면 안 된다.

(a) 구조후크

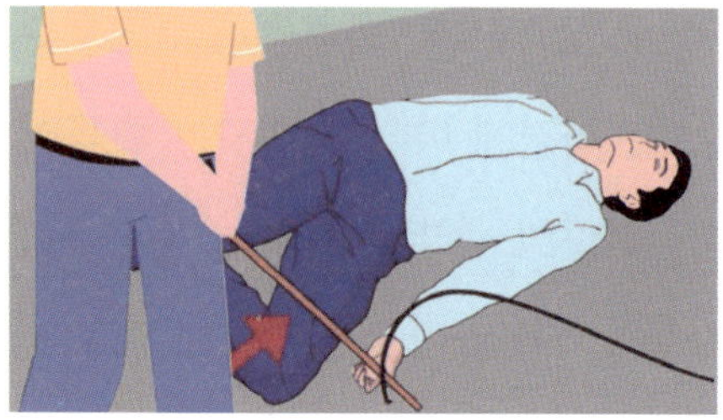

(b) 절연체 사용

그림 2-12 피해자 구조 시 절연체 사용

[2] 감전자의 상태 확인

일단 부상자에게 전류가 통하지 않으면 불가피한 상황이 아닌 한 부상자를 움직이지 않는다.

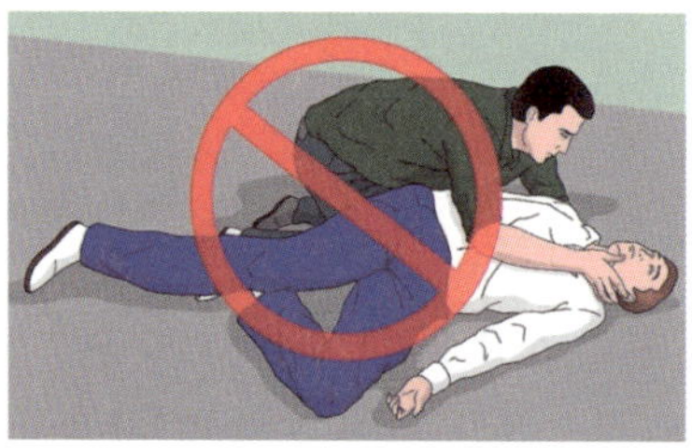

그림 2-13 부상자를 움직이지 않는다.

피해자의 반응을 확인하여 피해자의 재해 상태를 신속·정확하게 다음의 사항을 관찰한 다음 구명시기를 놓치지 않기 위해서는 불필요한 시간을 허비해서는 안 된다.

① 의식상태

② 호흡상태

③ 높은 곳에서 추락한 경우에는 맥박상태를 신속하게 확인

④ 출혈상태

⑤ 골절의 유무를 확인한다.

[3] 119에 최대한 빨리 신고

① 전기 화상은 심장의 전기적 활동에 영향을 준다. 특히 부상자가 반응을 보이지 않거나 고압 전류나 번개에 의해 화상을 입었을 경우에는 119를 부른다. 신속하게 119에 신고하여 도움을 요청한다.

② 119에 최대한 사고 상황을 자세히 설명한다.

③ 사고발생 지역 및 유형(감전, 화재 등), 부상자 수, 부상의 종류(호흡곤란, 의식불명, 출혈상태, 골절상태 등)에 대해 상세히 설명하고, 환자 옆에 머무르면서 환자 상태에 변화가 있으면 119에 알린다.

그림 2-14 119 신고

④ 부상자의 심장이 멈춘 경우에는 심폐소생술을 실시한다.

⑤ 부상자가 의식이 있더라도 화상이 심하거나, 심박동이 빠르거나, 부정맥/심장마비를 겪거나, 경련을 일으키거나, 걷거나 균형을 잡는 데 문제가 있거나, 시력이나 청력에 문제가 있거나, 소변이 붉거나 검붉은 색이거나, 착란을 일으키거나, 근육통과 근육

수축을 겪거나, 호흡 곤란인 경우에는 119를 불러야 한다. 부상자가 신장, 신경계, 뼈에 손상을 입지 않았는지 확인한다.

[4] 구급대원들이 도착하기를 기다리는 동안 화상 치료하기

① 화상 부위를 건조한 멸균 거즈로 덮는다.

② 화상이 심하면 피부에 달라붙은 옷조각을 떼어내려고 하면 안 된다. 하지만 옷이 화상 부위를 둘러싸고 있거나 화상 부위가 부어올라 문제가 될 것 같다면 화상 부위에 들러붙은 옷을 제거해도 된다.

③ 화상 부위를 담요나 수건으로 덮지 않는다. 빠져나온 섬유가 화상 표면에 박힐 수 있기 때문이다.

④ 물이나 얼음으로 화상을 식히지 않는다.

⑤ 화상에 기름이나 오일을 바르지 않는다.

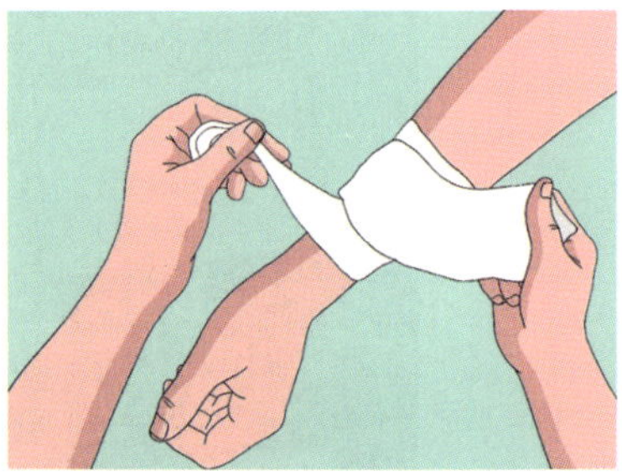

그림 2-15 화상 치료

[5] 쇼크 증상 확인하기

부상자가 차갑고 피부가 축축하고 창백하고 맥박의 빠름과 같은 증상이 있는지 확인하여 구급대원들이 도착하면 말해준다.

[6] 부상자를 따뜻하게 해주기

부상자의 체온이 떨어지지 않게 한다. 체온이 떨어지면 쇼크 증상이 더 심해지며, 구급대원들이 도착하기를 기다리면서 화상 부위를 피해 담요를 부상자에게 덮어준다.

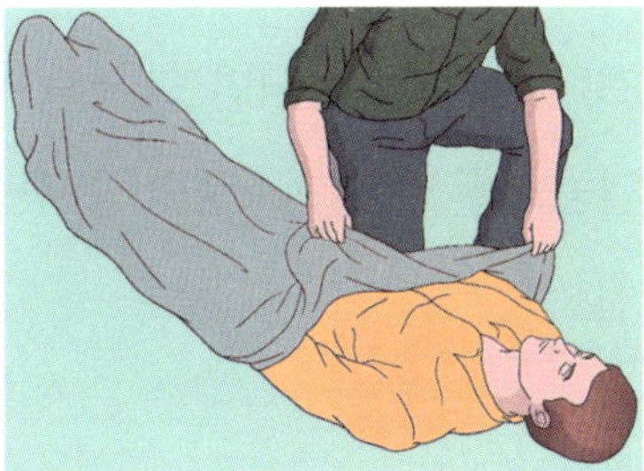

그림 2-16 부상자를 따뜻하게 해주기

[7] 배터리 전해질로 인한 부상 시

리튬이온 배터리의 전해질이 피부에 닿았으면 물로 충분히 씻어내야 한다. 눈에 들어간 경우에도 충분히 물로 씻어내고, 만약 가스를 흡입하였다면 밖에 나가 신선한 공기를 흡입하고 병원진료를 받아야 한다.

2.7.2. 응급조치

[1] 응급조치 개요

표 2-4 시간별 소생률

시간	소생률
1분	95%
3분	75%
5분	25%
6분	10%

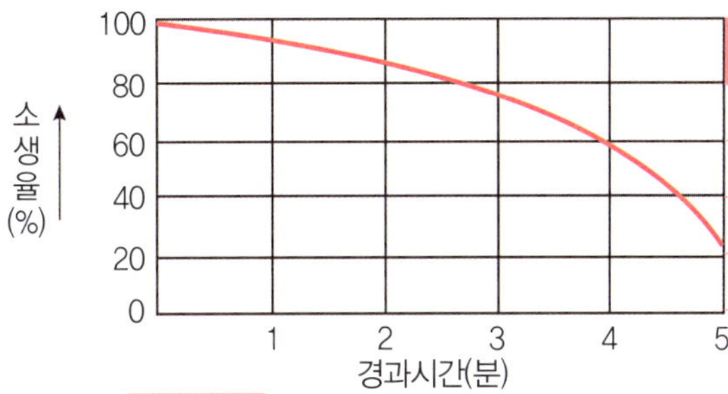

그림 2-17 호흡이 멈춘 후 인공호흡이 시작되기까지의 시간

전격의 가장 위험한 결과는 정상박동을 하던 심장에 전기적 충격이 가해져 생기는 심실세동 현상으로 인한 심장마비와 호흡정지이다. 전격 등에 의해 호흡이 정지되었을 경우 혈액 중의 산소함유량이 감소되기 시작하여 약 1분 정도가 지나면 산소결핍으로 인한 여러 증세가 나타나게 되는데, 그중에서 특히 뇌의 경우는 산소결핍에 대한 저항력이 아주 약하기 때문에 호흡정지 상태가 3~5분간 계속되면 그 기능이 마비되게 되므로 응급조치가 아주 중요하다. 단시간 내에 인공호흡 및 심폐소생술 등 응급조치를 실시할 경우 감전 사망자의 약 95% 이상을 소생시킬 수 있다.

[2] 응급조치 요령

(1) 인공호흡

① 구강대 구강법(mouth to mouth method) : 구강대 구강법은 건강한 사람의 입에서 환자의 입으로 숨을 불어넣는 방법으로 환자의 머리를 뒤로 젖히고 턱을 앞으로 내밀게 해서 기도를 열어주어야 한다.

㉮ 기도 개방을 확실하게 한다.

㉯ 환자의 코를 엄지와 검지로 막는다.

㉰ 구조자의 입을 환자의 입에 밀착시킨다.

㉱ 1초간 공기를 부드럽게 불어 넣는다.

㉲ 코를 잡았던 손을 놓아 환자의 숨이 나오게 한다.

㉳ 같은 방법으로 한 번 더 불어 넣는다.

② 구강대 비강법(mouth to nose method) : 입으로 숨을 불어 넣을 수 없는 경우가 있다. 즉, 입을 벌릴 수 없거나, 이를 꽉 다물고 있거나, 부상자의 입에 처치자의 입을 완전히 밀착시키기 어려울 때와 입 주위가 심하게 다쳤을 때 그리고 치아가 전혀 없을 때와 부상자의 입이 너무 클 때는 코를 통하여 구강대 비강 인공호흡을 할 수밖에 없다. 방법은 한 손으로 부상자의 턱 끝을 들어 올리면서 입을 막고 코로 숨을 불어 넣는

것이다. 다음 단계는 부상자의 폐에서 공기가 나가는데 방해가 되지 않도록 부상자의 입을 벌린다. 기타 시술은 구강대 구강법과 같다.

(2) 심폐소생술(인공호흡과 동시에 실시)

심폐소생술 30회 정도와 인공호흡 2회를 교대로 연속적으로 실시한다. 또는 심폐소생술과 인공호흡을 2명이 분담하여 5:1 비율로 실시한다.

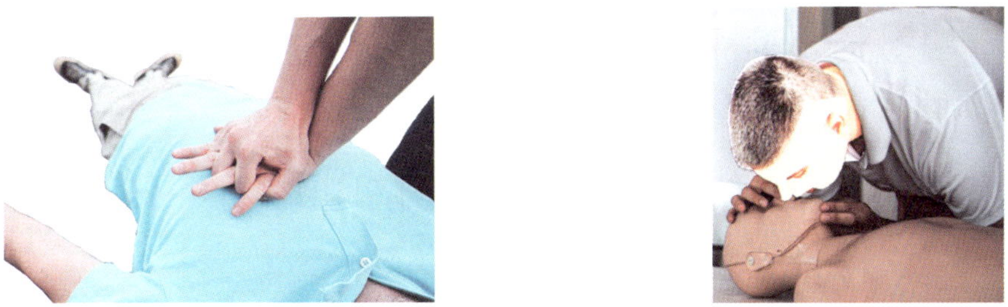

(a) 심폐소생술 (b) 인공호흡

그림 2-18 심폐소생술 및 인공호흡

2.8 고전압 차량의 감전 방지

2.8.1. 일상 감전사고 예방방법

① 전기기기를 수리할 때는 전원이 모두 꺼졌는지 거듭 확인한다.

② 물이 묻은 손으로 절대 전기 콘센트를 만지지 않는다.

③ 집안에 있는 모든 콘센트에 어린이 보호용 커버(안전 덮개)를 씌운다.

④ 낡은 전기 코드를 새것으로 교체한다. 피복이 벗겨지면 감전될 위험이 있기 때문에 즉시 수리를 하여 사용한다.

⑤ 문을 열고 닫을 때에는 바닥에 전선이 있는지 확인한다. 전선과 문이 접촉하게 되어 뭉

게지게 되면 파손이 되어 피복이 벗겨지고 사용하다가 만지게 되면 감전될 우려가 있다.

⑥ 항상 습기가 많이 있는 욕실에서 전기제품(헤어드라이기, 겨울철 욕실 난방기 등)을 사용할 때는 더 주의를 해야 한다.

⑦ 전기제품의 플러그를 뽑거나 끼울 때 플러그 본체 부분을 잡고 꽂도록 한다.

⑧ 119에 전화할 때는 신고 접수 요원에게 전기 화상을 입은 사람이 있음을 알린다. 그러면 추가적으로 취해야 하는 조치를 알려줄 것이다.

⑨ 전기기기로 작업할 때에는 가까운 곳에 소화기를 비치해둔다.

⑩ 전기 화상을 예방하기 위해서 전기를 다룰 때마다 적절한 복장을 갖추고 적절한 안전 절차를 따른다.

⑪ 화상의 종류에 따라 필요한 조치를 취하기 위해 1도 화상, 2도 화상, 3도 화상의 증상을 알아둔다.

㉮ 1도 화상은 가장 심각하지 않은 화상으로 피부의 표피층만 손상을 입는다. 1도 화상을 입으면 피부가 붉게 되고 통증이 느껴진다. 하지만 경미한 화상이기 때문에 자가치료가 가능하다.

㉯ 2도 화상은 더 심각한 화상으로 표피층과 진피층이 손상된다. 2도 화상을 입으면 피부가 매우 빨갛고 얼룩덜룩하게 되며 물집이 생기고 아프고 예민해진다. 조그만 화상은 자가치료가 가능하지만, 커다란 화상은 병원치료를 받아야 한다.

㉰ 3도 화상은 가장 심각하고 위험한 화상으로 피부 전층이 손상된다. 피부가 붉은색, 갈색, 흰색을 띠며 때로는 검정색을 띠기도 한다. 3도 화상을 입으면 피부가 가죽같이 변하고 아무 느낌이 없다. 3도 화상을 입으면 즉시 병원 치료를 받아야 한다.

2.8.2. 전기차 충전 관련 감전 예방 설계

① 우천 시 충전구 내부로 들어오는 액체류가 드레인 홀로 배출되는 구조를 통해 감전을 예방한다.

② 충전기가 체결된 이후에는 충전건과 충전구 사이 실링을 통해 액체류의 추가 유입을 예방한다.

③ 차량과 충전기의 완전한 연결이 확인된 후 일정 시간이 지나 전류가 흐르도록 설계해 감전을 예방한다.

④ 충전 중단을 위해 충전건의 버튼을 누를 경우 즉각 전류를 차단해 커넥터 접촉부의 손상을 방지한다.

2.8.3. 전기차 고전압배터리 감전 예방 설계

리튬 계열 배터리를 사용하는 전기차는 고열이나 합선에 의한 배터리 화재·폭발을 예방하기 위해 다양한 방식의 안전설계를 복합적으로 적용한다.

① 차량 협조 제어 : 배터리는 전력 공급장치로 전기차 모터를 비롯해 다양한 전장부품과도 연계되어 있어, 차체의 고전압 부품이 고장날 경우 배터리에 영향을 줄 수 있다. 이런 위험을 방지하기 위한 기능이 "페일 세이프(Fail-Safe)"로 전장부품의 고장이 배터리로 확산되지 않도록 설계하는 방식이다.

② 능동 보호(BMS 제어) : 배터리관리시스템(BMS, Battery Management System)은 평소 배터리의 충전 상태 제어, 셀 밸런싱 등을 통해 배터리가 잘못 사용되지 않도록 관리해 사고를 미연에 방지한다. 배터리에 이상이 감지될 경우 릴레이(특정 조건에서 작동해 다른 회로를 개폐하는 장치)를 통해 자동으로 배터리의 전원을 온오프(ON/OFF)한다.

③ 수동 보호 : 배터리의 내부 또는 외부에서 합선이 발생할 경우 전력을 차단하는 퓨즈가 작동되도록 설계되어 있다.

④ 배터리 셀 강건 설계 : 전기차의 배터리는 외부 충격으로부터 셀을 보호하기 위한 설계가 적용되어 있다. 강도 향상을 위해 세라믹으로 코팅된 분리막을 사용하고, 외부 열로부터 보호를 위해 방열 특성이 우수한 배터리 셀이 사용된다.

3 전기자동차 고전압장치 안전수칙

3.1 안전사항 표시

전기자동차 고전압 부품의 종류에는 고전압배터리, 모터, 파워 케이블, 인버터(MCU), 메인 릴레이, 프리차지 릴레이 등이 있어 시스템이나 차량을 잘못 건드릴 경우 심각한 누전이나 감전 등의 사고로 이어질 수 있으므로 정비지침서를 참조해야 한다. 정비지침서의 안전사항 표시에는 중요도에 따라 위험, 경고, 주의, 유의, 참고로 분류되어 있다.

① 위험 표시 : 정비 시 부주의로 인해 필연적으로 발생하는 사망 또는 심각한 신체 상해를 미연에 방지하기 위해 제공되는 정보

② 경고 표시 : 정비 시 부주의로 인해 발생 가능한 사망 또는 심각한 신체 상해를 미연에 방지하기 위해 제공되는 정보

③ 주의 표시 : 정비 시 부주의로 인하여 발생 가능한 경미한 신체 상해를 미연에 방지하기 위하여 제공되는 정보

④ 유의 표시 : 정비 시 부주의로 인하여 발생 가능한 자동차 손상을 미연에 방지하기 위하여 제공되는 정보

⑤ 참고 표시 : 특정 정비 절차를 원활히 수행할 수 있도록 제공되는 부가적인 정보

3.2 고전압 안전 법규

3.2.1. 전기자동차 고전압 전기 배선

① 전원 전기장치 간 연결배선의 피복(연결배선에 보호 기구를 설치한 경우)은 주황색으로 하여야 한다.

② 노출된 충전부가 없어야 한다.

③ 극성이 바뀔 수 있는 구조일 경우 각각 다른 색상의 단자/커넥터를 적용한다.

④ 중간에 접속점이 없어야 한다.

⑤ 전기적 접속부가 진동 또는 충격으로 인해 이완되거나 손상되지 않아야 한다.

⑥ 이상전압 유기 시 절연 파괴나 플래시 오버가 없어야 한다.

⑦ 노출 도전부와 전기 연속성은 0.1Ω 이하이어야 한다.

3.2.2. 고전압 감전 경고 표기

① 고전압장치 외부, 고전압장치 보호커버, 고전압 전기배선 보호관에 식별이 쉽고, 쉽게 떨어지지 않는 구조로 부착하여야 한다.

② 변색되거나 지워지지 않아야 한다.

③ 심벌(symbol)의 바탕은 노란색으로 하고 외곽선은 검은색으로 한다.

그림 2-19 고전압 감전 경고 표기 심벌

3.3 전기자동차 고전압 시스템 취급 시 주의사항

3.3.1. 파워 케이블 작업 시 주의사항

① 고전압 시스템의 모든 고전압 케이블의 피복 색상은 주황색으로 구분되어 있다.

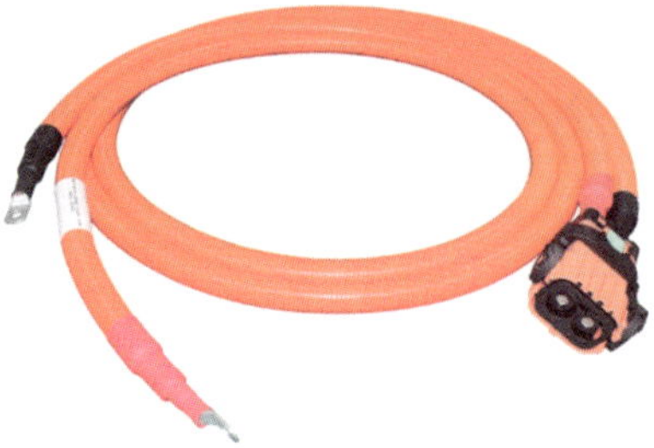

그림 2-20 고전압 와이어링 및 커넥터

② 고전압 단자를 다시 체결할 경우 체결 직후 절연 조치 및 절연 테이프를 사용한다.

③ 고전압 단자 체결용 스크류는 규정 토크로 체결한다.

㉮ 고전압 정션박스 장착 너트

㉯ 고전압 정션박스 고압 케이블 (+), (–)장착 볼트

㉰ 고전압 정션박스 장착 케이블 고정 볼트(외측)

㉱ 3상 고전압 파워 케이블 장착 볼트(모터 내/외측)

④ 파워 케이블 및 부스바 체결 또는 분해 작업 시, (+), (–)단자 간 접촉이 발생하지 않도록 주의한다.

3.3.2. 전기자동차 고전압 시스템 안전수칙

고전압 전기장치 부품은 고전압배터리, 모터, 파워 케이블, 인버터, 메인 릴레이, 프리차지 릴레이, 안전 플러그 등이 있다. 고전압이 흐르는 부품을 취급할 경우 안전수칙을 준수하여 작업을 하여야 한다.

[1] 고전압 시스템 안전수칙

① 항상 절연 장갑과 절연 공구를 사용(찢어짐, 파손여부확인, 물기를 완전히 제거한 후 착용)

② 금속성 물질을 작업 전에 반드시 몸에서 제거한다. 이후 고전압을 차단 후 고전압 단자 간 전압이 30V 이하임을 확인한다.

③ 각 안전사항 표시는 중요도에 따라 위험, 경고, 주의, 유의, 참고로 분류한다.

④ 부주의로 인하여 필연적으로 발생하는 사망 또는 심각한 신체 상해를 미연에 방지하기 위하여 제공되는 정보이므로 이 표시에 따라 정비 작업을 실시한다.

⑤ 고전압 단자를 다시 체결할 경우 체결 직후 절연 조치

⑥ 고전압 단자 체결용 스크류는 규정 토크로 체결

⑦ 파워 케이블 및 부스바 체결 또는 분해 작업 시, (+), (−) 단자 간 접촉이 발생하지 않도록 주의한다.

[2] 고전압 시스템 점검 전 안전수칙

① 고전압 시스템 작업 전 준수 사항 숙지

② 차량에 "고전압 위험 차량" 표시

③ 고전압 시스템 취급 전 고전압 차단

④ "고전압 차단 절차" 실행 후 작업실시 후 점화 스위치를 OFF

⑤ 보조배터리 (−) 케이블을 분리

⑥ 필요시 리어 시트 탈거

⑦ 안전 플러그 커버 탈거

⑧ 고정 후크를 화살표 방향으로 당김

⑨ 레버를 90도 화살표 방향으로 당김

⑩ 안전 플러그 탈거

⑪ 모터 컨트롤 유닛(MCU) 내에 커패시터 방전을 위해 5분 이상 대기

⑫ 인버터 커패시터 방전 확인을 위하여 고전압 단자 간 전압을 측정

4 전기자동차 작업 시 안전 유의사항

① 보호안경을 착용한다.

② 차체 아래에서 작업할 경우 반드시 안전 스탠드를 사용한다.

③ 항상 점화스위치 OFF 상태/주차브레이크 체결/자동변속기를 P단에 둔다.

④ 타이어 앞·뒤쪽에 고임목을 사용

⑤ 심한 화상 방지를 위해 뜨거운 금속 부품에 접촉하지 않는다.

⑥ 작업 전 액세서리를 제거하고, 작업에 방해되는 옷차림을 피한다.

⑦ 후드 아래에서 작업 시 손·다른 물체를 라디에이터 팬 블레이드에 닿지 않게 한다.

⑧ 쿨링 팬 장착 자동차일 경우 쿨링 팬 가까이에서 작업할 시에는 반드시 라디에이터 전기모터 커넥터를 분리한다.

5 안전장비

5.1 전기 안전 장비 구별

5.1.1. 절연용 보호구

① 절연장갑, 전기용 안전모, 절연용 고무소매, 절연화 등

② 대상 전선의 전압에 대한 절연 성능을 가짐

③ 감전 우려 시 절연이 불완전한 충전전로 점검 및 수리에서 작업자는 절연용 보호구 착용

④ 당해 충전전로를 취급하는 작업에는 전선의 분기, 접속, 절단, 바인더 등의 작업 포함

5.1.2. 절연용 방호구

① 전선을 취급할 때 감전 방지를 위해 충전전로에 설치하는 장구

② 저압 충전전로에 대해서 사용하는 방호구는 대상전로의 전압에 대한 절연성능 가짐

5.2 고전원 전기장치 개인보호 장비

자동차관리법 시행규칙의 하이브리드자동차 및 전기자동차 등의 고전원 전기장치 검사기준 및 검사방법에 따르면, 전기자동차 등 고전원 전기장치를 검사하기 위해서는 절연저항 시험기, 고전원용 절연장갑, 절연화, 절연매트, 보안경, 앞치마 등 시설 및 장비를 갖춰야 하며, 교통안전공단이 시행하는 "고전원 전기자동차 등 취급자 안전교육"을 21시간 이상 이수한 정비인력에게 검사자격을 부여하고 있다.

절연공구는 반드시 국제규격인 IEC60900 또는 ASTM F1505, VDE를 만족하는 제품으

로 교류 1,000V, 직류 1,500V에서 절연성능이 보장되어야 한다. 또한 이들 절연공구는 반드시 VDE 또는 이에 상응하는 인증기관으로부터 부여받은 인증마크가 있어야 한다. 예를 들어, VDE의 경우 10,000V에서 테스트를 통과해야만 교류 1,000V/직류 1,500V에서도 절연이 가능해 안전한 사용이 가능함을 인증하고 있다.

① 절연화 : 절연화는 고전압 부품 점검 및 관련 작업 시 바닥을 통한 감전을 방지하기 위해 착용한다. 절연성능은 AC1,000V/300A 이상 되어야 한다.

② 절연 장갑 : 절연 장갑은 고전압 부품 점검 및 관련 작업 시 착용하는 가장 필수적인 개인 보호 장비이다. 절연성능은 AC1,000V/300A 이상 되어야 하고 절연 장갑의 찢어짐 및 파손을 막기 위해 절연 장갑 위에 가죽장갑을 착용하기도 한다.

그림 2-21 절연화

그림 2-22 절연 장갑

③ 절연 헬멧 : 고전압 부품 점검 및 관련 작업 시 머리를 보호하기 위해 착용한다. KS기준 7,000V 이하 사용범위, 배터리 부딪힘, 낙하, 감전 시 부상 방지용으로 착용한다.

④ 보호안경, 안면 보호대 : 스파크가 발생할 수 있는 고전압 작업 시 착용한다.

그림 2-23 절연 헬멧 및 보호안경

그림 2-24 제한표시

⑤ 절연 피복 : 고전압 부품 점검 및 관련 작업 시 신체를 보호하기 위해 착용한다. 절연 성능은 AC1,000V/300A 이상 되어야 한다.

⑥ 절연 매트 : 탈거한 고전압 부품에 의한 감전사고 예방을 위해 부품을 절연 매트 위에 정리하여 보관하며, 절연 성능은 AC1,000V/300A 이상 되어야 한다.

그림 2-25 절연 피복

그림 2-26 절연 매트

⑦ 절연 덮개 : 절연 덮개는 보호 장비 미착용자의 안전사고 예방을 위해 고전압 부품을 절연 덮개로 차단한다. 절연성능은 AC1,000V/300A 이상 되어야 한다.

⑧ 경고 펜스 : 작업 중 허가받지 않은 일반인들의 접근을 차단하고 임의의 사고 발생을 방지하기 위해 차량 주변에 설치한다.

⑨ 구조후크 : 고전압 안전사고 발생 시 추가적인 감전 피해를 막고 사상자를 고전압 위험 요소로부터 물리적으로 분리하기 위해 사용한다.

그림 2-27 경고 펜스

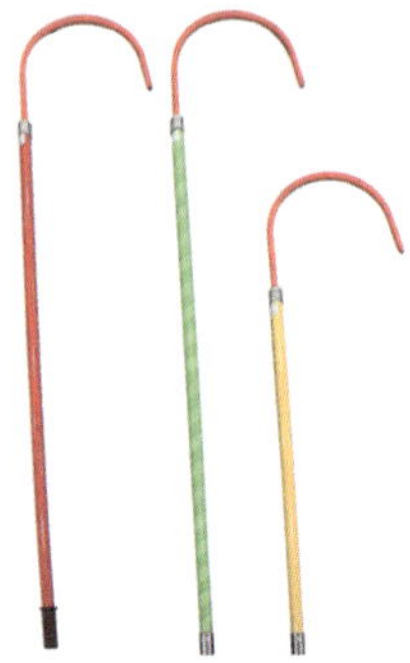

그림 2-28 구조후크

⑩ 절연 공구 : 기본적으로 작업자와 접촉을 통해 전류가 흐르지 않게 특수하게 설계된 공구들로 고전압 차량에서 작업 시 작업자의 안전을 확보할 수 있다. 일반 공구와 상이하게 절연특성(성능 : AC 1,000V 이상)을 갖도록 설계되어 고전압 부품 작업에 사용한다.

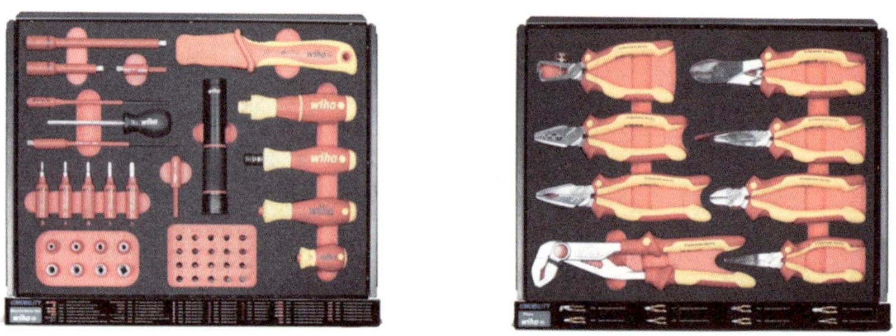

그림 2-29 절연 공구

⑪ 방염복 : 높은 열 차단성, 방호성, 내약품성의 아라미드 섬유를 사용하여 작업 중 화재 발생 시 탄화온도 500도 이상에서도 신체를 방호한다.

⑫ 화학복 : 고전압배터리 전해질 누출 시 신체를 보호한다.

⑬ 검전기 : 전류 누출 여부를 탐지(테스터기 : AC/DC 60~1000V)한다. 전기가 흐르고 있으면 불이 들어오고 소리가 난다.

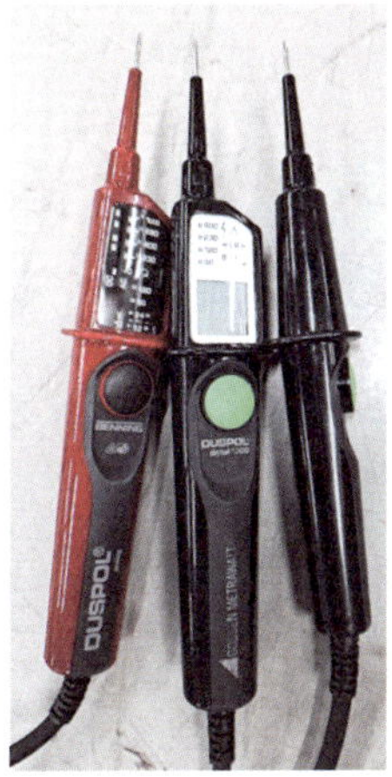

그림 2-30 검전기

5.3 수공구 선택 시 확인 사항

① 손잡이 : 모양, 길이, 지름, 재질, 접촉면적, 보조 손잡이 등을 확인한다.

② 무게 : 공구무게와 무게중심을 확인한다.

③ 사용시간 : 반복 사용 정도, 스프링 반동 장치의 사용빈도를 확인한다.

④ 작업자 : 연령, 성별, 근력, 신체적인 특징, 작업자세 등을 확인한다.

⑤ 기타 : 안정성, 진동, 장갑 착용, 다양성, 휴식시간 등을 확인한다.

5.4 안전장비 착용

5.4.1. 안전장비

① 재해나 건강장해를 방지하기 위한 목적으로 작업자가 착용하여 작업을 하는 기구나 장치

② 유해, 위험요인으로부터 작업자를 보호하기 위한 최후의 예방 수단

5.4.2. 안전장비의 구비 요건

① 착용하여 작업하기 쉬울 것

② 유해, 위험물로부터 보호성능이 충분할 것

③ 사용되는 재료는 작업자에게 해로운 영향을 주지 않을 것

④ 마무리가 양호할 것

⑤ 외관과 디자인이 양호할 것

5.5 안전장비 선택

5.5.1. 안전화

[1] 안전화의 선택

보호기능 및 작업장소와 특성에 따른 적합 등급 제품을 선택한다.

① 경 작업용 : 비교적 경량의 물체를 취급하는 작업장에서 사용

② 보통 작업용 : 공구가공품을 손으로 취급하는 작업 및 자동차 사업장, 기계 등을 운전 조작하는 일반작업장에서 사용

③ 중 작업용 : 중량물 운반 작업, 가공 대상물의 중량이 큰 물체를 취급하는 작업장

[2] 안전화의 착용

① 작업내용, 목적에 적합한 것 선정 및 지급

② 가벼운 것

③ 땀 발산 효과가 있는 것

④ 디자인, 색상이 좋은 것

⑤ 목이 긴 안전화는 신고 벗는데 편하도록 된 구조인 것(예 : 지퍼 등)

⑥ 바닥이 미끄러운 곳에서 창의 마찰력이 큰 것

⑦ 우레탄 소재 안전화는 화기취급 작업자에게는 사용을 피할 것

⑧ 정전화를 신호 충전부에 접촉 금지

⑨ 끈을 단단히 매고 꺾어서 신지 말 것

⑩ 발에 맞는 것을 착용

5.5.2. 보안경

[1] 일반 보안경

① 면체 전체가 전부 투시 가능할 것

② 일반작업 시에 발생하는 각종 비산물과 유해한 액체로부터 안면, 목 부위 보호 목적

③ 유해한 광선으로부터 눈을 보호하기 위해 단독으로 착용하거나 보안경 위에 겹쳐 착용

[2] 보안경 사용 및 관리방법

① 차광보안경은 용접, 용단작업 등에 적합한 차광번호 선정 지급

② 가볍고 시야가 넓은 것

③ 착용이 편안하고 내구성이 있는 것

④ 측사광 등이 있는 경우 측판이 부착되었거나 고글형 사용

⑤ 시력이 정상이 아닌 경우 도수렌즈를 지급

⑥ 사용 중 렌즈에 흠, 더러움, 깨짐이 있는지 점검하여 교체

⑦ 기존 안경이나 안전모 착용 하에 사용할 수 있는 것도 있음

[3] 일반 보안경이 갖추어야 할 요건

① 특정한 위험에 대해서 적절한 보호 기능을 해야 함

② 가볍고 시야가 넓어 착용했을 때 편안해야 함

③ 안경테의 각도와 길이를 조절할 수 있는 것이 좋음

④ 견고하게 고정되어 쉽게 벗겨지거나 움직이지 않아야 함

⑤ 내구성이 있어야 함

⑥ 착용자가 시력이 나쁠 경우 시력에 맞는 도수렌즈 지급

⑦ 필요시 복합 기능을 갖춘 보안경을 지급(예 : 일반 안경에 고글 착용, 안전모와 보안경 병행 착용)

5.5.3. 전기용 안전장갑 구비조건

① 이음매가 없고 균질한 것

② 사용 시 안전장갑의 사용범위 확인

③ 전기용 안전장갑을 끼고 작업 시 쉽게 파손되지 않도록 외측에 가죽장갑 착용

④ 사용 전 필히 공기 테스트를 통하여 점검 실시

⑤ 열 및 직사광선을 피하여 보관

⑥ 최소 6개월마다 1회씩 규정된 방법으로 절연성능 점검 후, 결과 기록

5.6 수공구

5.6.1. 수공구 사용 시 주의사항

① 작업에 맞는 공구 사용

② 사용 전 반드시 수공구를 점검하여 불안전한 것은 사용 금지

③ 항상 일정한 장소에 비치하고 사용 시 조심히 다룰 것

④ 안전한 장소에 보관할 것

⑤ 공구 이동 시 공구함 등을 사용하여 내리거나 올릴 것

⑥ 공구를 작업장 바닥에 끌면서 이동하거나 걸린 것을 무리하게 당겨서 빼지 말 것

⑦ 공구를 임의로 개조하거나 제작해서 사용하지 말 것

5.6.2. 수공구 사용으로 인한 건강장해 증상

표 2-5 수공구 사용으로 인한 건장장해 원인과 증상

근골격계 질환의 종류		원인	증상
수근관증후군 (손목터널증후군)	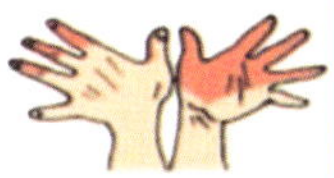	· 빠른 손동작을 계속 반복할 때 · 엄지와 검지를 자주 움직일 때 · 빈번하게 손목이 꺾일 때	· 1,2,3손가락 전체와 4째 손가락 안쪽에 증상 · 손의 저림 또는 찌릿한 느낌 · 물건을 쥐기 어려움
건초증		· 반복 작업, 힘든 작업을 할 때 · 오랫동안 손을 사용할 때	· 인대나 인대를 둘러싼 건초(건막) 부위가 부음 · 손이나 팔이 붓고 누르면 아픔
드퀘르병 건초염		· 물건을 자주 집는 작업을 할 때 · 손목을 자주 비틀 때 · 반복 작업, 힘든 작업을 할 때	· 엄지손가락 부분에 통증 · 손목과 엄지손가락이 붓거나 움직임이 힘듦
방아쇠 손가락		· 수공구의 방아쇠를 자주 사용할 때 · 반복 작업, 힘든 작업을 할 때 · 충격, 진동이 심한 작업을 할 때	· 손가락이 굽어져 움직이기가 어려움 · 손가락 첫째 마디에 통증
백지병	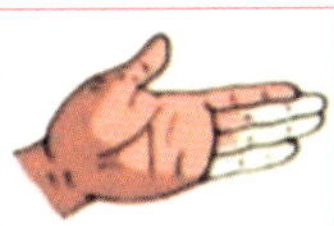	· 진동이 심한 공구를 사용할 때	· 손가락, 손의 일부가 하얘짐 · 손가락, 손의 마비

6 감전 사고사례

사례 1.

2022년의 첫 출근 날, 한국전력의 하청업체 노동자 38살 김다운 씨가 혼자서 전봇대에 올라갔다 2만 2천 볼트 특고압 전류에 감전되어 변을 당했고, 까맣게 타 버린 채 한동안 전봇대에 매달려 있다가 치료 끝에 숨졌다.

사례 2.

작업 중 인근 고압전선으로 인한 감전사고로 2019-07-16 오전 09:00경 충청북도 단양군 매포읍 하시리 산 62-1 국도 5호선 하시2지구 위험도로 개선공사에서 암파쇄방호시설 작업 시 H빔 근입 작업 중 카고크레인 상부 고압전선간 유격이 1m인 상태에서 H빔 하부쪽에 있던 인부 1명이 전류가 흘러 감전되어 손과 발에 2도 정도의 화상으로 추정되고, 인부의 주소지인 광주전남대학병원으로 당일 이송조치함.

사례 3.

현장은 지하 1층, 지상 7층 빌딩 신축 공사 현장으로, 재해 당일 펌프카를 이용하여 옥상층 콘크리트 타설 작업을 진행하였다. 무선 리모콘의 고장으로 펌프카 기사인 피해자가 유선 리모콘으로 전환하려고 유선 리모콘을 달줄에 결속하여 작업장소로 올리기 위해 리드선을 잡고 조정하던 중 인접한 22.9kV 배전선로에 근접한 붐대에 섬락(Flash over)이 발생되어 지락전류가 피재자의 몸에 흐르면서 감전 사망하였다.

사례 4.

2013. 8. 5(월) 14:22경, 서울시 성북구 정릉동 소재 고등학교 3층 여자화장실 앞에서 학교청소 등을 하는 건물관리업체의 직원(남 54세)이 고압세척기로 바닥 물청소를 하던 중 세척기의 누전으로 감전 사망하였다.

사례 5.

2024. 10. 21. 06:02경 공사 내규에 따라 전기실내 배전반 작업을 할 때 작업 범위 내 모든 전기설비를 단전해야 하는데도 불구하고 일부만 단전했고, 고전압 전선을 취급할 때 절연장갑 등 장비를 착용해야 하는데도 공사가 이를 위반하여 해당 작업자는 전기실 고압 배전반 스티커 부착 작업을 수행하던 중 감전으로 사망했다.

사례 6.

2024. 10. 30. 08:01경 전남 영암의 한 공장에서 40대 근로자가 전기작업을 하던 중 감전돼 3m 아래로 추락했다. 병원으로 옮겨져 치료를 받고 있으며 생명에는 지장이 없는 것으로 알려졌다.

전기자동차 모터 및 컨트롤시스템

03

CHAPTER 03

전기자동차 모터 및 컨트롤시스템

1 전기자동차의 주요부품

전기자동차는 내연기관 자동차와 달리 전기 동력과 관련된 부품으로 이루어져 있다. 구동모터, 감속기, 고전압배터리 등이 있는데, 이 부품들은 전기자동차를 움직이는 동력 구조를 구성한다. 구동모터 · 감속기 · 고전압배터리 · 온보드차저(On Board Charger) · 통합전력제어장치(Electric Power Control Unit) 순으로 전기자동차를 움직이게 해준다.

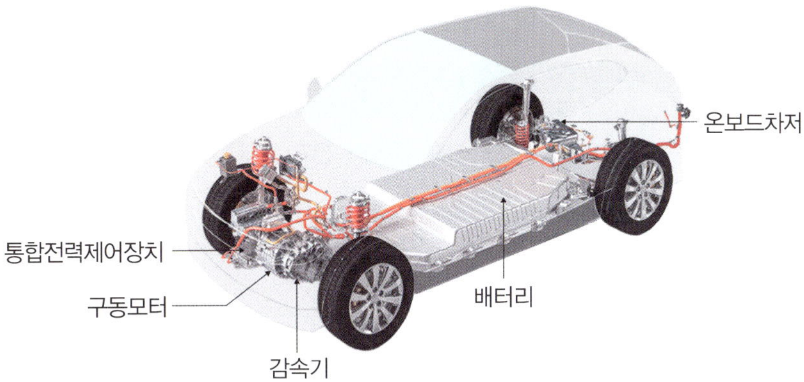

그림 3-1 전기자동차의 주요부

구동모터는 발전기로도 작동하는 부품인데, 전기에너지를 운동에너지로 전환해 바퀴를 굴리는 일을 한다. 전기자동차는 내연기관차와 달리 주행 중 발생하는 소음이나 진동 소리가 작다. 이는 모터를 구동장치로써 사용하여 얻는 장점이다.

감속기란 모터의 특성에 따라 동력을 바퀴에 효율적으로 전달하기 위해 고안된 "변속"이라 할 수 있는데, 여기서 변속기라 부르지 않고 감속기라 부르는 이유는 모터는 분당 회전수(RPM)가 내연기관차의 엔진보다 훨씬 높아 회전수를 상황에 맞게 바꾸는 변속이 아닌 회전수를 하향 조정(감속)해야 하기 때문이다. 즉, 모터의 회전수를 필요한 만큼 감속하여 더 높은 회전력을 얻을 수 있게 조정하는 역할을 한다.

전기자동차의 배터리는 전기에너지를 저장하는 부품으로 내연기관차의 연료탱크와 같은 역할을 한다. 보통 전기자동차의 주행거리는 배터리 용량에 따라 좌우되는데, 배터리의 용량이 클수록 주행거리도 늘어난다는 뜻이다. 따라서 전기자동차의 주행거리를 효율적으로 늘리기 위해서는 에너지 밀도가 높은 배터리가 필요하다.

통합전력제어장치는 인버터, LDC, VCU로 구성된 것으로 전기자동차 내 전력을 제어하는 장치(Electric Power Control Unit)를 통합하여 효율성을 높여주는 역할을 한다.

온보드차저(On Board Charger)는 완속충전을 하거나 휴대용 충전기로 가정용 플러그에 꽂아서 충전할 경우, 전기자동차에 입력된 외부 교류 전원(AC)을 직류 전원(DC)으로 변환시켜 주는 장치이다.

표 3-1 전기자동차 주요부품

주요 구성품	특징
고전압배터리	리튬 이온 전지, 리튬 폴리머 전지, 공기 아연 전지
모터	구동바퀴 모터-효율이 높음
인버터(Inverter)	전지의 직류를 교류로 변환
IGBT 모듈(KEC)	대전력이 소요되기 때문에 대전력 스위칭 및 제어용 파워모듈/IGBT (Insulated Gate Bipolar Transistor)
DC/DC 컨버터(Converter)	구동모터에서는 수백 볼트의 고전압을 필요로 하지만, 보조기기에서는 12V의 저전압이 사용
PCU(Power Control Unit)	인버터와 컨버터 등을 묶어서 하나의 모듈로 만들어 사용
ECU(Electronic Control Unit)	각 부문에서 추가로 ECU가 필요
각종 X by Wire	Steer by wire, Brake by wire 등의 각종 X by Wire(현재의 벨트식 구동을 모터로 대체하여 제어하는 전선으로 연결되는 각종 시스템을 일컬음)도 그 중요도가 점차 높아질 것이다.
BLDC 모터	· 각종 소형 일반모터로 사용 · 예전에는 직류모터를 사용했으나 최근에는 교류모터나 브러시리스 모터 등을 사용하는 경향이 두드러짐 · 전기자동차 한 대에 대략 1,000개 이상의 모터가 탑재
모터제어기	· 액셀 페달 조작량 및 속도를 검출해서 거기서 의도한 구동토크 변화를 가져올 수 있도록 차속이나 부하 등의 조건에 따라 모터의 토크 및 회전속도를 제어한다. · 직류모터라면 전류의 크기를 제어 · 교류모터는 진폭이나 주파수/위상을 바꾸어서 자동차의 주행상황을 변경한다.

주요 구성품	특징
회생제동장치	· 전기자동차의 에너지 소비를 줄여 주는 데 있어 매우 중요한 역할을 하는 것이 회생 브레이크다. · 전기자동차 모터는 발전기와 구조가 같아 전류를 흘리면 회전하고 반대로 밖에서 힘을 걸어 회전시키면 발전기가 됨 · 차를 감속시키거나 제동할 때 그 힘으로 모터를 회전, 전기를 발전시켜 축전지로 보내는 장치를 만들면 전기소모량을 많이 줄일 수 있다. · 엔진차를 전기자동차로 개조하는 경우 : 엔진 위치에 모터를 장착하고 트랜스미션과 디퍼렌셜기어를 그대로 사용하는 일이 많다. · 전기자동차에 사용되는 모터들은 저속에서 고속까지 무단으로 부드럽게 변환시킬 수 있기 때문에 반드시 변속기와 감속기가 필요하지는 않다. · 실제로 최근에 오리지널 전기자동차로 개발된 차들은 바퀴를 각각 하나씩 돌리도록 여러 개의 모터가 장착된다.
감속기	모터의 특성에 따라 동력을 바퀴에 조금 더 효율적으로 전달

2 모터 및 감속기

2.1 개요 및 작동원리

2.1.1. 개요

EV에서는 전기모터의 역할이 매우 중요하다. 구동모터는 배터리에 저장된 전기에너지를 기계에너지로 변환해 전기자동차에서 동력을 발생하는 장치로 높은 구동력과 출력으로 가속과 등판 및 고속 운전에 필요한 동력을 제공하며, 소음이 거의 없는 정숙한 차량 운행을 제공한다. 현대차 그룹은 E-GMP 전기모터의 성능을 강화하기 위해 기존 전기모터보다 회전수를 높이는 방식을 적용했다. 최신 전용 전기자동차인 아이오닉5와 EV6는 최고

15,000rpm의 회전수를 자랑한다.

전기자동차 모터는 AC(교류) 또는 DC(직류)를 사용하여 전기에너지를 기계에너지로 변환시킨다. 두 가지 유형의 모터 모두 전기자동차에 전력을 공급할 수 있지만 AC 모터는 DC 모터에 비해 더 높은 효율을 제공하기 때문에 전기자동차에서 선호된다. AC 모터는 더 넓은 범위의 속도로 작동하고 더 나은 성능을 제공할 수 있으며, 회생제동을 수행한다. 즉, 제동 중에 생성된 운동에너지를 다시 전기에너지로 변환하여 배터리팩에 저장한다. 이 기능은 전반적인 효율성을 향상시키고 전기자동차의 주행 범위를 확장하는 데 도움이 되어 AC 모터가 더 일반적으로 사용된다.

그림 3-2 모터, 감속기, 인버터

전기자동차는 이러한 모터의 특성에 맞춰 변속기가 아닌 감속기를 사용한다. 변속기에서 변속 단을 변경하는 경우는 고출력 필요시 저단으로 변경하는 경우와 고속 주행을 위해 고단으로 변경하는 경우가 있다. 전기자동차에서는 모터가 회전을 하는 순간부터 차를 움직이기 위한 토크가 발생하기 때문에 저단 기어가 필요 없으며, 최대 15,000rpm 이상 회전함으로써 고단 기어도 필요 없다. 다시 말해 전기자동차는 주행 상황에 맞춰 "변속"이 아닌 "모터 회전수"를 변경함으로써 저속부터 고속까지 모든 속도에 대응할 수 있다. EV6 GT의 모터는 최대 21,000rpm까지 회전하기 때문에 정지 상태에서 최고속도 260km/h

에 이르기까지 변속기 없이 감속기만으로 주행할 수 있는 것이다. 또한 감속 시에는 발전기로 전환되어 전기를 생산하고 고전압배터리를 충전함으로써 연비를 향상시키고, 주행거리를 증대시킨다. 모터에서 발생한 동력은 회전자 축과 연결된 감속기와 드라이브 샤프트를 통해 바퀴에 전달된다.

표 3-2 아이오닉5(NE EV) 2022년식 160kW 모터 및 감속기

항목	제원
모터 타입	매입형 영구자석 동기 모터(IPMSM)
감속기 기어비	10.65
최대 출력	160kW
최대 토크	350Nm
최대 회전 속도	15,000rpm
냉각 방식	유냉식

2.1.2. 작동원리

전기자동차의 작동원리는 고전압배터리로 구동되는 전기모터를 중심으로 이루어진다. 내연기관을 사용하는 기존 가솔린 자동차와 달리 전기자동차는 전기로만 작동한다. 전기모터는 전기에너지를 기계에너지로 변환해 자동차를 앞으로 나아가게 하는 중요한 역할을 한다.

운전자가 가속 페달을 밟으면 컨트롤러에 신호가 보내지며 컨트롤러는 배터리팩에서 전기모터로의 전기 흐름을 조절한다. 따라서 전기모터는 이러한 전기에너지를 사용하여 자동차 바퀴를 구동하는 회전 운동을 생성하며, 이 과정을 전기기계적 변환이라고 한다.

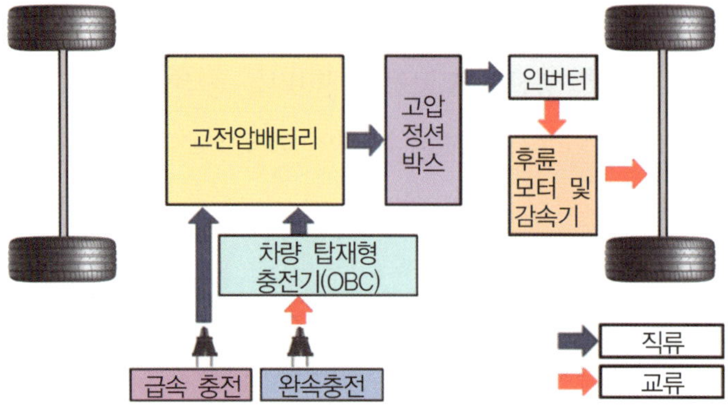

그림 3-3 2WD 작동원리

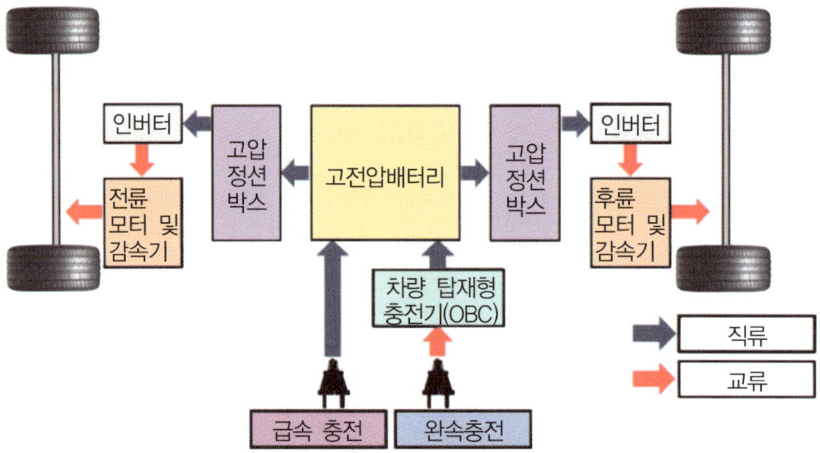

그림 3-4 4WD 작동원리

2.2 전기차 모터 사용 및 유지 보수 시 주의사항

전기자동차 모터는 일반적으로 8년/16만km 보증되며, 실제 수명은 모터에 따라 일반적으로 약 5~10년이다.

① 일반적으로 모터는 방수 기능이 좋지 않기 때문에 도시 지역에서 얕은 강이나 물이 너무 많으면 수면이 중앙을 초과하는 것은 말할 것도 없고, 깊은 물에서 모터를 운전하는

위험을 감수하지 말아야 한다.

② 사용 시 모터와 리어포크의 체결상태를 수시로 확인하여 준다. 나사가 느슨한 것으로 확인되면 적시에 보강을 위해 A/S센터로 이동한다.

③ 전기자동차별로 구동 모터용 베어링 용량이 다르기 때문에 전기자동차에 과부하가 걸리지 않도록 해야 한다.

④ 일부 고급 전기자동차는 중간 장착형 모터용 체인 설계를 채택하기 때문에 체인에 윤활유를 자주 추가하여 변속기 부품의 마모를 줄일 수 있을 뿐만 아니라 변속기 소음도 줄일 수 있다.

2.3 모터 및 감속기 어셈블리 탈·부착 및 주의사항

2.3.1. 언더커버 탈·부착

[1] 4WD 타입

① 프런트 언더커버를 탈거한다(체결 토크 : 0.8~1.2kgf·m).

② 리어 언더커버를 탈거한다

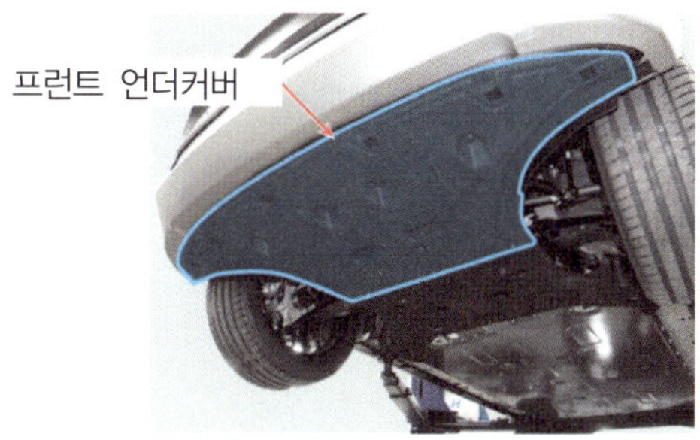

그림 3-5 프런트 언더 커버 탈거

그림 3-6 리어 언더커버 탈거

③ 장착은 탈거의 역순으로 진행한다.

[2] 2WD 타입

① 프런트 언더커버를 탈거한다(체결 토크 : 0.8~1.2kgf · m).

② 리어 언더커버를 탈거한다.

그림 3-7 프런트 언더커버 탈거

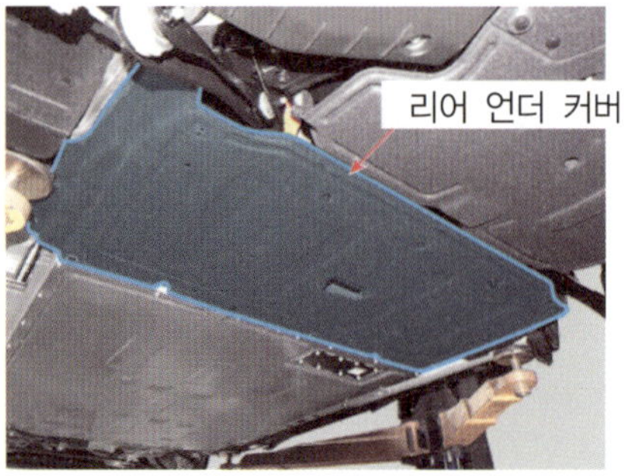

그림 3-8 리어 언더커버 탈거

③ 장착은 탈거의 역순으로 진행한다.

2.3.2. 후륜 모터 및 감속기 어셈블리

[1] 탈거

① 고전압을 차단한다.

② 리어 언더커버를 탈거한다.

③ 워터 호스를 분리하여 후륜 모터 및 감속기 어셈블리용 일반 냉각수를 배출한다. 호스의 잘못된 연결을 방지하기 위해 표시를 해둔다.

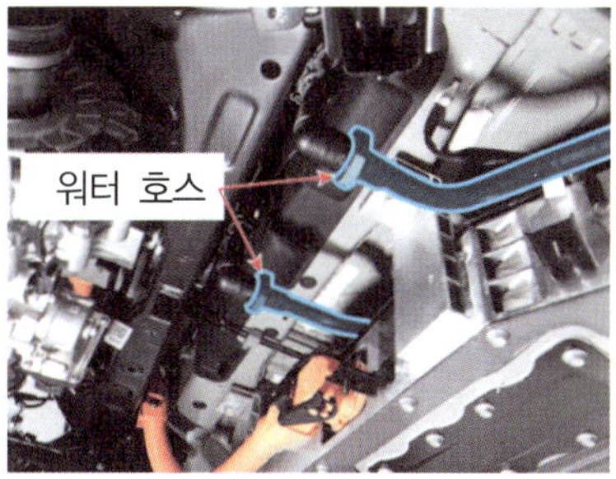

그림 3-9 워터 호스 분리

주의사항

1. 3웨이 밸브 호스를 분리할 때 아래 그림과 같이 퀵 커넥터 클램프를 화살표 방향으로 누른 뒤 분리한다.
2. 퀵 커넥터 작업 시 내부의 고무 씰을 만지거나 분리하지 않는다.

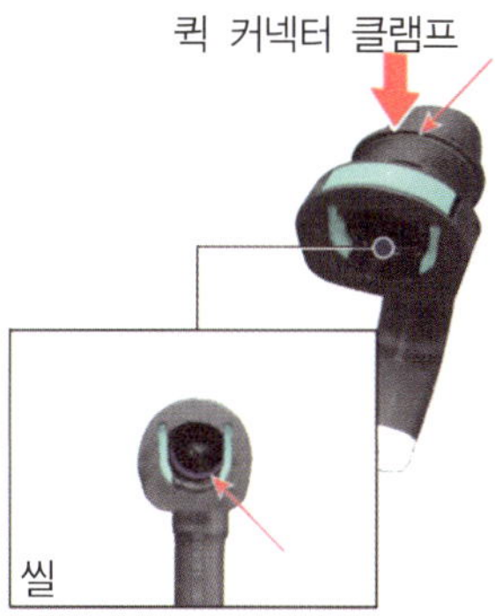

그림 3-10 3웨이 밸브 호스 분리

④ 리어 크로스 멤버를 탈거한다.

⑤ 리어 드라이브 샤프트(IDA)를 탈거한다.

⑥ 인버터 인렛 워터 호스, 인버터 아웃렛 워터 호스와 오일 쿨러 아웃렛 호스를 분리한다. 호스의 잘못된 연결을 방지하기 위해 표시를 해둔다.

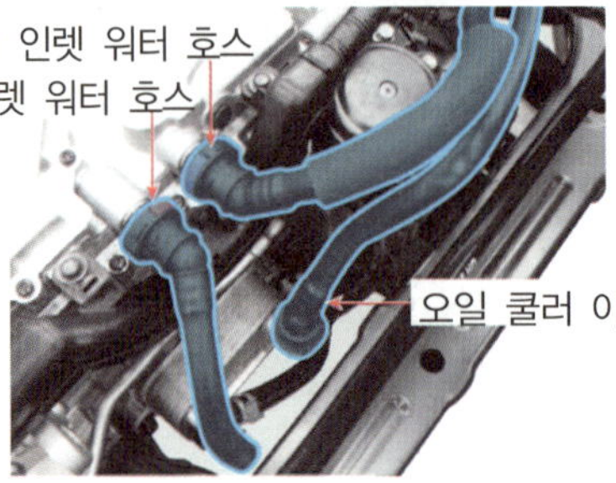

그림 3-11 인버터 인렛 워터 호스, 인버터 아웃렛 워터 호스, 오일 쿨러 아웃렛 호스 분리

⑦ 접지 케이블을 탈거한다.

⑧ 후륜 모터 및 감속기 어셈블리에서 메인 와이어링을 분리한다. 와이어링 커넥터의 잘못된 연결을 방지하기 위해 표시를 해둔다.

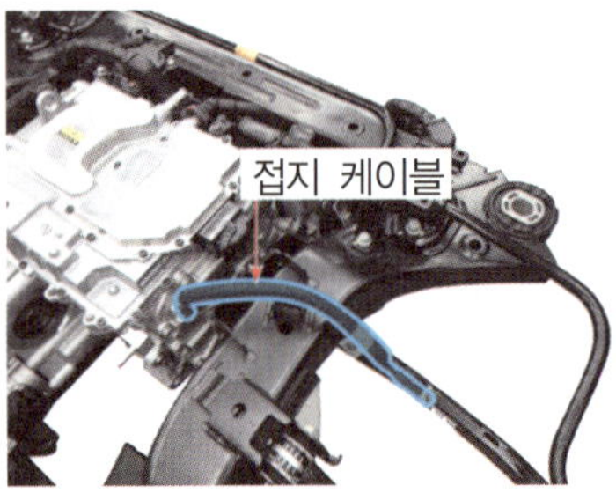

그림 3-12 접지 케이블 탈거

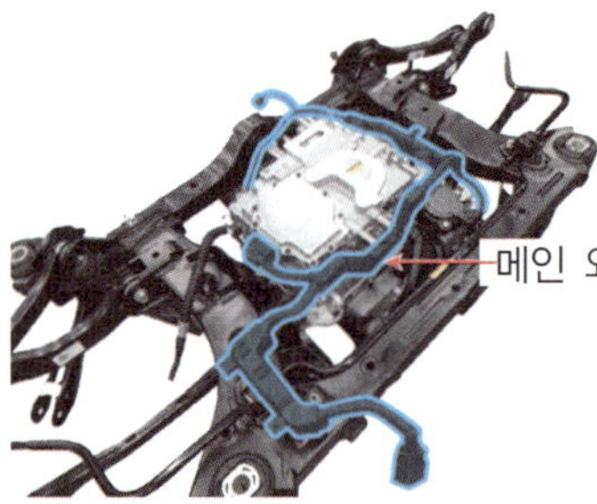

그림 3-13 메인 와이어링 분리

⑨ 후륜 모터 및 감속기 어셈블리 행어 위치를 확인하고, 후륜 모터 및 감속기 어셈블리를 행어를 이용하여 잭을 연결한다.

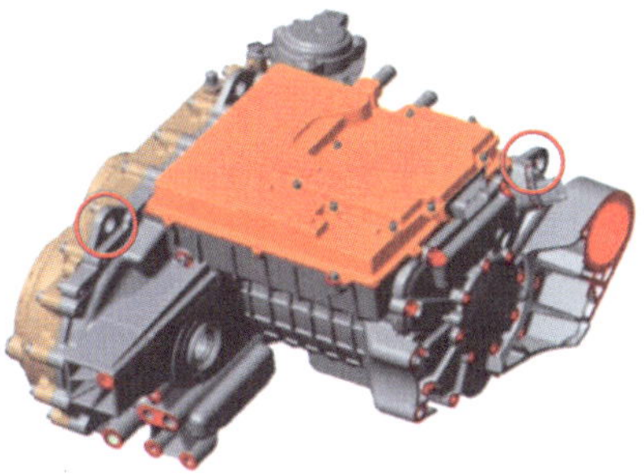

그림 3-14 행어 위치 확인

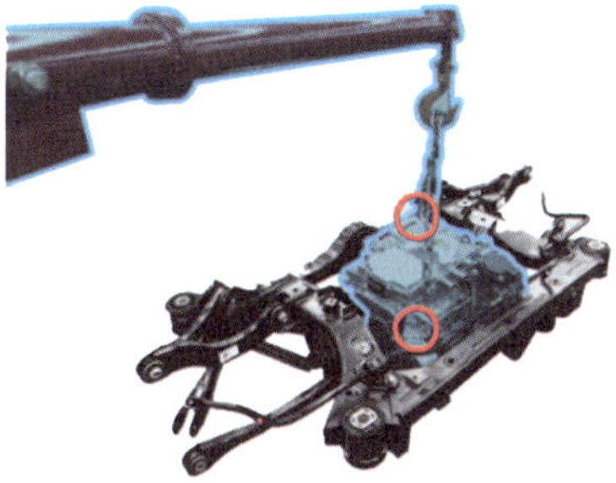

그림 3-15 잭 연결

⑩ 후륜 모터 및 감속기 어셈블리 마운팅 볼트를 탈거한다.

(체결 토크 – A : 11.0~13.0kgf · m, B : 6.6~8.5kgf · m, C : 18.0~20.0kgf · m)

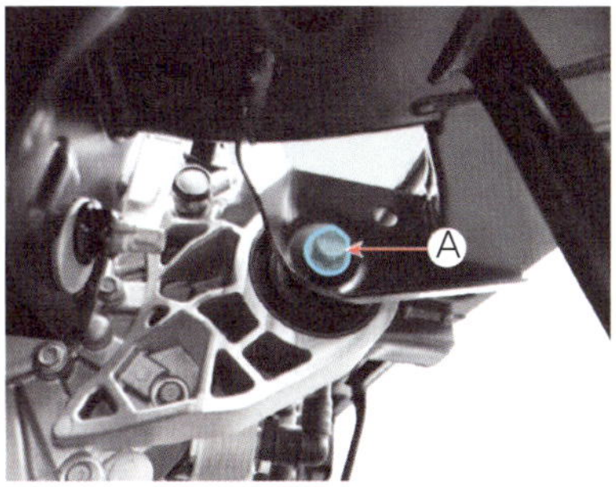

(a) 우측

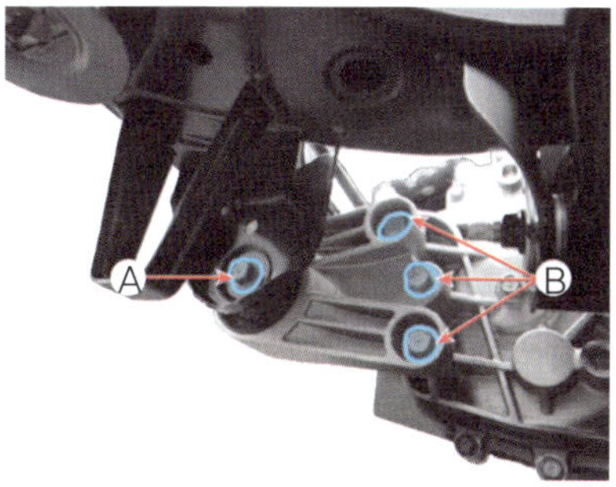

(b) 좌측

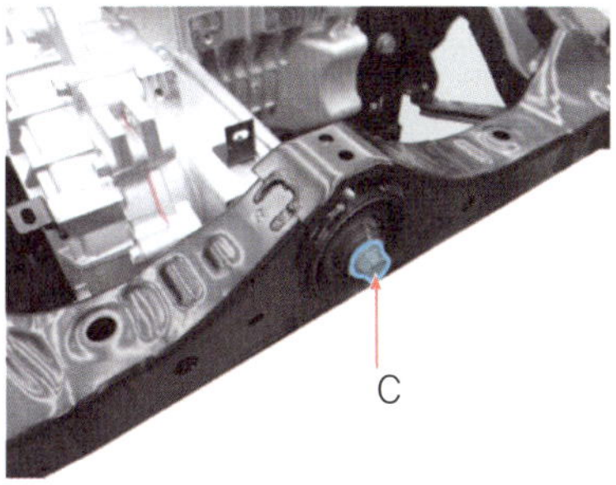

(c) 리어

그림 3-16 마운팅 볼트 탈거

⑪ 모터 및 감속기 어셈블리를 탈거하기 전에 호스 및 커넥터가 확실히 탈거되었는지 확인하고, 고전압 커넥터 부분 및 모터 및 감속기 어셈블리 기타 주변 장치에 손상되지 않도록 주의하면서 잭을 들어 올려 후륜 모터 및 감속기 어셈블리를 서브 프레임으로부터 분리한다.

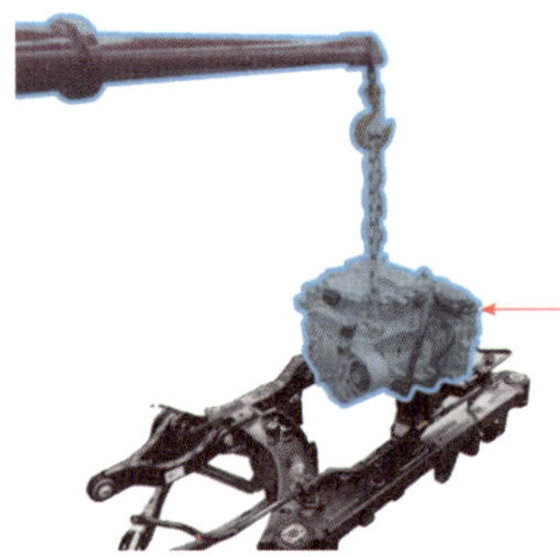

그림 3-17 후륜 모터 및 감속기 어셈블리, 서브 프레임에서 분리

[2] 점검

(1) 선간 저항

① 고전압 정션 블록을 탈거한다.

② 인버터를 탈거한다.

③ 멀티 옴 미터기를 이용하여 각 선간(U, V, W)의 저항을 점검한다.

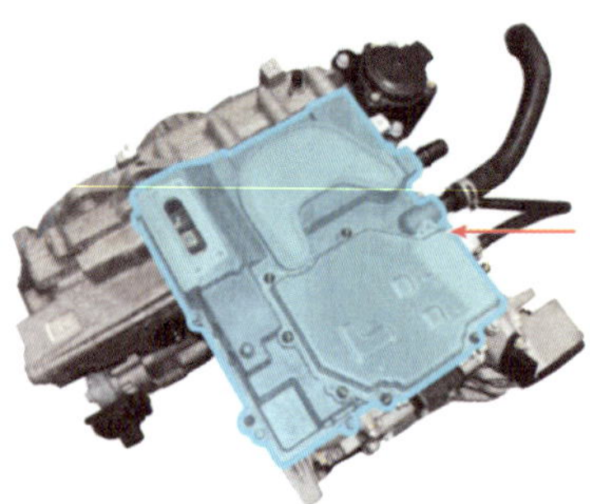

그림 3-18 인버터 탈거

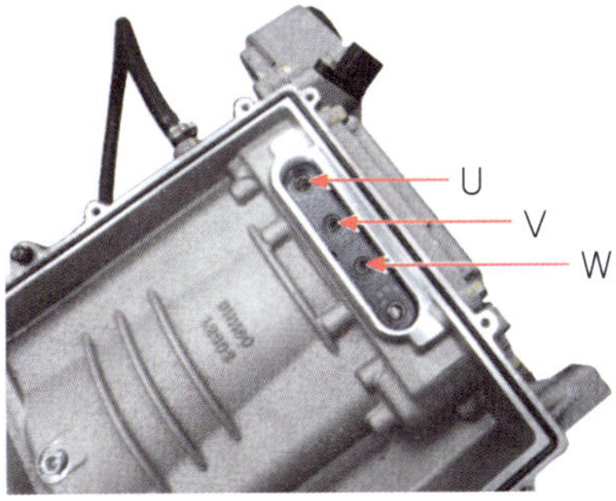

그림 3-19 U, V, W 위치 및 선간 저항 점검

표 3-3 아이오닉5(NE EV) 2022년식 선간 저항

항목	점검 부위	규정값	비고
선간 저항 (Line–Line)	U – V	57.48~63.52MΩ	상온(20~20.08℃)
	V – W		
	W – U		

(2) 절연 저항

① 고전압 정션 블록을 탈거한다.

② 인버터를 탈거한다.

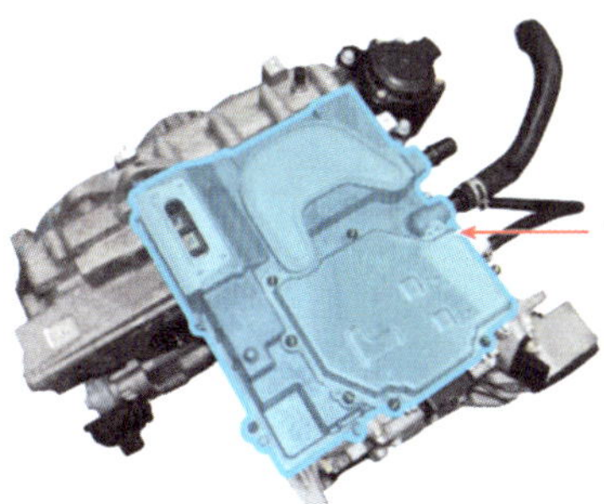

그림 3-20 인버터 탈거

③ 절연 저항 시험기를 이용하여 절연 저항을 점검한다.

㉮ 절연 저항 시험기의 (−)단자와 하우징, (+)단자와 상(U, V, W)에 연결한다.

㉯ 1분간 DC 1,000V를 인가하여 측정값을 확인한다.

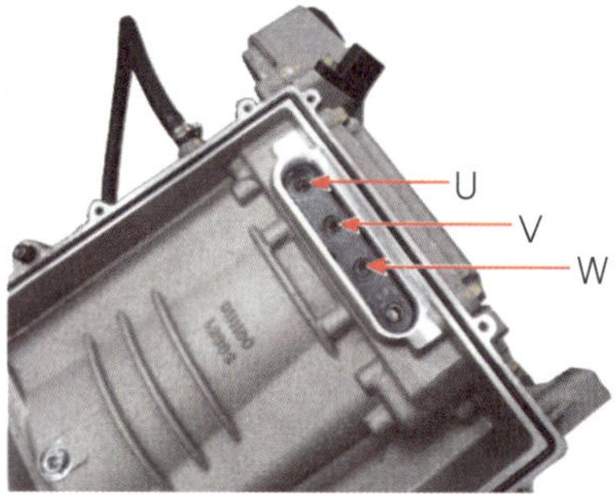

그림 3-21 U, V, W 위치 및 절연 저항 점검

표 3-4 아이오닉5(NE EV) 2022년식 160kW 절연 저항

항목	점검 부위	규정값	비고
절연 저항	Housing − U	100MΩ 이상	DC 1,000V(1분간)
	Housing − V		
	Housing − W		

(3) 절연 내력

① 고전압 정션 블록을 탈거한다.

② 인버터를 탈거한다.

③ 내전압 시험기를 이용하여 누설 전류를 점검한다.

㉮ 내전압 시험기의 (−)단자와 하우징, (+)단자와 상(U, V, W)에 연결한다.

㉯ 1분간 AC 2,200V를 인가하여 측정값을 확인한다.

표 3-5 아이오닉5(NE EV) 2022년식 절연 내력

항목	점검 부위	규정값	비고
절연 저항	Housing – U	18mA 이하	AC 2,200V(1분간) 인가
	Housing – V		
	Housing – W		

[3] 장착

① 장착은 탈거의 역순으로 진행한다.

② 냉각수 주입 시 진단기기를 이용하여 전자식 워터펌프(EWP)를 강제 구동시켜 공기 빼기를 실시한다. 냉각수 주입 후 누수 여부를 확인한다.

③ 장착 완료 후 레졸버 옵셋 자동 보정 초기화를 진행한다. 모터 교환 후 레졸버 옵셋 자동 보정 초기화를 하지 않은 경우 최고 출력 저하 및 주행 거리가 짧아질 수 있다.

④ 후륜 모터 및 감속기 어셈블리를 장착 후, 기밀 점검을 실시한다.

[4] 기밀 점검

① 고전압 정션 박스에 씰링 커넥터를 장착한다.

그림 3-22 고전압 정션 박스에 씰링 커넥터 장착

② 고전압 케이블에 씰링 커넥터를 장착한다.

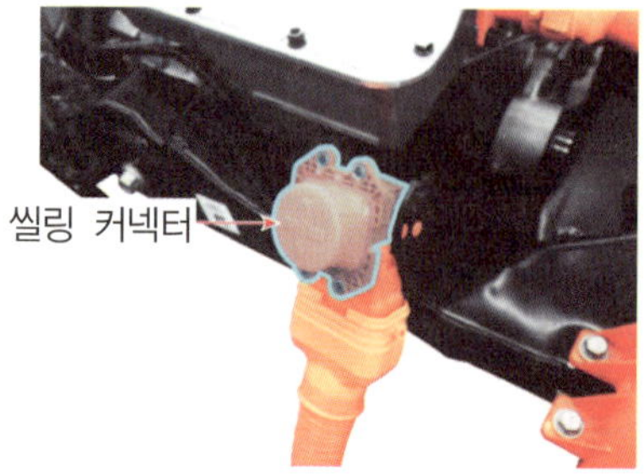

그림 3-23 고전압 케이블에 씰링 커넥터 장착

③ 기밀 점검 테스터기의 압력 조정을 위한 어댑터를 연결한다. 기밀 점검 테스터기를 작동하고 난 후, 손을 떼어도 진공압력에 의해 압력 조정용 어댑터는 떨어지지 않는다.

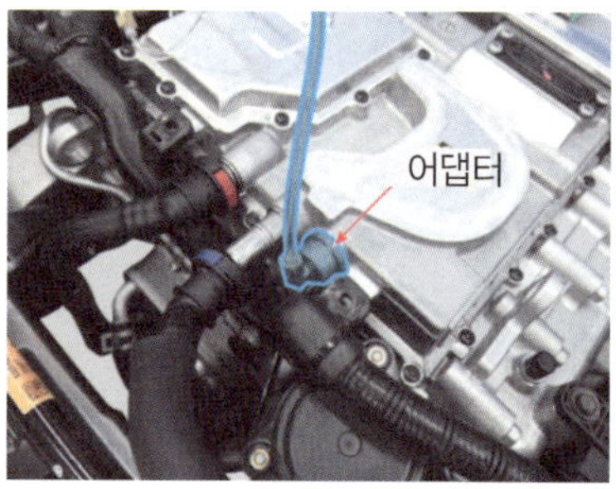

(a) 인버터 측

(b) 고전압 정션 박스 측

그림 3-24 기밀 점검 테스터기의 압력 조정제 어댑터 연결

④ 진단기기를 이용하여 기밀 점검을 실시한다. 기밀 점검 시 기밀 테스터기와 압력 조정용 어댑터에 연결된 호스의 꺾임을 유의한다.

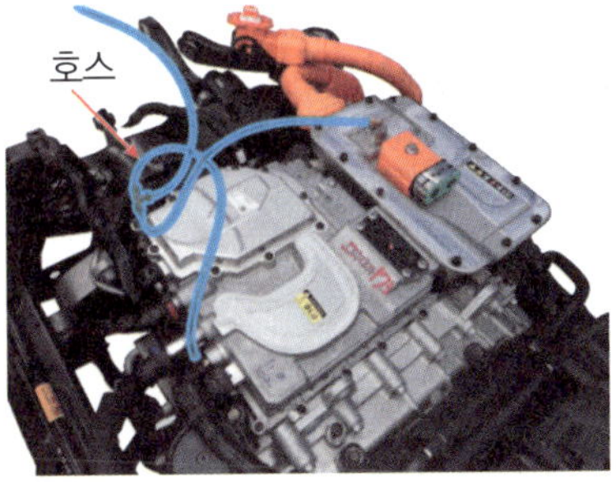

그림 3-25 호스 꺾임 유의

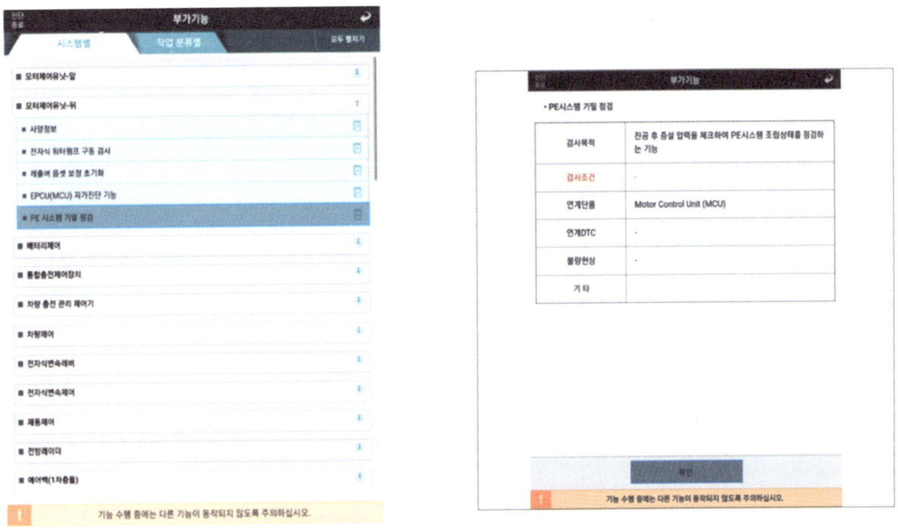

그림 3-26 PE 시스템 기밀 점검 클릭

⑤ 인버터 어셈블리 상단에 QR코드를 스캔하거나 시스템 코드를 입력한다.

(a) QR코드 스캔

(b) 시스템 코드 입력

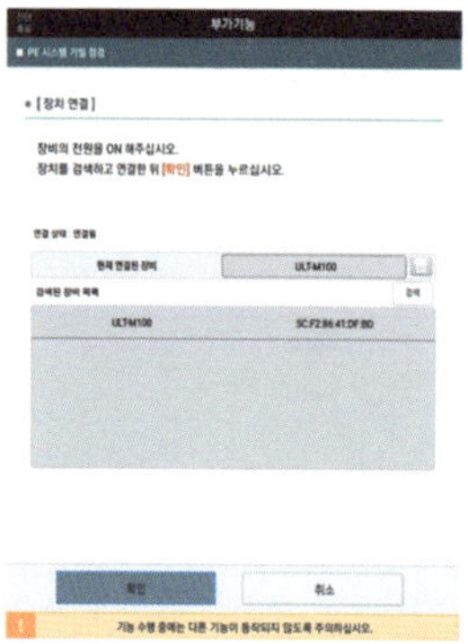

(c) 장치 연결

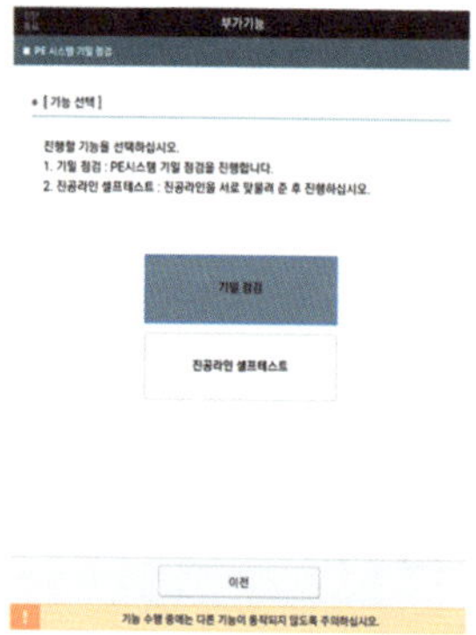

(d) 기능 선택

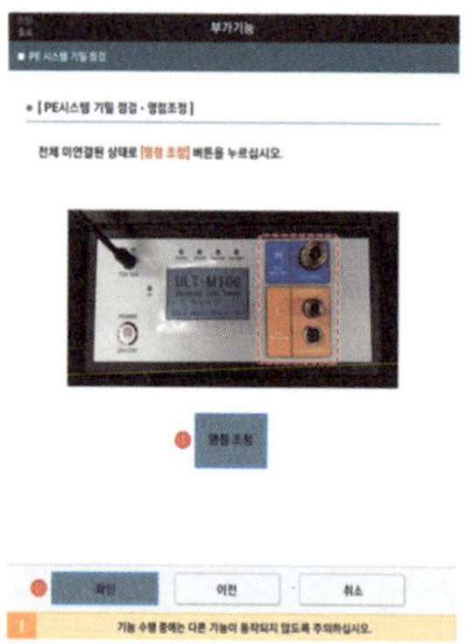

(e) 영점 조정

(f) 막음 커넥터 결합

(g) 장비 연결 후 확인 클릭

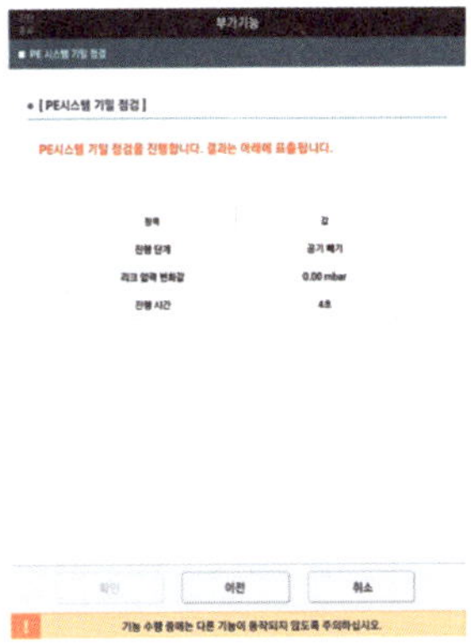

(h) 점검 진행

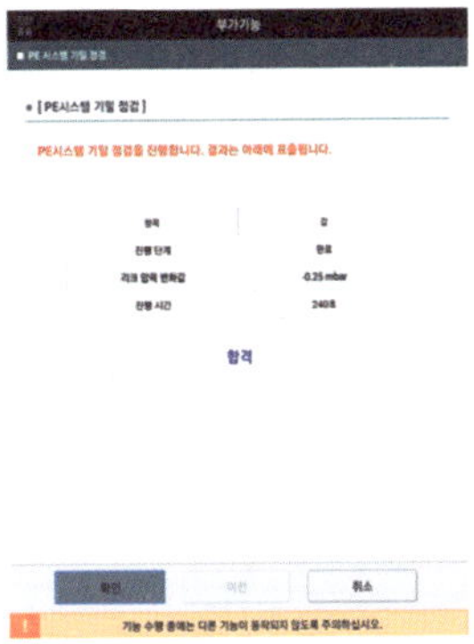

(i) 결과 표출

그림 3-27 PE 시스템 기밀 누설 점검

⑥ PE 시스템의 기밀 누설 여부를 확인한다.

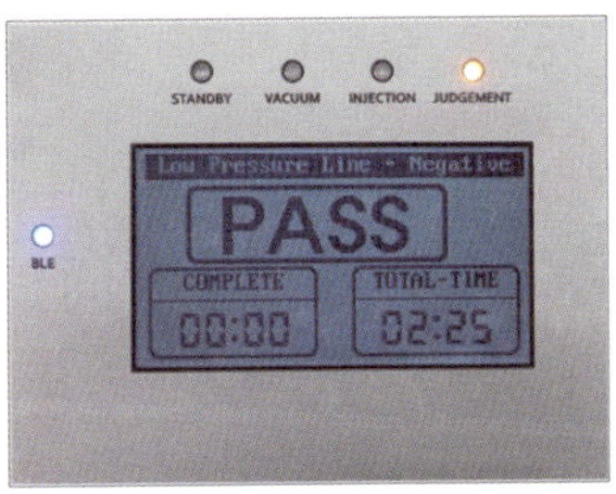

(a) 이상 없음(PASS)

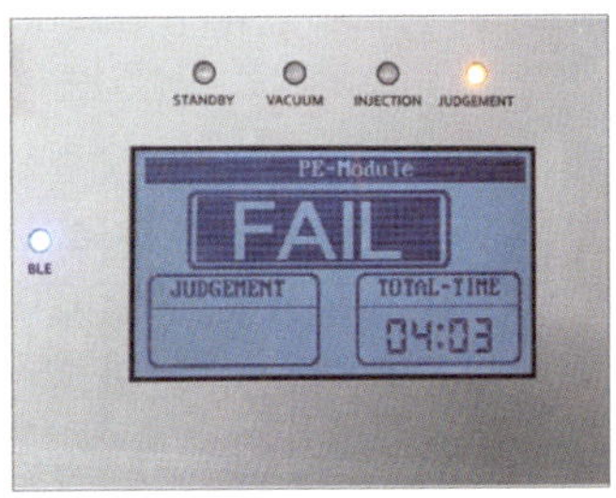

(b) 이상 있음(FAIL)

그림 3-28 기밀 누설 여부 확인

3 전기자동차 컨트롤시스템

3.1 모터 컨트롤시스템

3.1.1. 모터 제어

전기자동차 모터는 배터리를 에너지원으로 하여 전기자동차 구동을 위한 토크(회전력)를 발생시키며(플레밍 왼손 법칙), 감속 시 회생제동을 통해 배터리 충전을 하기도 한다(플레밍 오른손 법칙). 실제 차량에선 DC 모터보다 AC 모터를 주로 사용하며, 전기자동차에는 BLDC 모터가 더 많이 사용되고 있다.

모터의 형식은 영구자석형 동기 모터로서 회전자(Rotor) 위치 인식 및 학습을 위한 레졸버(Resolver) 센서가 장착되어 있고, 이러한 이유로 모터 및 통합전력제어장치(EPCU) 교환 시 초기화 학습이 필요하다. 모터의 속도와 토크 제어는 PWM 방식으로 전압과 주파수를 동시에 가변 제어한다.

표 3-6 DC 모터와 AC 모터 비교

분류	특징	장 · 단점
DC 모터	DC 신호로 제어하는 모터로 일정 방향으로 전류가 흐르게 도와주는 정류자(Brush)로 구성되는 것이 큰 특징이다.	구조가 단순하고 제어가 쉽다. 기계적 마찰이 있는 정류자 때문에 주기적으로 보수해야 한다.
AC 모터	유도 전류를 사용하는 유도전동기와 영구자석으로 자속을 만드는 동기전동기로 구분된다. 하이브리드 자동차에는 유도전동기, 전기자동차에는 동기전동기를 주로 사용한다.	정류자가 없어서 고장이 없고 가격이 저렴하다. 배터리는 DC 전압을 제공하기 때문에 내부적으로 DC-AC 컨버터가 필요하다. 전압과 주파수 등 제어할 요소가 많아서 제어가 까다롭다.

표 3-7 유도전동기와 동기전동기 특징

분류	특징
유도전동기	회전자가 고정자 자속보다 일정 정도 늦게 회전(Slip)하지만, 가격이 저렴하며 구조가 튼튼하다. Slip에 의해 다소의 효율 저하가 발생한다.
동기전동기	영구자석인 회전자가 고정자 자속과 동기되어 회전한다. 유도전동기에 비해 효율이 높으나, 용량이 커질수록 가격이 많이 높아진다.

[1] 모터에 적용된 센서

(1) 모터 위치 센서

모터 제어를 위해서는 정확한 모터 회전자 절대 위치 검출이 필요하다. 레졸버를 이용한 회전자의 위치 및 속도 정보를 통하여 MCU는 최적으로 모터를 제어할 수 있게 된다. 레졸버는 리어 플레이트에 장착되며 모터의 회전자와 연결된 레졸버 회전자와 하우징과 연결된 레졸버 고정자로 구성되어 모터 내부의 회전자 위치를 파악한다.

그림 3-29 레졸버 센서

(2) 모터 온도 센서

모터 온도는 모터 출력에 큰 영향을 미치므로 모터가 과열된 경우, 모터의 매입형 영구자석(IPM) 및 스테이터 코일이 변형되거나 그 성능에 영향을 미칠 수 있다. 이를 방지하기 위해 모터 온도 센서는 모터 코일에 조립되어 온도에 따라 모터 토크 보상 및 모터 과온 보호를 목적으로 모터 온도정보를 센싱하는 기능을 담당한다.

[2] 모터 위치 센서 및 모터 온도 센서 점검

① 모터 위치 및 온도 센서 커넥터를 분리한다.

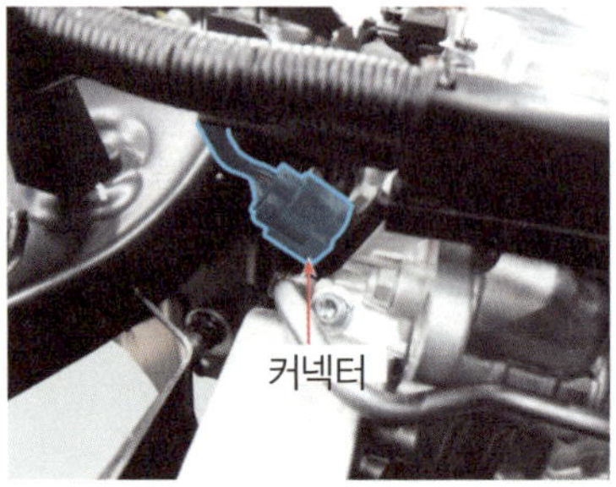

그림 3-30 모터 위치 및 온도 센서 커넥터 분리

② 멀티 테스터기를 이용하여 선간 저항을 점검한다.

그림 3-31 모터 위치 및 온도 센서 핀 단자

표 3-8 모터 위치 및 온도 센서 핀 기능

핀 단자	핀 기능
1	SHIELD GND
2	REZ +
3	REZ S1
4	REZ S2
5	TEMP
6	SHIELD GND
7	REZ −
8	REZ S3
9	REZ S4
10	TEMP GND

표 3-9 모터 위치 및 온도 센서 점검

<table>
<tr><th>항목</th><th colspan="2">점검 부위</th><th>규정값</th><th>비고</th></tr>
<tr><td rowspan="4">모터 온도 센서</td><td>선간 저항</td><td>5–10</td><td>18.1～20.8kΩ</td><td>Reference temperature : 20℃(68℉)</td></tr>
<tr><td rowspan="2">절연 저항</td><td>5–Housing</td><td rowspan="2">More than 100MΩ</td><td rowspan="2">DC 500V, 5 seconds</td></tr>
<tr><td>5–U/V/W</td></tr>
<tr><td>절연 내역</td><td>5–Housing</td><td>Below 0.5mA</td><td>AC 1600V, 1 seconds</td></tr>
<tr><td rowspan="6">모터 위치 센서</td><td rowspan="3">선간 저항</td><td>2–7</td><td>23.0Ω ± 7%</td><td rowspan="3">Reference temperature : 20℃(68℉)</td></tr>
<tr><td>3–8</td><td>82.0Ω ± 7%</td></tr>
<tr><td>4–9</td><td>74.0Ω ± 7%</td></tr>
<tr><td rowspan="3">절연 저항</td><td>2–Housing</td><td rowspan="3">More than 100MΩ</td><td rowspan="3">DC 500V, 5 seconds</td></tr>
<tr><td>3–Housing</td></tr>
<tr><td>4–Housing</td></tr>
</table>

[3] 레졸버 옵셋 자동 조정 초기화

① 점화스위치 OFF, 자기진단 커넥터에 진단기기를 연결한다.

② 변속단 P위치 및 점화스위치 ON(Power 버튼 LED "Red"), "부가기능" 모드를 선택한다.

③ 부가기능의 "레졸버 옵셋 자동 보정 초기화" 항목을 수행한다.

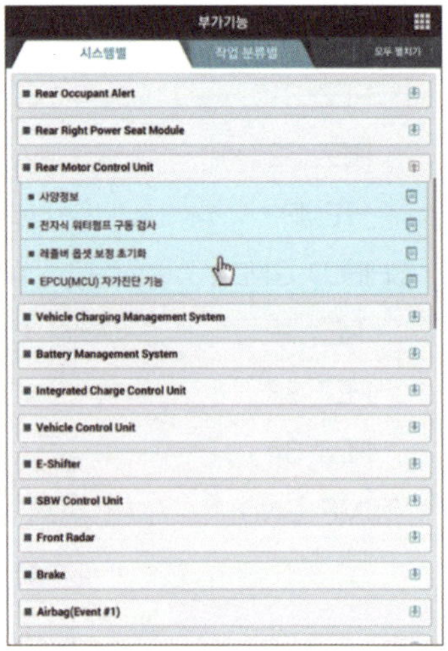

(a) 레졸버 옵셋 자동 보정 초기화 클릭

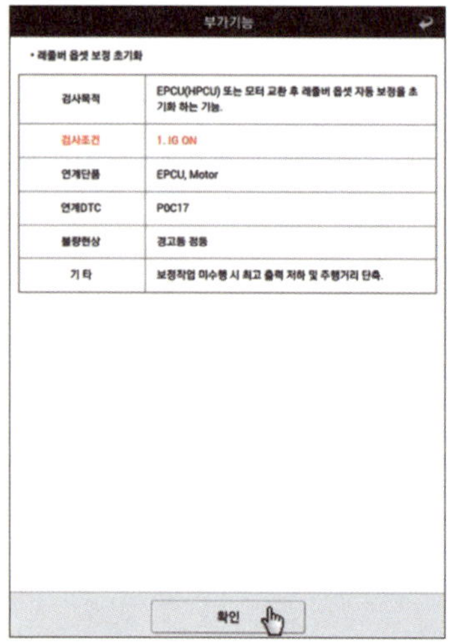

(b) 검사 조건 확인 후 확인 클릭

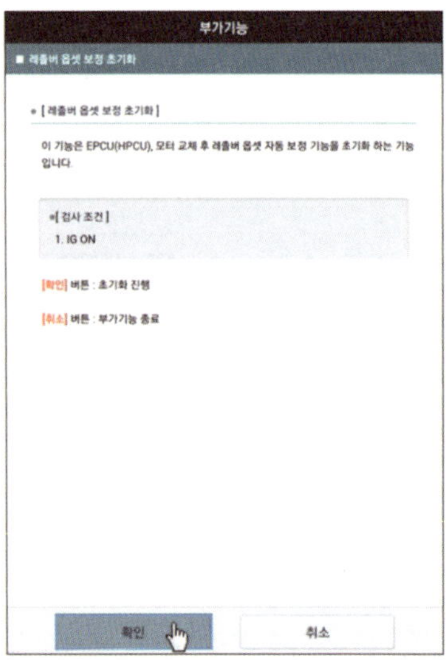

(c) 확인 클릭

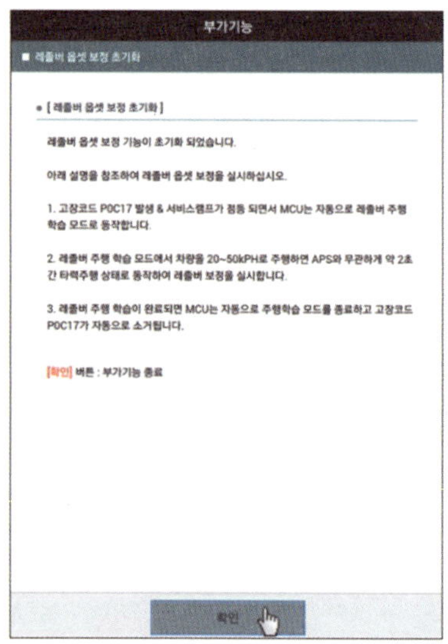

(d) 초기화 완료

그림 3-32 레졸버 옵셋 보정 초기화

[4] 모터 위치 센서 및 모터 온도 센서 탈거 및 장착

① 고전압을 차단한다.

② 12V 보조배터리 (-)터미널을 분리한다.

③ 리어 언더커버를 탈거한다.

④ 모터 위치 및 온도 센서 커넥터를 분리한다. 와이어링 커넥터는 잘못된 연결을 방지하기 위해 표시를 해 둔다.

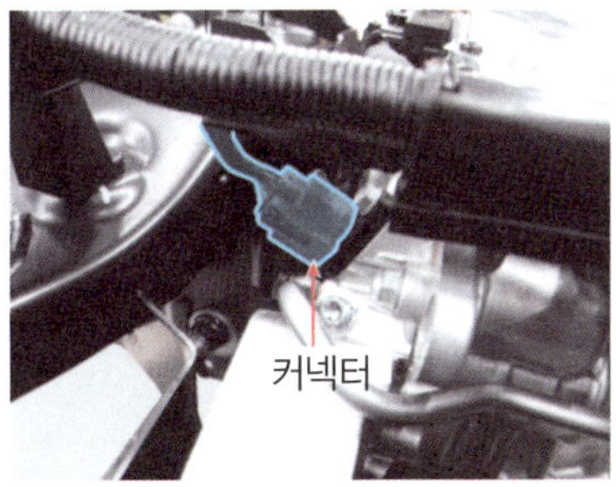

그림 3-33 모터 위치 및 온도 센서 커넥터 분리

⑤ 모터 위치 및 온도 센서 마운팅 볼트를 탈거한다.

그림 3-34 모터 위치 및 온도 센서 마운팅 볼트 탈거

⑥ 커넥터를 분리하고 모터 위치 및 온도 센서를 탈거한다.

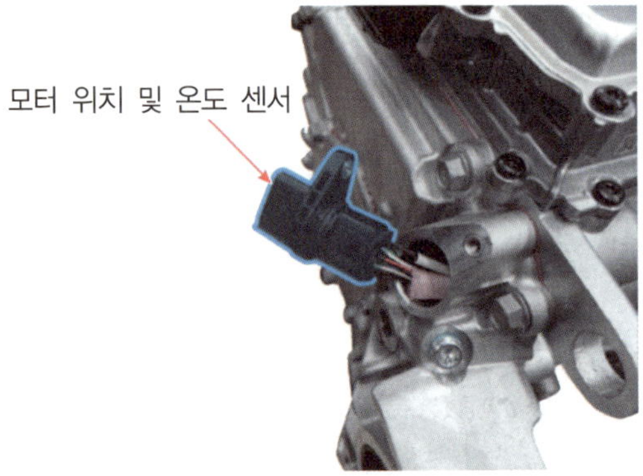

그림 3-35 모터 위치 및 온도 센서 탈거

⑦ 장착은 탈거의 역순으로 진행한다.

[5] 모터 고장 시 증상

(1) 모터 고장 시 체크 사항

① R, S, T 단자와 U, V, W 단자(주 회로를 체크)

② 인버터가 출력을 내보내는지 체크

③ 파라미터값 체크

④ 모터의 부하를 체크

⑤ 인버터에 알람 또는 에러가 떴는지 체크

(2) 모터가 반대로 회전할 때

① U, V, W상이 바뀌었는지 체크

② 파라미터(정/역회전) 변경

③ 배선(정/역회전) 체크

(3) 모터의 회전이 이상한 경우

① 모터의 부하체크(과부하 시 문제 발생)

② 인버터 용량 체크(인버터 용량이 큰 것은 괜찮으나 작을 시 문제 발생)

③ Gain값, 주파수, 튜닝 등 파라미터 체크

3.1.2. 배터리관리시스템(BMS, Battery Management System)

배터리관리시스템(BMS)은 실시간으로 2차 전지의 전류·전압·온도 등을 측정해 에너지의 충·방전 상태와 배터리 SoC를 제어하는 것으로, 타 제어 시스템과 통신하며 배터리가 최적의 동작환경을 조성하도록 환경을 제어하는 전기자동차 고전압배터리의 필수부품이다.

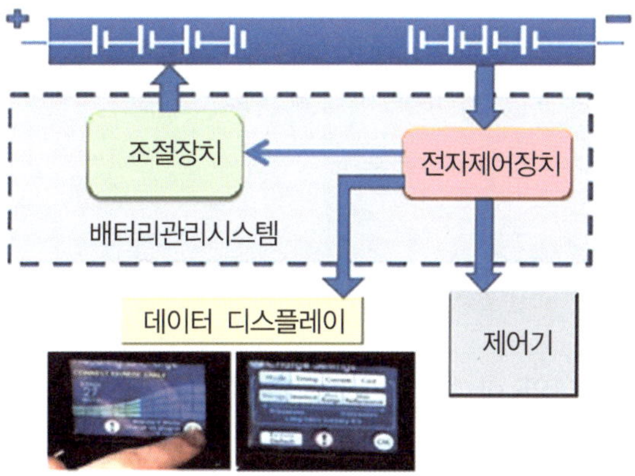

그림 3-36 배터리관리시스템의 구성도

전기자동차는 대용량 셀들이 노트북이나 휴대폰과는 비교할 수 없을 정도로 많이 모여야 한다. 배터리관리시스템에 문제가 발생할 경우 전기자동차가 폭발하는 사고까지 이어질 수 있기 때문에 2차 전지를 관리하는데 있어 BMS는 핵심기술이다.

이러한 BMS의 기능은 다음과 같다.

① 고전압배터리를 이루는 개별 셀의 상태를 모니터링(CMU의 정보)

② 응급의 경우에는 고전압배터리를 차단

③ 배터리 내에서 셀의 불균형에 대한 보상

④ 배터리 충전 상태에 대한 정보 제공(SoC)

⑤ 배터리 상태에 대한 정보 제공(SoH)

⑥ 드라이버 디스플레이 및 경보에 대한 정보를 제공

⑦ 배터리의 사용가능 범위를 예측

⑧ 차량 제어 시스템에서 지시사항을 수락하고 구현

⑨ 셀 충전을 위한 최적의 충전 알고리즘을 제공

⑩ 제공하는 스위치와 돌입 전류를 제한하는 충전이 단계 전에 부하 임피던스 테스트를 할 수 있도록 사전충전

⑪ 개별 셀 충전에 대한 액세스 수단을 제공

⑫ 차량 운영 모드의 변화에 대응

3.1.3. 통합전력제어장치(EPCU, Electric Power Control Unit)

EPCU는 모터의 제어와 함께 차량의 전반적인 움직임을 제어하는 장치로써 전기자동차에서 매우 중요한 부품 중 하나이다. 통합전력제어장치는 대전력량의 전력변환시스템으로서 고전압의 직류를 전기자동차의 통합제어기인 차량 제어 유닛(VCU, Vehicle Control Unit) 및 구동 모터에 적합한 교류로 변환하는 장치인 인버터(Inverter), 고전압배터리 전압을 저전압의 12V DC로 변환시키는 장치인 LDC(직류변환장치)등으로 구성되어 있다. 이를 통해 전기자동차는 안정적이고 효율적인 전력 공급이 이루어진다(EPCU = 인버터(MCU-Moter Control Unit)+LDC+VCU(Vehicle Control Unit)).

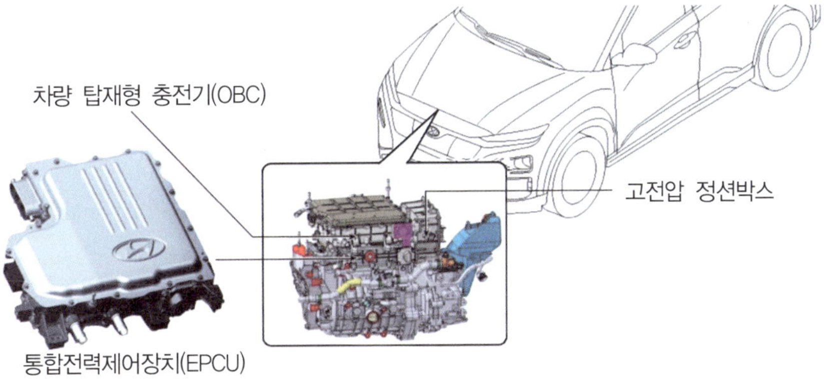

그림 3-37 EV EPCU 및 모터 어셈블리

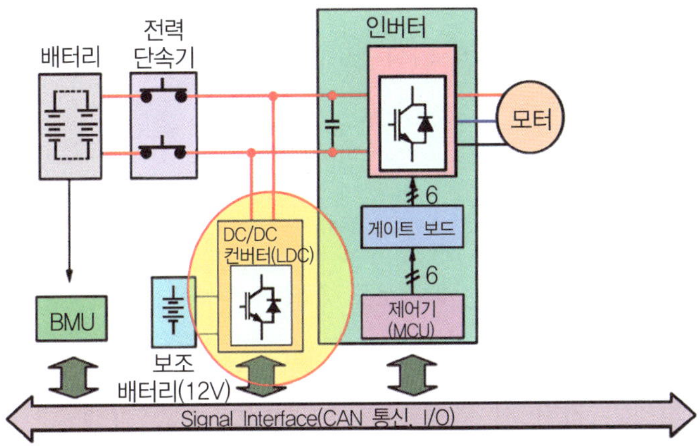

그림 3-38 전력제어장치 다이어그램

[1] 인버터(Inverter)

(1) 개요

전기자동차에서는 내구성, 성능 효율성 등을 이유로 AC 모터를 사용한다. 그러면 고전압 배터리의 DC에서 AC로 변환해 주어야 하므로 그 역할을 하는 장치가 필요한데 이 역할을 하는 것이 인버터(Inverter)이다.

인버터는 고전압배터리의 DC 전원을 차량 구동 모터의 구동에 적합한 AC 전원으로 변환하는 시스템으로서 인버터는 케이스 속에 IGBT(Insulated Gate Bipolar Transistor),

파워 드라이버(Power Driver), 제어회로인 컨트롤러(Controller)가 일체로 이루어져 있다. 가속할 때는 고전압배터리에서 구동모터로 에너지를 공급하고, 감속 시에는 구동 모터에서 발생한 에너지를 다시 배터리에 충전하는 회생제동을 통해 주행거리를 늘려준다. 이렇듯 인버터는 여러모로 전기자동차를 구동하는데 있어 개입하는 부분이 많기 때문에 매우 중요한 부품 중 하나이다.

(2) 인버터 측정 방법

① 전압 테스터를 활용하여 측정 부위인 플러스 단자와 마이너스 단자에 측정

② 측정값이 30V 이하면 정상, 30V 이상이면 잠시 뒤 측정

③ 전압이 떨어지지 않는다면 원인 찾아 수리

④ 플러스 단자와 마이너스 단자에서 절연 상태를 확인

⑤ 수리유무 판단 후 정비

(3) 인버터 고장 시 알람 또는 에러코드 체크

① 인버터의 용량이 작을 시 과전류, 과부하 발생

② 모터에 부하가 걸릴 시 모터 과열 및 인버터 오류 발생

③ 인버터 통신 장애 시 인버터 정지 증상 발생

④ 인버터 내부 PCB 기판 고장으로 인한 하드웨어적 문제 발생

⑤ 과열로 인한 인버터 이상 발생

[2] 저전압 직류변환장치(LDC, Low voltage DC-DC Converter)

기존의 엔진이 있는 자동차는 엔진이 발전기를 구동시켜 12V를 생성하였지만, LDC는 저전압 직류 변환 장치로서 전기자동차에는 알터네이터(alternator, 교류발전기)가 없다. 따라서 보조배터리를 충전할 수 있는 시스템이 없기 때문에 이것을 보완하기 위하여 LDC가 장착되어 있다.

배터리의 고전압(DC 360V)이 LDC를 거쳐 저전압으로(DC 12V) 변환되면서 차량에서 사용되는 전자기기들(전조등, 와이퍼, 펌프, 제어보드 등)에 전력을 공급한다. 또한 LDC는 보조배터리도 충전하는 일을 겸하고 있으며, 유틸리티 모드라는 것을 지원하는데 이 모드를 통하여 LDC를 거쳐 차량의 전자기기를 운영하는 것이다. 그러므로 장시간 내부 전자기기들을 이용하여도 방전의 염려가 없다.

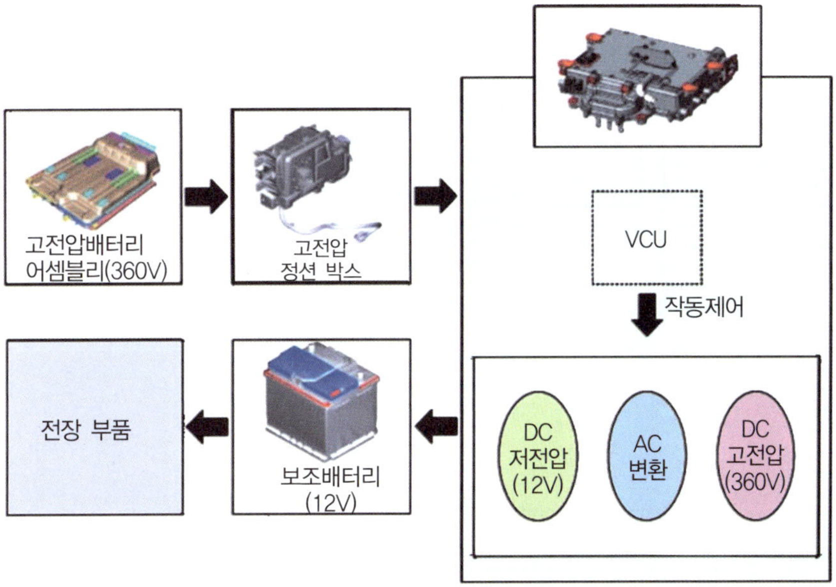

그림 3-39 LDC(저전압 직류 변환장치)

[3] 차량 제어 유닛(VCU, Vehicle Control Unit)

VCU는 EPCU에서 가장 중요한 부품 중 하나이다. 전기자동차 제어 기구는 MCU(모터제어장치), BMU(배터리관리시스템), LDC(직류변환장치), OBC(차량 탑재형 배터리 완속충전기), AHB(Active Hydraulic Booster, 회생제동용 액티브 유압 부스터 브레이크 시스템), 계기판(Cluster), 전자동 온도 조절장치(FATC, Full Automatic Temperature Control) 등과 협조 제어를 통해 최적의 성능을 유지할 수 있도록 제어하는 기능을 수행

(차량의 속도, 배터리 제어 등 각종 제어)하며, 아날로그/디지털신호 처리 및 진단 등 차량을 운행하는 데 있어 매우 중요한 일을 한다.

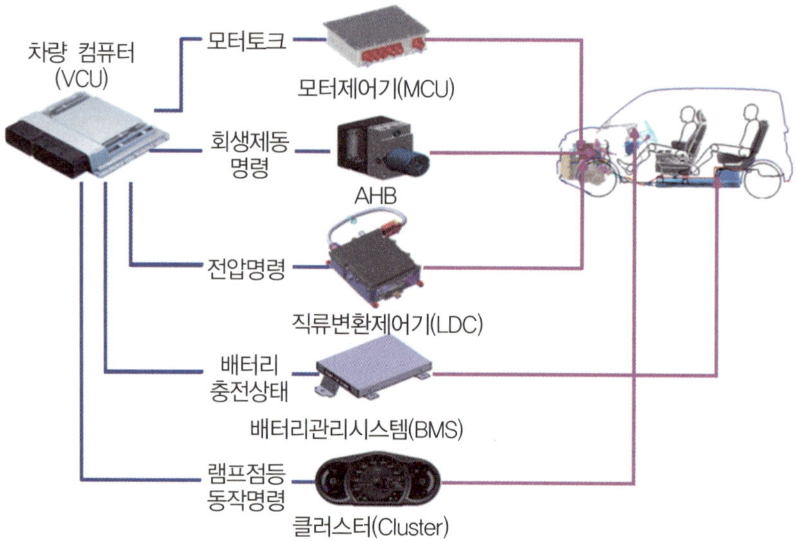

그림 3-40 VCU 제어도

표 3-10 VCU 주요 기능

주요 기능	주요 항목
구동모터 제어	배터리 가용 파워, 모터 가용 토크, 운전자 요구(APS, Brake SW, Shift Lever)를 고려한 모터 토크 지령 계산
회생제동 제어	회생제동을 위한 모터 충전 토크 지령 계산, 회생제동 실행량 연산
공조 부하 제어	배터리 정보 및 차량 상태에 따른 LDC ON/OFF 및 동작모드 결정
전장 부하 전원 공급 제어	배터리 정보 및 차량 상태에 따른 LDC ON/OFF 및 동작모드 결정
클러스터 표시	구동파워, 에너지 Flow, ECO Level, Power Down, Shift Level Position, Service Lamp 및 Ready Lamp 점등 요청
DTE(Distance to Emjpty)	배터리 가용 에너지, 과거 주행 전비를 기반으로 차량의 주행 가능 거리를 표시, AVN을 이용한 경로 설정 시 경로의 전비 추정을 통해 DTE 표시 정확도 향상

주요 기능	주요 항목
예약/원격/충전/공조	TMU와의 연동을 통해 Center/스마트폰을 통한 원격 제어, 운전자의 작동 시각 설정을 통한 예약 기능 수행
아날로그/디지털신호 처리 및 진단	APS, 브레이크 스위치, 시프트 레버, 에어백 전개 신호처리 및 진단

3.2 파워 릴레이 어셈블리(PRA, Power Relay Assembly)

3.2.1. 개요

PRA는 고전압을 인가하거나 차단하는 역할을 하는 전기자동차에서는 매우 중요한 역할을 한다. 고전압의 (+), (−)를 단속하므로 전기자동차가 고전압을 인가받아 동력을 발생하여 구동할 수 있도록 하는 역할을 하며, 고전압 계통에 문제가 발생하는 경우(사고 시 에어백 작동, 고전압 하네스나 커넥터, 절연파괴, 충전 관련, 배터리) BMU 제어 신호에 의해 고전압배터리팩과 고전압 정션 블록 사이의 고전압을 ON, OFF 및 제어하는 역할을 한다. PRA의 장착위치는 차량별로 상이하지만 대부분 배터리의 고전압을 인가하거나 차단하므로 고전압배터리와 최단거리에 위치시킬 수밖에 없어 파워 릴레이 어셈블리(PRA)는 고전압배터리 시스템 어셈블리 내에 장착되어 있으며, 메인 릴레이 (+), 메인 릴레이 (−), 프리차지 릴레이, 프리차지 레지스터, 배터리 전류 센서로 구성되어 있다.

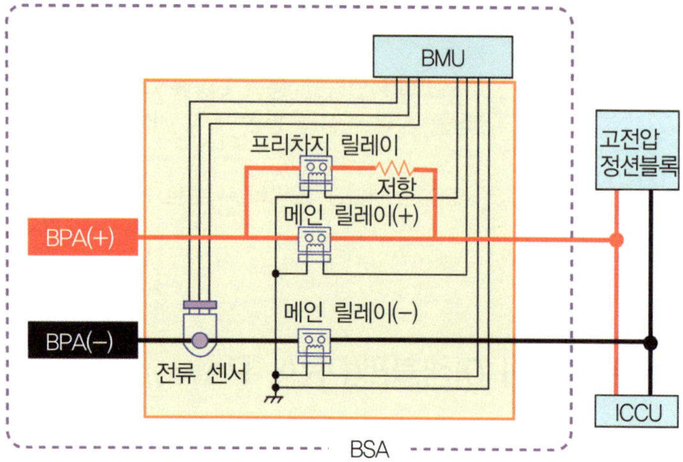

그림 3-41 PRA 회로구성도

주의사항

1. BSA : 배터리시스템 어셈블리
2. BPA : 배터리팩 어셈블리
3. PRA : 파워 릴레이 어셈블리
4. BMU : 배터리 매니지먼트 유닛

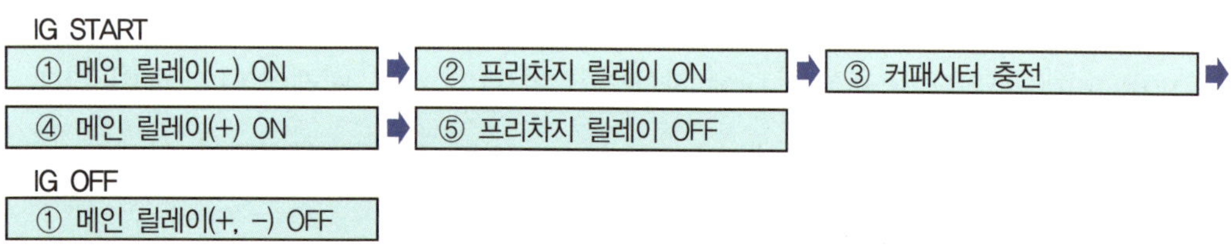

그림 3-42 작동원리

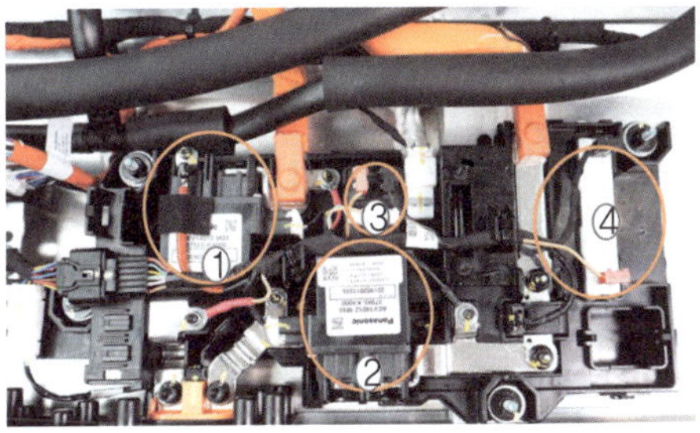

1. 메인 릴레이(+)
2. 메인 릴레이(−)
3. 프리차지 릴레이
4. 프리차지 저항

(a) 2018년 8월 이후 코나

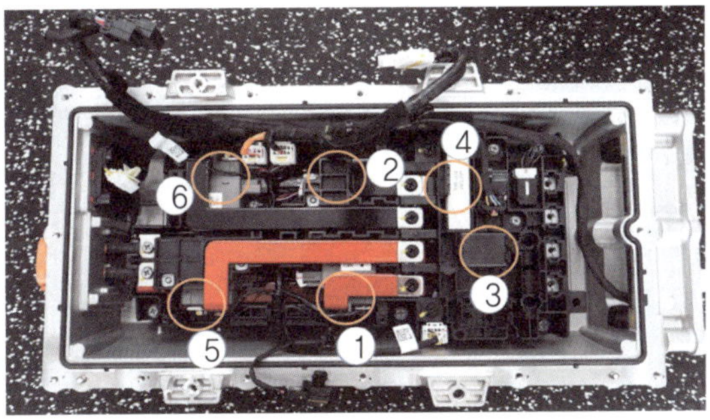

1. 메인 릴레이(+)
2. 메인 릴레이(−)
3. 프리차지 릴레이
4. 프리차지 저항
5. QC 릴레이(급속충전 릴레이) (+)
6. QC 릴레이(급속충전 릴레이) (−)
(QC : Quack Charging)

(b) 2020년 이전 아이오닉

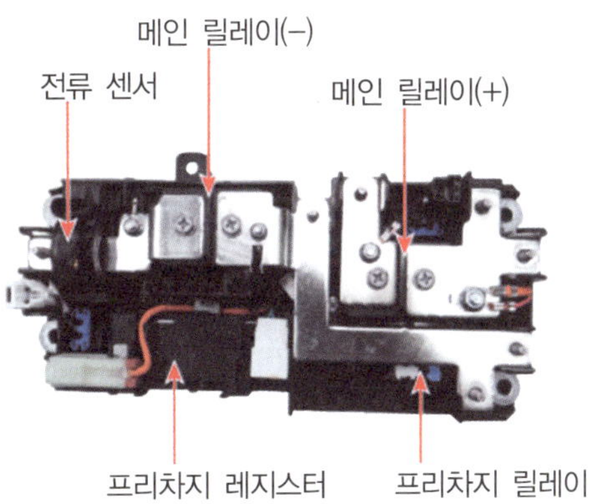

(c) 2022년식 아이오닉(NE EV)

그림 3-43 PRA 구성부품

3.2.2. 메인 릴레이 취급 전 안전수칙

고전압이 잔류하고 있는지 유무를 회로에 표시하여 측정 및 확인한다.

① 전압 테스터를 활용하여 측정 부위인 플러스 단자와 마이너스 단자에서 측정한다.

② 측정값이 30V 이하면 정상, 30V 이상이면 잠시 뒤 측정한다.

③ 전압이 떨어지지 않는다면 원인을 찾아 수리한다.

④ 플러스 단자와 마이너스 단자에서 절연 상태를 확인한다.

⑤ 수리유무 판단 후 정비

3.2.3. 제원

[1] 메인 릴레이

표 3-11 메인 릴레이 제원

항목	제원
정격 전압(V)	12
작동 전압(V)	0.5~9
코일 저항(Ω)	21.6~26.4(20℃)

[2] 프리차지 릴레이

표 3-12 프리차지 릴레이 제원

항목	제원
타입	전자식 릴레이
정격 전압(V)	1000
정격 전류(A)	20

[3] 배터리 전류 센서

표 3-13 배터리 전류 센서 대전류 제원

대전류(A)	출력 전압(V)
−750(충전)	0.5
0	2.5
750(방전)	4.5

표 3-14 배터리 전류 센서 저전류 제원

저전류(A)	출력 전압(V)
−75	0.5
0	2.5
75	4.5

3.2.4. PRA 융착 점검

[1] 차상점검(진단기기)

① 진단기기를 자기진단 커넥터(DLC)에 연결한다.

② IG 스위치를 ON한다.

③ 진단기기를 사용하여 서비스 데이터의 "BMS 융착 상태"를 점검한다(규정값 : Relay Welding not detection).

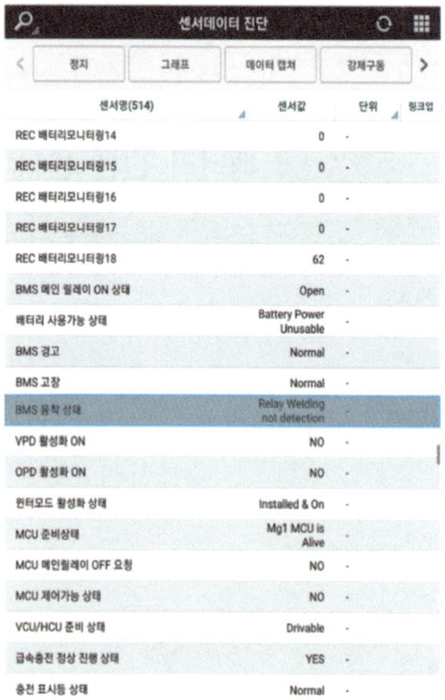

그림 3-44 차상점검-진단기기 점검

[2] 차상점검(멀티미터)

DTC가 과거 고장 코드로 나타나면 DTC 코드를 삭제하지 말고 멀티미터를 사용하여 각 릴레이의 융착 상태를 점검한다.

① 배터리시스템 어셈블리의 리어 고전압 커넥터 단자 간 전압을 측정하여 파워 릴레이 어셈블리의 융착 유무를 점검한다(정상 : 0V).

그림 3-45 차상점검-멀티미터 점검

[3] 단품 점검(멀티미터)

① 고전압 차단 절차를 수행한다.

② 고전압배터리 시스템 어셈블리(BSA)를 탈거한다.

③ 고전압배터리 시스템 어셈블리(BSA) 상부 케이스를 탈거한다.

④ 고전압 메인 릴레이의 저항을 측정하여 융착 상태 점검을 실시한다(정상 : OL(∞), 릴레이 융착 : 1Ω 이하).

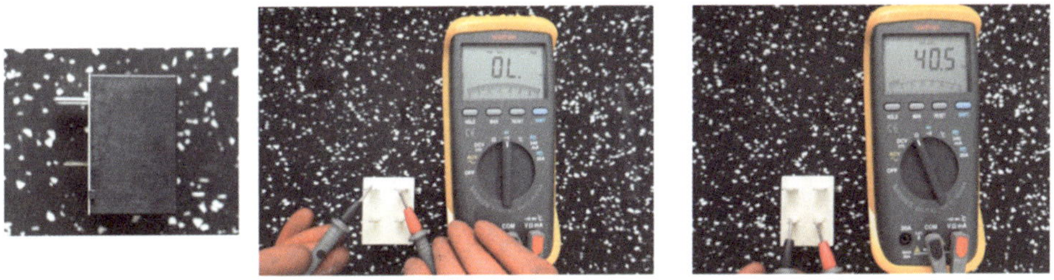

(a) 릴레이 (b) 융착 상태 점검 (c) 릴레이 저항 점검

그림 3-46 단품 점검-멀티미터

3.2.5. 프리차지 릴레이/프리차지 레지스터/메인 릴레이(-) 점검

① 고전압 차단 절차를 수행한다.

② 리프트를 이용하여 차량을 들어 올린다.

③ 리어 언더커버를 탈거한다.

④ 고전압배터리 리어 커넥터를 분리한다.

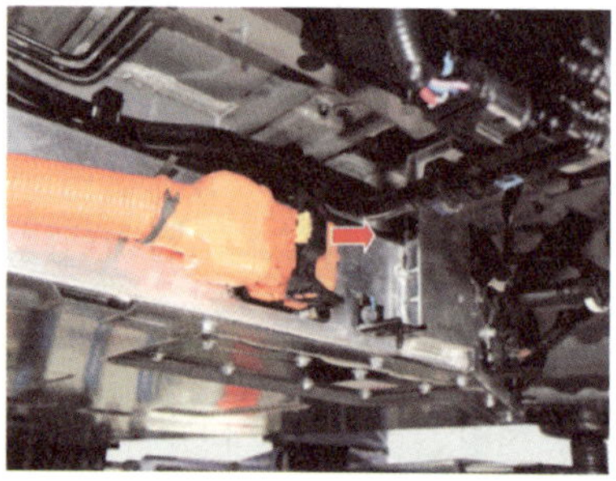

그림 3-47 고전압배터리 리어 커넥터 분리

⑤ 고전압배터리 시스템 어셈블리에 연결된 고전압 커넥터를 모두 분리한다. 고전압 커넥터를 모두 분리하지 않고 해당 점검 진행 시, PRA 내부 프리차지 릴레이가 파손될 수 있다.

⑥ 저전압 배터리 (−)터미널을 연결한다.

⑦ IG 스위치를 ON한다(EV ready OFF 상태).

⑧ 진단기기를 자기진단 커넥터(DLC)에 연결한다.

⑨ 메인 릴레이 (−) 및 프리차지 릴레이를 강제구동한다. 진단기기로 강제 구동 시 메인 릴레이 (+), (−)작동 시 릴레이 작동음을 들어본다(딱딱 소리 여부).

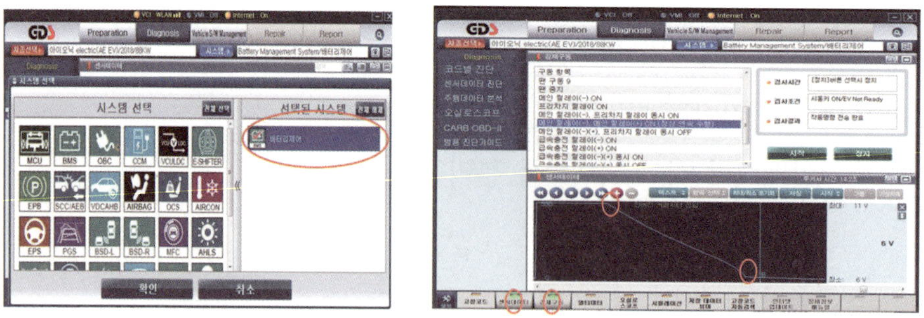

그림 3-48 메인 릴레이 (−) 및 프리차지 릴레이 강제구동

⑩ 강제구동 중 배터리시스템 어셈블리(BSA)측 후방 고전압 커넥터 (+)단자와 (−)단자 간 전압을 측정한다(정상 : 약 300~800V, 고장 : 약 5V 이하).

⑪ 정상인 경우 메인 릴레이 (+)점검 절차를 수행한다. 고장 시에는 파워 릴레이 어셈블리(PRA)를 교환한다.

그림 3-49 전압 측정

3.2.6. 메인 릴레이 (+) 점검

① 고전압 차단 절차를 수행한다.

② 리프트를 이용하여 차량을 들어올린다.

③ 리어 언더커버를 탈거한다.

④ 고전압배터리 리어 커넥터를 분리한다.

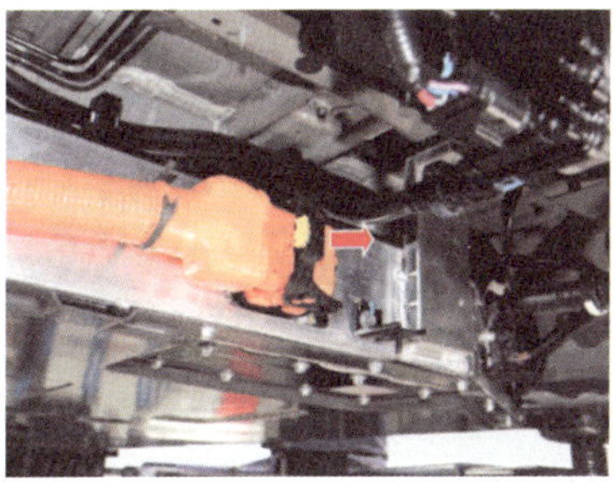

그림 3-50 고전압배터리 리어 커넥터 분리

⑤ 고전압배터리 시스템 어셈블리에 연결된 고전압 커넥터를 모두 분리한다.

⑥ 저전압 배터리 (−)터미널을 연결한다.

⑦ IG 스위치를 ON한다(EV ready OFF 상태).

⑧ 진단기기를 자기진단 커넥터(DLC)에 연결한다.

⑨ 메인 릴레이 (+)를 강제구동한다.

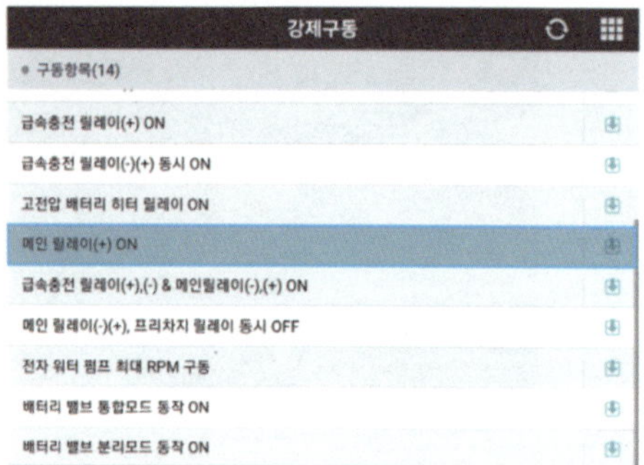

그림 3-51 메인 릴레이(+) 강제구동

⑩ 강제구동 중 배터리시스템 어셈블리(BSA)측 후방 고전압 커넥터 (+)단자와 차체 간 전압을 측정한다(정상 : 약 5~800V(고전압배터리 전압값 범위 내에서 주기적으로 측정됨, BMU 절연 센싱 작동 시 측정됨), 고장 : 약 5V 이하 유지(메인 릴레이 (+)작동 불가)).

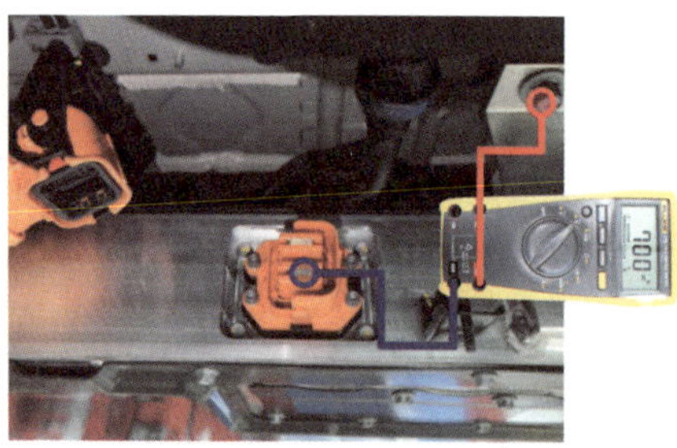

그림 3-52 전압 측정

⑪ 정상 시에는 점검이 완료되며, 고장 시에는 파워 릴레이 어셈블리(PRA)를 교환한다.

3.2.7. 버스바 탈거 및 장착

고전압 버스바 체결용 록 타이트 볼트는 신품으로 교환한다. PRA와 고전압 커넥터에 장착된 버스바 탈거 시 수공구를 사용하여 1.4kgf · m 이하로 푼다.

① 고전압 차단 절차를 수행한다.

② 고전압배터리 시스템 어셈블리(BSA)를 탈거한다.

③ 고전압배터리 시스템 어셈블리(BSA) 상부 케이스를 탈거한다.

④ 버스바를 탈거한다(체결 토크 : 0.8~1.2kgf · m).

그림 3-53 버스바 탈거(1)

⑤ 장착 볼트와 너트를 푼 후 버스바를 탈거한다(체결 토크 : 0.8~1.2kgf · m).

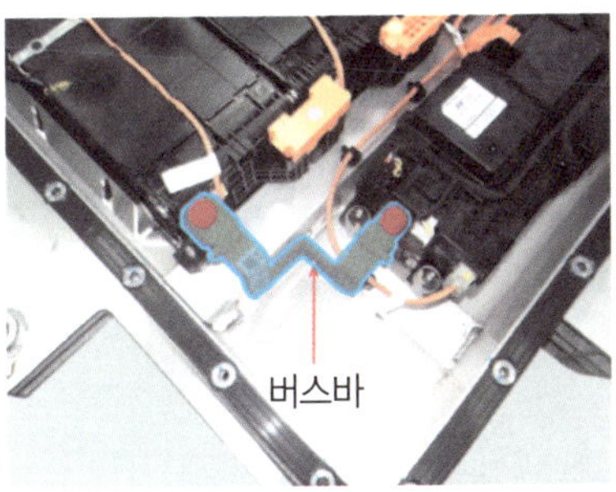

그림 3-54 버스바 탈거(2)

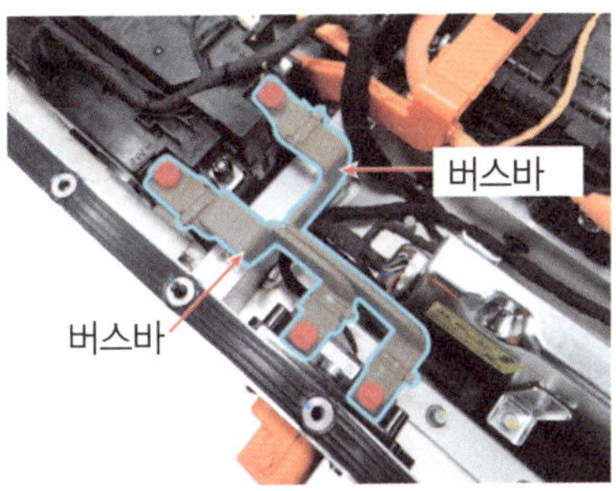

그림 3-55 버스바 탈거(3)

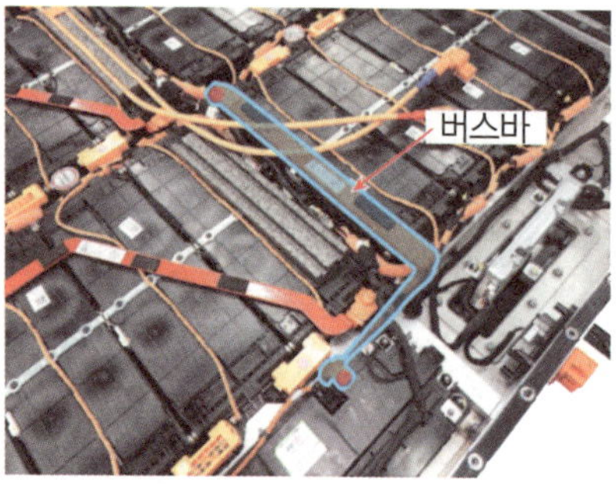

그림 3-56 버스바 탈거(4)

⑥ 장착 너트를 푼 후 ICCU (−)케이블을 탈거한다(체결 토크 : 0.8~1.2kgf·m).

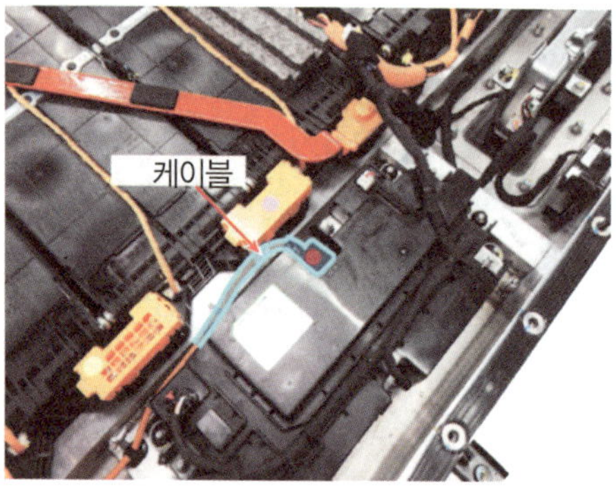

그림 3-57 ICCU (−)케이블 탈거

⑦ ICCU (+)커넥터를 분리한다.

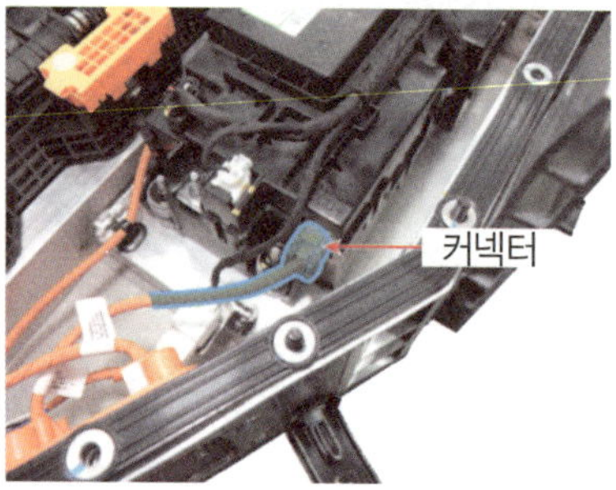

그림 3-58 ICCU (+)커넥터 분리

⑧ PRA 와이어링 커넥터를 분리한다.

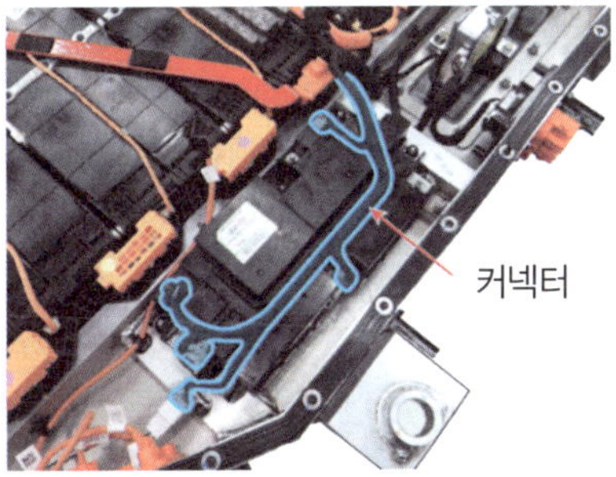

그림 3-59 커넥터 분리

⑨ 장착 너트를 푼 후 PRA를 탈거한다(체결 토크 : 0.8~1.2kgf · m).

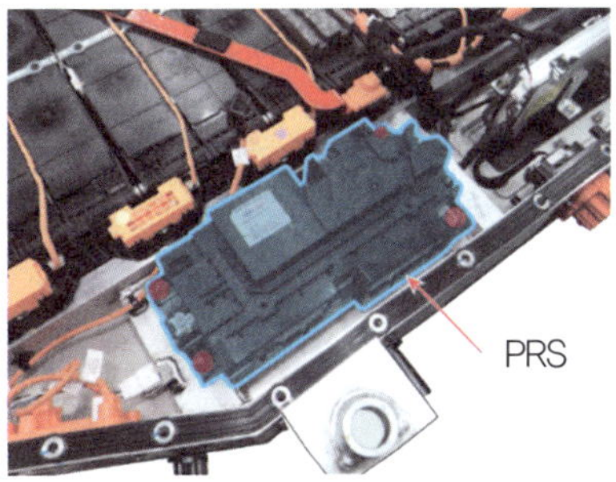

그림 3-60 PRA 탈거

⑩ 장착은 탈거의 역순으로 진행한다.

전기자동차 고전압배터리 및 보조배터리시스템

04

CHAPTER 04

전기자동차 고전압배터리 및 보조배터리시스템

1 전기자동차 고전압배터리 시스템

1.1 배터리의 역할

전기자동차의 각 부품 중에서 가장 중요한 역할을 하는 것 중의 하나는 배터리이다. 기존의 내연기관에서 화석연료를 대체하는 근원적인 에너지원인 전기를 저장하는 장치이기 때문이다. 그러므로 배터리 기술이야말로 성능 좋은 전기자동차를 만드는데 가장 핵심적인 사항이기도 하다.

최근 전자, 통신, 컴퓨터 산업의 급속한 발전에 따라 휴대폰, 노트북 PC 등이 고성능화되었고, 이에 따라 가볍고 오래 사용할 수 있으며, 신뢰성이 높은 고성능의 소형 2차 전지 개발이 절실히 요청되고 있다. 또한, 환경 및 에너지문제의 해결 방안의 하나로 전기자동차의 확산과 심야 유휴전력의 효율적 활용을 위한 고효율의 대형 2차 전지 개발이 필요하다.

따라서, 전기자동차가 실질적인 성공을 거두려면 배터리 기술이 발전해야 하며, 안전, 충전시간, 극한 온도에서의 성능, 환경 친화성, 수명 등이 현재의 전기자동차가 직면한 충전식 배터리 기술의 문제이다.

전기자동차는 리튬이온 배터리, 리튬폴리머 배터리를 제품에 채용하는 추세이다. 예를 들어, 도요타 자동차의 프리우스, 캠리, 하이랜더는 밀폐형 Ni-MH(니켈수소) 배터리팩을 사용하여 전기모터에 전기를 공급하였으나, 리튬이온 배터리와 비교할 때 Ni-MH의 전력 수준이 낮고 자가방전율이 높다.

그림 4-1 Li-ion 배터리

보관 수명이 3년에 불과한 Ni-MH는 EV에 적합하지 못하지만, 기존 리튬이온 배터리는 특정한 높은 에너지를 제공하고 무게가 가볍다. 그러나 높은 가격, 극한 온도의 불용, 안전(리튬이온 배터리의 가장 큰 장애 요인임) 때문에 개선이 필요하며, 기존 리튬이온 배터리는 수명이 3~5년이고 충전 주기는 1,000사이클 수준이다.

리튬이온 배터리의 추가적인 문제는 적절한 주행거리를 보장할 수 있는 배터리의 크기이다. 휴대용 PC 또는 휴대폰의 경우 사용하는 동안 전원연결이 가능하기에 제조업체에서 제공한 작동 시간보다 짧아도 용인되지만 자동차에는 이러한 장치가 없다. 한편, 리튬이온 배터리는 메모리 효과가 없으므로 사용자가 주변 환경에 따라 수시로 충전하여 사용하여도 수명에 영향을 미치지 않는다. 오히려 조금 쓰고 충전하고 조금 쓰고 또 충전하면 Ni-

계 배터리와는 정반대로 수명이 길어지는 효과가 있다. 이러한 이유 때문에 리튬이온 배터리가 Ni-계 배터리보다 고가임에도 불구하고 수요가 늘어나고 있다.

상기에 언급한 메모리효과에 대해서 상세히 살펴보면 다음과 같다. 즉, 니켈로 만든 배터리에서는 활물질로 사용된 NiOH에서 OH가 떨어졌다 붙었다 하면서 전하를 전달하는 현상이 바로 충전과 방전이라는 전기적 흐름으로 나타난다. 여기서 Shallow Charge-Discharge를 반복하면, 즉 조금 사용하고 다시 충전하는 것을 반복하면 NiOH는 고용체를 형성하게 되는데, 이 고용체의 형성은 비가역적인 반응이므로 한 번 고용체가 생성되면 다시는 되돌아가지 못하게 되어 남아있는 용량을 사용하지 못하게 된다. 이와 같이 배터리가 마치 사용할 수 있는 용량의 한계를 기억하는 것과 같은 현상을 메모리 효과라고 한다. 따라서 Ni(니켈)을 포함하고 있는 배터리는 완전 충전(100% 충전)하였다가 완전 방전될 때까지 사용하는 것을 반복하는 것이 가장 좋은 사용방법이다.

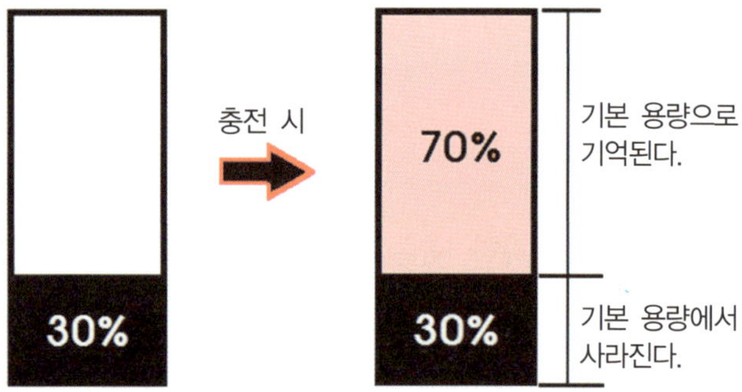

그림 4-2 메모리 효과(Memory Effect)

1.2 배터리가 갖춰야 할 조건

전기자동차용 고전압배터리에는 다량의 셀이 필요하므로 배터리가 비싼 가격대를 형성하고 있다면 정부의 보조금이 나온다고 할지라도 쉽게 구할 수 없는 상황에 처하게 된다.

특히 배터리는 교환해 주어야 하는 소모성 부품으로 가격이 비쌀 경우 그 부담감은 소비자들에게 전가될 수밖에 없다. 따라서 배터리가 갖춰야 할 조건은 다음과 같다.

① 가격이다. 자동차 자체의 보조금은 물론 배터리에 대한 보조금 또는 기술적 발전을 통한 생산성, 효율성 향상으로 배터리 자체의 가격을 낮추는 것이 시급하다.

② 안전성이다. 손안에 들어오는 작은 배터리 폭발로 크고 작은 사건 사고가 발생하는 것을 볼 수 있으며, 만일 그 보다 수십, 수백 배 큰 자동차 배터리가 폭발하는 사고가 발생한다고 했을 때 그 피해는 엄청날 것으로 예상된다. 또한 교통사고 발생 시 충격으로 인한 배터리 폭발 등이 발생하지 않도록 하기 위해 내구성과 충격 흡수율을 높이기 위한 방안 등을 마련해야 한다.

③ 수명이다. 차량을 교체하는 시기가 각기 다르겠지만 5~10년 정도 사용한다고 봤을 때 배터리 수명 역시 이와 비슷하거나 그 이상의 수명을 지니고 있어야 한다. 이는 가격과도 밀접한 연관이 있다. 배터리 수명이 짧다고 하더라도 교환 비용이 적절한 가격에 책정된다면 사실 수명은 기준 이상만 유지해주면 된다.

④ 마지막으로 집적화이다. 무게나 부피 등을 줄일 수 있는 기술력이 필요하다. 배터리가 크고 무거우면 결국 배터리 효율 대비 사용시간은 크게 줄어들 수밖에 없다. 따라서 집적화된 기술력을 바탕으로 작고 가볍지만 출력, 수명은 긴 배터리를 개발해야 한다.

⑤ 그 외에도 배터리 충전시간, 충전을 위한 인프라 구축 등 갖춰져야 할 부분이 많다. 이러한 점들만 보더라도 배터리와 관련한 문제가 해결되는 시점이 바로 전기자동차의 대중화로 이어지는 시점일 것이다.

기존 리튬이온 배터리의 충전 시에 리튬원자(분해된 리튬이온)는 양극 안쪽에 쌓이고 방전 시 떨어진다. 리튬이온이 양극에 붙거나 떨어질 때 양극의 흑연판이 이동하고 변형되어 흑연판이 10% 이상 분리되고 리튬이온 크기를 수용한다.
방전 시에는 이러한 과정이 반대로 진행되며, 배터리 전 수명에 걸쳐 이러한 반복적 입자 이동 및 변형은 흑연판을 피로하게 하고 흑연구조의 균열을 일으킨다. 이러한 균열 때문에 입자 간 전기접촉이 상실되며, 결과적으로 배터리의 기능, 용량, 수명이 떨어진다.

따라서, 흑연 대신에 나노 크기의 리튬 티타늄 산화물을 사용할 경우 리튬 티타늄 산화물은 "변형이 0"인 재료이므로 리튬이온이 입자로 들어가고 나올 때 모양이 변형되지 않는다. 리튬 티타늄 산화물 재료는 3차원 결정구조로써, 이 구조에는 크기가 원자와 거의 같아 리튬이온이 들어갈 수 있는 장소가 있다. 따라서 충전과 방전과정에서 응력이나 변형이 일어나지 않는다. 그러므로 흑연과 같은 재료를 파괴하는 입자피로가 없기 때문에 기존 리튬이온 배터리보다 자주 배터리를 충전하고 방전할 수 있다. 즉, 기존 리튬이온 배터리는 수명이 다할 때까지 약 1,000번 충전할 수 있으며 리튬 티타늄 산화물 재료를 사용하는 배터리는 25,000번 이상 충전과 방전을 할 수 있다.

1.3 2차 전지의 특성

1.3.1. 전지의 분류

전지(배터리)의 분류는 일반적으로 크게 쓰이는 용도와 수량이 많은 1차 전지와 2차 전지로 나눠 정의하고 있다. 주요 특징은 다음과 같다.

[1] 1차 전지

일회성으로 한 번 사용하고 버리는 배터리이다. 일회용 소모품 전지인 것이다. 일반 AA 및 AAA 알카라인(Alkaline) 건전지가 대표적인 1차 전지이다.

[2] 2차 전지

충전이 가능한 배터리로 여러 번 재사용이 가능한 전지이다. 여기에는 밀폐형 납산(SLA, Sealed Lead Acid) 배터리, 니켈카드뮴(Ni-Cd) 배터리, 알칼라인 재충전용 전지, 니켈수소(Ni-MH) 배터리, 리튬이온(Li-ion) 배터리, 리튬폴리머(Li-polymer) 배터리 등이 있다. 그림 4-3은 이러한 2차 전지의 개발 역사를 간략히 보여준다.

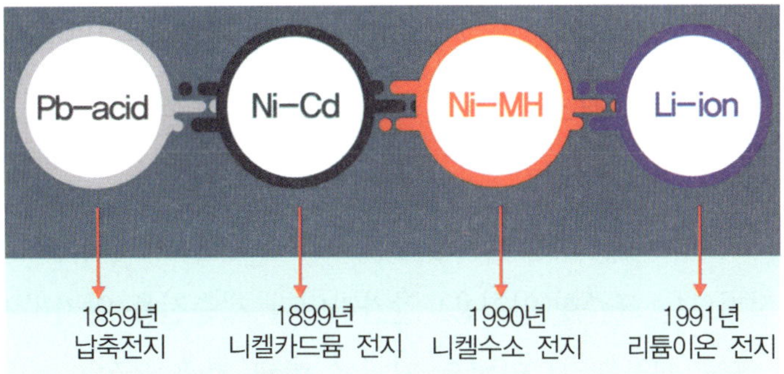

그림 4-3 2차 전지의 개발 역사

1.3.2. 2차 전지의 종류와 특징

[1] 밀폐형 납산(SLA, Sealed Lead Acid)

밀폐형 납산 배터리는 일반적으로 전지의 무게가 문제가 되지 않으며, 저렴한 가격이 필요한 용도에 이용된다. 충전 배터리 중에서 가장 낮은 에너지 밀도를 갖는다.

① 장점 : 가격이 저렴하고 자가 방전의 주기가 적으며, 메모리 현상이 없어 장기적인 보관이 용이하다.

② 단점 : 상대적으로 에너지 밀도가 매우 낮아서 작은 기기에 사용하기에는 부적합하며, 완전 충・방전에 매우 약하며, 폐기 시 납(Pb) 성분으로 환경에 유해한 영향을 준다.

[2] 니켈카드뮴(Ni-Cd)

니켈카드뮴(Ni-Cd) 배터리는 가장 보편화되어 있는 충전지이다. 니켈과 카드뮴의 활물질(active material, 전지가 방전할 때 화학적으로 반응해 전기에너지를 생산하는 물질로 양극활물질과 음극활물질이 있다)로 구성되어 있으며, 약 500회의 충・방전이 가능하다.

① 장점 : 전지의 내부저항이 작고, 방전율도 뛰어나며, 열악한 조건(저온, 과방전, 과충전) 등에서도 잘 견딘다.

② 단점 : "메모리 효과(memory effect)" 현상 때문에 완전히 방전하지 않고 충전을 하면 용량이 줄어드는 현상이 발생한다. 그래서 배터리 수명이 제한된다. 현재 많이 개선되었으나 카드뮴 성분의 유해성으로 인해 세계적으로 시장은 점점 감소 추세이다.

[3] 알칼라인(Alkaline)

재충전용 전지로는 표준형(일회용) 알카라인과 재충전용 알카라인 전지가 있다.

① 장점 : 반복 재활용 시 일회용 전지에 비해 경제적이다.

② 단점 : 다른 충전지에 비해 충전 사이클 수가 적어 비효율적이며, 재충전 시 용량이 점점 줄어들고 충전 시 폭발의 위험이 있다.

[4] 니켈수소(Ni-MH)

니켈수소(Ni-MH) 배터리는 니켈카드뮴 전지에 비해 단위 부피당 에너지 밀도가 2배로 커서 소형 포터블(portable, 휴대용) 기기에 주로 적용하며, 약 500회 이상의 충·방전이 가능하다.

① 장점 : 니켈카드뮴 전지에 비해 긴 사용시간을 가지며, 메모리 효과가 개선되고 유해물질이 적어 환경친화적이다.

② 단점 : 니켈카드뮴 전지에 비하여 가격이 비싸다. 급속충전 시 열이 발생하며, 초기에는 자가 방전율이 니켈카드뮴 배터리에 비해 1.5배 정도 높았지만, 현재 거의 같은 수준에 도달했다.

[5] 리튬이온(Li-ion)

리튬이온 배터리는 높은 에너지저장 밀도와 가벼운 중량으로 빠르게 시장을 확장하고 있다. 최근에 가장 각광 받고 있는 배터리로 그 수요는 엄청나다. 특히 전기자동차에 전기를 공급하는 필수 동력원으로 부가가치와 연계 산업에 끼치는 영향도 매우 크다. 현재 더 고밀도의 에너지저장기술이 개발 중이며 휴대형 기기들의 소형화를 한층 발전시키는 데 크게 기여하고 있다. 그 형태로는 코크(coke)형과 그래파이트(graphite)형으로 구분한다.

① 장점 : 높은 전압과 용량이 가능하며, 에너지저장 밀도가 매우 높다.

② 단점 : 충전 시 구성물질 중 하나인 리튬메탈의 불안전성으로 인해 온도가 급상승하는 현상이 발생되며, 폭발의 위험성을 가지고 있어 취급에 각별한 주의가 요구된다.

[6] 리튬폴리머(Li-polymer)

리튬폴리머(Li-polymer) 배터리는 고체 전해물질(전해질)을 이용하여 기존의 액체 전해물질(전해질)을 사용하는 전지에 비해 안전성을 높이고 구조를 단순화하여, 비용 절감 등이 달성 가능하다. 니켈카드뮴 전지 대비 3배 이상의 에너지저장 밀도를 가지게 되며 방전율도 매우 낮다.

1.4 배터리의 작동 원리 및 구성

1.4.1. 배터리의 작동 원리

배터리(전지, battery 또는 cell)는 화학반응으로 전기를 일으키고(발생), 저장하고(충전), 필요한 곳에 전기를 공급해 주는(방전) 장치이다.

① 배터리 = 전기를 발생하는 장치

② 전기 발생 = 전류 흐름(플러스(+)에서 마이너스(-)로 흐름) = 전자 이동(마이너스(-)에서 플러스(+)로 이동)

③ 전자의 이동 = 어떠한 재료(원자)에 붙어있던 전자가 어떠한 원인으로 인해 떨어져 나와 한쪽 방향으로 이동

참 고

① 전자 분리 = 산화 = 금속의 부식 = 반응성 크다.
② 전자 결합 = 환원 = 금속의 석출 = 반응성 작다.

그림 4-4는 전해질(수용액)에서 전자 이동 및 전류 흐름의 원리를 보여준다.

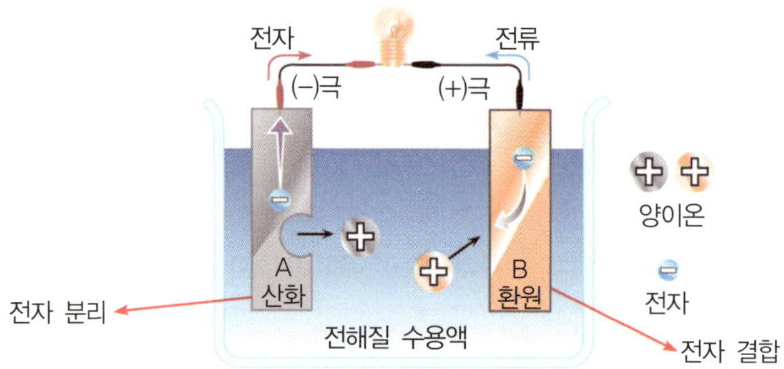

그림 4-4 전자 이동 및 전류 흐름의 원리(출처 : http://study.zum.com/book/13177)

그림 4-5는 금속에 있어 전자 분리(산화)와 전자 결합(환원), 즉 금속의 이온화 경향을 보여 주는 것이다. 리튬(Li, lithium)은 주기율표 제1족에 속하는 알칼리 금속 원소 중에서 전자를 잘 내어놓는 원소이며, 산화가 잘 되고 반응성이 큰 금속 원소임을 알 수 있다.

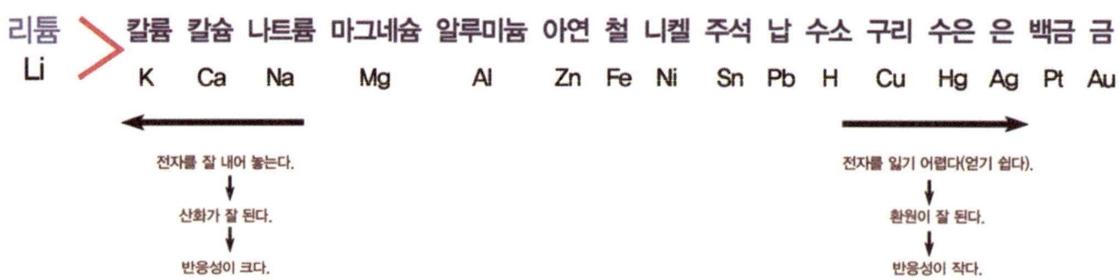

그림 4-5 금속의 이온화 경향

1.4.2. 충전(Charge) 및 방전(Discharge)

[1] 충전(充電)

충전장치(또는 충전기, charger)에 의한 에너지의 축적(비자발적 이동)으로, 즉 전지에 전류를 흘려서 원래의 전압(초기 전압)으로 회복시키는 현상이다.

[2] 방전(放電)

다른 전자기기에 에너지를 공급(자발적인 이동)하는 것으로, 즉 전지에서 전기가 전지 밖(외부)으로 흘러나가는 현상이다. 1차 전지는 한 번 산화되면 다시 환원될 수 없다(비가역적). 2차 전지는 산화와 환원을 반복해서 일으킬 수 있다(가역적). 따라서 충전 및 방전을 반복하여 배터리를 재사용하는 것이다.

1.5 2차 전지(리튬이온 배터리)의 구성

2차 전지는 크게 4가지 구성요소(4대 요소)로 된 구조를 갖는다. 리튬이온 배터리의 성능을 좌우하는 4대 구성요소에 대해 살펴보도록 한다. 배터리 성능 발전을 위해 신소재에 대한 연구개발을 강화하며, 기존 소재의 성능 향상과 핵심기술에 대한 지속적인 연구개발 노력도 필요하다. 따라서 리튬이온 배터리의 고용량·고효율 혁신을 이끌어야 우리 삶의 풍요를 가져올 미래 배터리 산업을 이끌어나갈 수 있다.

1.5.1. 리튬이온 배터리의 성능을 좌우하는 4대 구성요소

① 양극

② 음극

③ 분리막

④ 전해액

양극과 음극의 구조는 기재와 합제로 구성되고, 합제는 활물질 + 도전재 + 바인더로 이뤄진다. 이를 보기 쉽게 도식화하면 그림 4-6과 같다.

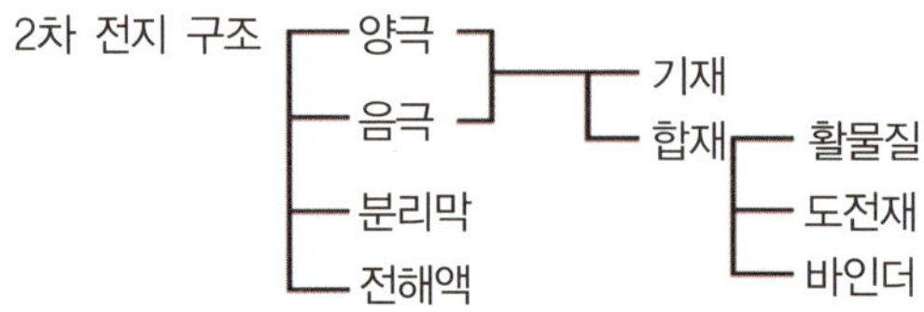

그림 4-6 2차 전지의 구조

1.5.2. 2차 전지(리튬이온 배터리)의 구성요소

표 4-1 2차 전지의 주요 구분과 구성요소

구분	주요 구성요소
양극 (Positive electrode)	활물질, 도전재, 바인더, 기재
음극 (Negative electrode)	활물질, 바인더, 기재
분리막 (Separator)	미세 다공성 폴리에틸렌 수지막(격리막)
전해액 (Orgaic electrolyte)	리튬염+유기용매 ($LiPF_6$, $LiBF_4$, $LiCIO_4$ 등)+(EC, PC, DMC, DEC 등)
안전장치 (Safety devices)	Safety vent, PTC, CID, 보호회로

2차 전지는 그림 4-7과 같이 크게 양극과 음극, 전해액과 분리막 구조로 구성된다.

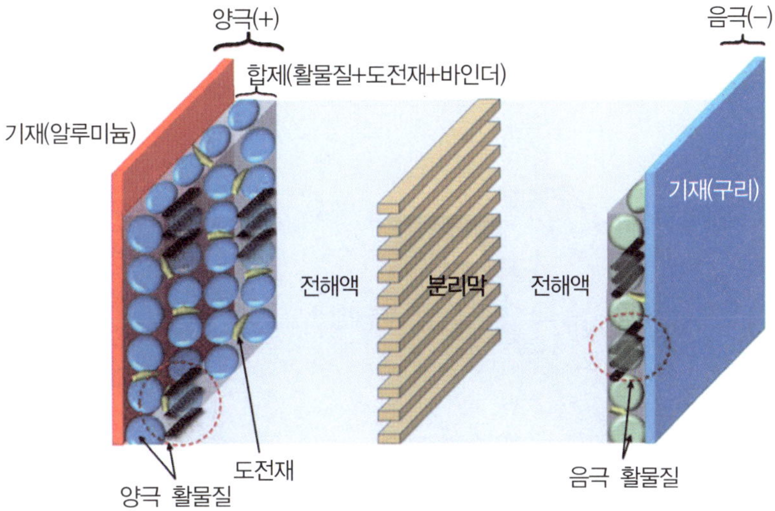

그림 4-7 2차 전지의 구조 및 구성요소

여기서 가장 중요한 양극(anode, 애노드)은 리튬이온 배터리의 용량과 전압을 결정하며, 리튬이온 배터리는 리튬의 화학적 반응으로 전기를 생산하는 배터리이다. 따라서 당연히 리튬이 들어가게 되는데 그 공간이 바로 양극이다. 하지만 리튬은 원소 상태에서는 반응이 불안정해서 리튬과 산소가 만난 리튬산화물이 양극에 생성된다.

리튬산화물처럼 양극에서 실제 배터리의 전극 반응에 관여하는 물질을 "활물질"이라고 한다. 즉, 리튬이온 배터리의 양극에서는 리튬산화물이 활물질로 사용되는 것이다. 그림 4-7과 같이 기재 위에 양극 활물질(파란색 동그라미), 도전재(노란색), 바인더(결합제)로 구성된다. 음극(cathode, 캐소드)도 동일 구조로 구성된다.

활물질과 도전재는 가루 형태이기 때문에 이들로 전극을 만들어 주기 위해 알루미늄 또는 구리로 된 판(기재, substrate, 여기서 기재(基材)는 기질(基質)로 화학반응에서의 반응물, 반응물질을 의미한다.)에 아교, 풀과 같은 접착제 역할을 하는 바인더(binder)를 통해 고정한다.

① 양극 활물질 : 리튬과 산소가 결합된 구조

② 음극 활물질 : 흑연들이 결합된 격자구조

그림 4-8은 양극 활물질과 음극 활물질을 보여준다.

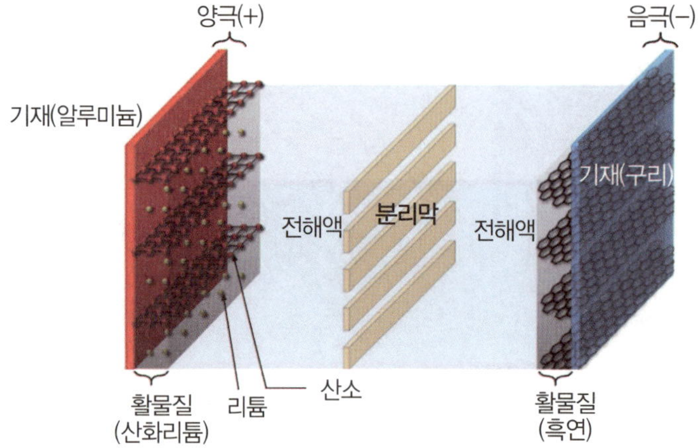

그림 4-8 양극 활물질과 음극 활물질을 포함한 전체 구성도

양극을 조금 더 자세히 살펴보면, 양극의 틀을 잡아주는 얇은 알루미늄 기재(판, plate)에 활물질과 도전재 그리고 바인더가 섞인 합제가 입혀져 있다. 활물질은 리튬이온을 포함하고 있는 물질이고, 도전재는 리튬산화물의 전도성을 높이기 위해서 넣고, 바인더는 알루미늄 기재에 활물질과 도전재가 잘 달라붙도록, 점착(또는 접착)할 수 있도록 도와주는 일종의 접착제 역할을 한다.

이렇게 만들어진 양극은 배터리의 특성을 결정짓는 중요한 역할을 한다. 어떤 양극 활물질을 사용했느냐에 따라 배터리의 용량과 전압이 결정되며, 리튬을 많이 포함했다면 용량이 커지게 되고, 음극과 양극의 전위차가 크면 전압이 커진다. 일반적으로 음극은 종류에 따라 전위의 차이(전위차)가 작은데 반해, 양극은 상대적으로 차이가 크기 때문에 양극이 배터리 전압을 결정짓는 데 아주 중요한 역할을 하는 것이다. 그림 4-9는 알루미늄 기재에 합제가 점착(접착)되어 붙어, 결합된 단면 조립구조를 보여준다. 그리고 둥근 원안의 확대 사진은 합제의 확대된 조직구조이다.

참 고

도전재는 영어로 conductive additive로 conductive(전도성) + additive(특정 효과를 내도록 첨가하는 물질, 즉 첨가물)를 합친 용어로, 특정 대상에 전도성(도전성)을 생기게 만드는 첨가제이다.

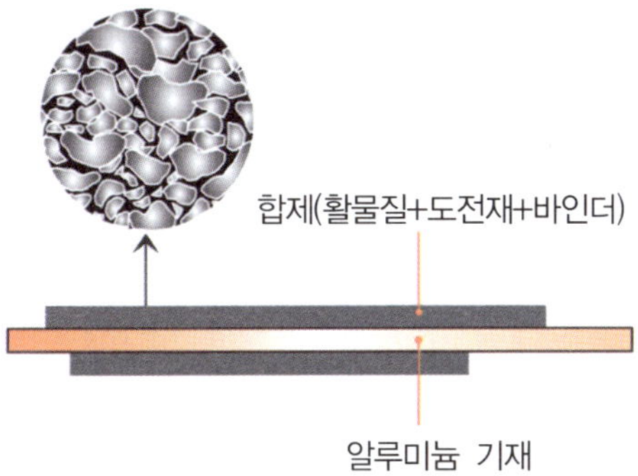

그림 4-9 알루미늄 기재에 합제가 결합된 단면 조립구조

[1] 양극(Anode)

양극은 배터리의 "용량"과 "전압"을 결정하는 중요 역할을 한다. 음극의 활물질에 따라서도 전압이 달라질 수 있으나, 양극이 상대적으로 활물질에 따른 전위차가 크므로 전압 차이도 커서 배터리의 전압을 결정하는데 더 큰 역할을 한다.

양극의 구성은 기재 + 합제(활물질 + 도전재 + 바인더)로 구성된다. 산화물의 형태로 충전과 방전의 핵심이 되는 "리튬 원자"가 존재하며, 최근에는 고성능 양극재의 수요가 늘면서 3원계 NCA(니켈 · 코발트 · 알루미늄), 사원계 NCMA(니켈 · 코발트 · 망간 · 알루미늄) 등 다양한 양극재가 개발되었다. 그림 4-10은 활물질, 도전재, 바인더로 결합된 합제를 입체적으로 모형화시킨 구성도이다.

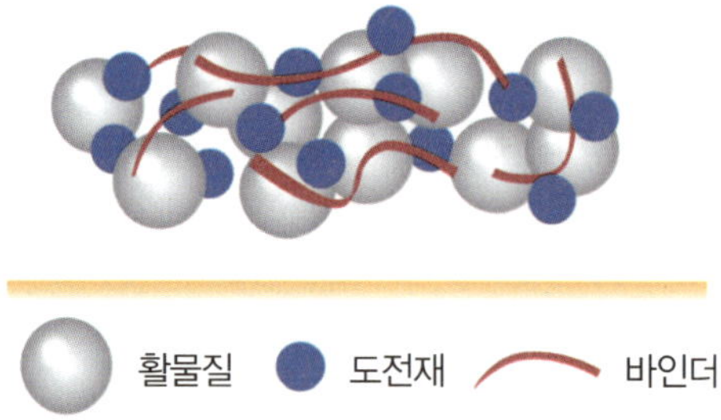

그림 4-10 합제(활물질, 도전재, 바인더의 결합) 입체적 모형도

구성요소에 대한 설명은 다음과 같다.

① 배터리의 성능을 결정하는 "활물질(Active material)" : 리튬이온 배터리의 경우 충전과 방전에 핵심이 되는 물질로 양극재에는 안정적인 반응을 위해 산소가 결합된 리튬 계열의 산화물을 사용하고 있다.

② 이온화된 전자의 전도성을 높이는 "도전재(Conductive additive)" : 도전재는 활물질인 리튬산화물의 전도성을 높이는 역할을 한다. 또한 리튬산화물에서 이온화된 전자의 흐름을 촉진시키는 역할도 한다. 만약 도전재의 양을 줄이고 그만큼 활물질을 더 넣을 수 있다면, 그만큼 더 많은 리튬산화물을 양극에 포함시킬 수 있다(=배터리의 용량이 증가).

③ 알루미늄 기재와 합제를 연결시키는 "바인더(Binder)" : 바인더(binder)는 2차 전지의 전극을 기계적, 물리적으로 안정화시켜 주는 소재로 활물질과 도전재를 집전체에 점착(접착)시켜 주는 일종의 접착제이다. "활물질 + 도전재"는 가루 형태이며, 이들과 전극 역할을 하는 알루미늄 기재를 연결시키기 위해서 일종의 접착제 역할을 하는 바인더를 혼합하는 것이다.

[2] 음극(Cathode) - 전자를 도선으로 내보내는 "음극"

음극 역시 양극처럼 음극 기재에 활물질이 입혀진 형태로 이루어져 있다. 음극 활물질은 양극에서 나온 리튬이온을 가역적으로 흡수·방출하면서 외부 회로를 통해 전류를 흐르게 하는 역할을 수행한다.

배터리가 충전상태일 때 리튬이온은 양극이 아닌 음극에 존재하며, 이때 양극과 음극을 도선으로 이어주면(방전) 리튬이온은 자연스럽게 전해액을 통해 다시 양극으로 이동하게 되고, 리튬이온과 분리된 전자(e^-)는 도선을 따라 이동하면서 전기를 발생한다.

음극은 구리 기재 위에 활물질, 도전재, 바인더가 입혀진다. 음극에는 대부분 안정적인 구조를 지닌 흑연(graphite)이 사용된다. 흑연은 음극 활물질이 지녀야 할 많은 조건들인 구조적 안정성, 낮은 전자 화학반응성, 리튬이온을 많이 저장할 수 있는 조건, 가격 등을 고루 갖춘 재료로 꼽히고 있다.

음극은 충전 시 양극에서 이동된 리튬이온과 전자를 저장한다. 기재와 합제의 형태로 구성되고, 리튬이온 배터리에서의 음극 활물질은 "흑연(graphite)"이 주로 사용된다. 흑연 활물질은 충전 시 양극에서 음극으로 이동된 리튬이온과 전자가 저장되며, 흑연의 구조는 그림 4-11과 같이 탄소가 결합된 형태로 탄소 6개당 1개의 리튬원자를 저장한다. 만약 흑연이 아니라 다른 물질을 음극 활물질로 사용하여 더 많은 이온을 저장할 수 있다면 그만큼 배터리의 용량 증가가 가능하다.

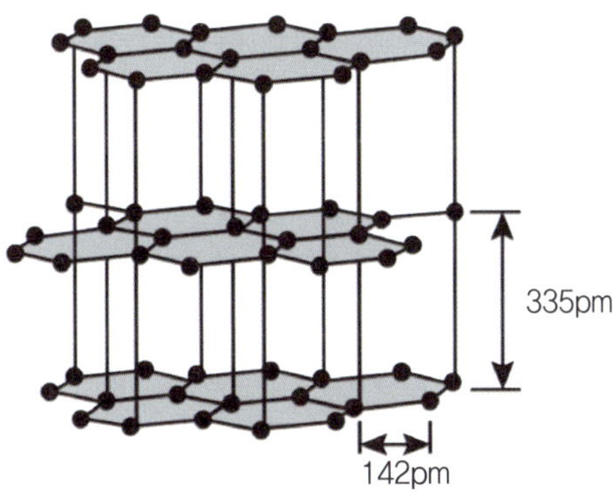

그림 4-11 흑연의 결정구조(탄소 6개당 1개의 리튬원자 저장)

음극 활물질은 반응성이 적고, 구조적으로 안정적이며, 리튬이온을 많이 저장할 수 있는 조건, 가격 등을 고려하여 선정한다. 현재 용량이 크고 충전 속도를 빠르게 할 수 있는 실리콘(Si, Silicon, Silicone, 규소) 음극재 등 차세대 음극재 개발이 활발하게 진행되고 있다.

[3] 분리막(Separator) - 양극과 음극의 장벽 "분리막", 배터리 안전을 책임지는 "분리막"

양극과 음극이 배터리의 기본 성능을 결정한다면 분리막과 전해액은 배터리의 안전성을 결정짓는 구성요소라고 할 수 있다. 분리막은 양극과 음극이 서로 섞이지 않도록 물리적으로 막아주는 역할을 담당하고 있다. 전자가 전해액을 통해 직접 흐르지 않도록 하고, 내부의 미세한 구멍(기공)을 통해 원하는 이온만 이동할 수 있게 만든다.

즉, 물리적인 조건과 전기화학적인 조건을 모두 충족시킬 수 있어야만 한다. 현재 상용화된 분리막으로는 폴리에틸렌(PE), 폴리프로필렌(PP)과 같은 합성수지가 있다.

(1) 분리막의 특성과 역할

분리막은 간단히 설명하면 절연 소재의 얇은 막으로, 역할은 다음과 같이 크게 5가지로 요약할 수 있다. 양극과 음극이 배터리의 성능을 대표하는 소재라면 분리막은 배터리의 안전성과 관련된 중요한 역할을 하는 핵심 소재라고 할 수 있다.

① 분리막은 배터리 내부에서 양극과 음극이 접촉하지 않도록 분리하고 있다.

② 분리막에는 우리 눈에는 보이지 않지만 매우 미세한 기공(pore)을 가지고 있어 그 구멍을 통해 리튬이온이 양극과 음극 사이를 이동할 수 있도록 하는 역할을 하고 있다.

③ 전자를 빼고 리튬이온만 통과시켜 주는 필터 역할을 하며, 양극과 음극이 섞이지 않도록 하는 안전장치이다. 충・방전 중 양극과 음극의 직접적인 접촉을 차단하고, 리튬이온만 통과시킨다. 만약 분리막이 없어 리튬이온과 전자가 한꺼번에 이동된다면 화학반응이 기하급수적으로 증가하여 열을 발생시키고 이것이 폭발로 이어진다. 전위가 서로 다른 양극과 음극이 섞인다면 이것이 결국 합선돼 저항이 0인 상태에서 대단히 큰 전

류가 흘러 열 발생(열폭주)에 의한 폭발로 이어진다. 배터리로 인한 화재나 폭발의 대부분은 이 분리막에 문제(파손, 찢김 등)가 생겨 양극과 음극의 물질이 서로 뒤섞여 화학반응을 일으키는 것으로 기인한다.

④ 배터리 내부 온도가 일정 수준 이상 올라가게 되면 분리막 표면에 위치한 기공들이 막혀 리튬이온의 이동을 차단해 내부적으로 쇼트(short, 단락 또는 합선 : 접촉되면 안 되는 두 도체, 즉 서로간의 부하가 거의 없는 상태에서 전류적으로 접촉되는 현상을 말하는 것으로, 쇼트가 나면 의도치 않은 과전류가 흐르게 되고 그 막대한 전기에너지가 발산하는 발열로 인해 화재가 일어날 수도 있는 현상이다) 발생을 방지한다.

⑤ 분리막은 높은 기계적 강도를 지니고 있어 강한 힘을 받을 때 배터리 내부에서 발생하는 부산물이나 이물질들을 막아 안전성을 확보하는 역할을 수행한다. 따라서 분리막의 소재로 폴리에틸렌(PE)과 폴리프로필렌(PP)과 같은 고분자화합물(합성수지, 폴리머)이 널리 사용되는 것은 소재가 갖는 절연성, 내열성, 내충격성, 유연성, 기공 가공성, 셀 외벽(케이스, case)과의 조립 용이성, 경제성 등 여러 가지 면에서 우수하기 때문이다. 이에 대한 자세한 물성과 특징에 대해서는 뒤에서 자세히 설명한다. 현재 배터리 소형화를 위해 분리막을 얇고 안전하게 만들기 위한 연구개발도 계속 진행되고 있다.

참고 전기자동차 배터리의 열폭주(Thermal runaway)

열폭주는 열이 통제 불능으로 치솟으며 지속되는 상태를 말한다. 이런 열폭주는 도대체 어떤 원인과 메커니즘으로 일어나는 것일까? 리튬이온 배터리의 셀이 어떤 요인으로 인해 온도가 급상승하고 화재와 폭발로까지 이어지게 되는 것인가?

첫 번째, 일단 배터리 셀의 관점에서 살펴보면, 배터리 열폭주는 널리 쓰이는 리튬이온 배터리의 기초 단위인 셀(cell)이 내외부의 열적 요인이나 화학적 충돌로 인해 온도가 급상승하고 화재로 이어지는 현상이다. "전기차 화재는 특히 더 위험하다는 인식을 만드는 주요인이 되는 열폭주가 위험한 이유는 전기차 배터리는 여러 개의 배터리가 이어져 있고, 배터리 하나가 수많은 셀로 이루어져 있어 한 번 발생한 열폭주는 연쇄적 발화로 이어진다. 즉, 하나의 배터리(엄밀히 말하자면 배터리팩 또는 모듈)는 수많은 셀로 이뤄져 있기에, 단일 셀에서 한 번 발생한 열폭주는 주변 셀의 연쇄적 발화로 이어지며 화재가 순식간에 확산되기 때문이다.

또한 이와 함께 요즘 전기차의 배터리 무게는 평균 450~500kg에 달한다. 일상에서 사용하는 소형 전자 제품과 전자기기와 비교할 수 없을 정도의 커다란 크기와 무게, 밀도, 큰 에너지를 갖기 때문에 저장된 다량의 에너지가 대부분 소진될 때까지 불이 잘 꺼지지 않아 진화가 쉽지도 않고 오랜 시간이 걸린다. 따라서 2차 전지 리튬이온 배터리의 화재는 일반 화재와는 달리 초기 진압조차 할 수 없으며, 인명피해로 이어질 가능성이 높다.
리튬이온 배터리는 일단 불이 붙으면 배터리 내부에서 연쇄화학반응을 일으켜 700~800도 이상, 심지어는 1,000도까지 치솟고, 배터리가 차량 밑바닥에 붙어있어(버스는 대부분 차량 위에 설치되어 있다) 화재 시 접근도 어렵고, 화재가 커질뿐 아니라 폭발 가능성도 크기 때문이다.

두 번째, 배터리의 열 관리 측면에서 살펴보자.
배터리의 열 관리가 잘 안됐을 때, 일정 온도 이상이 될 때 셀의 전해액이 기체화되어 셀 내부 압력이 증가하게 된다. 이때 발생하는 가연성 전해물질(전해액)이 기화되고 분출(누액)될 뿐만 아니라, 내부 압력의 증가로 인해 분리막에도 손상이 갈 확률이 크게 올라가게 된다.
여기서 내부 쇼트(short) 혹은 가연성 기체물질에 의해 착화(불이 붙음)되고, 이는 인접 배터리 셀들의 가열로 이어져 화재로 확산되며, 결국은 배터리팩 전체가 화재가 일어나게 된다.
화재가 일어나면 리튬이온은 물과 반응을 잘하므로, 불을 끄기 위해 물을 뿌리게 되면 불이 더욱 커지며, 리튬 전극들 자체가 다 소진될 때까지 기다릴 수밖에 없는 상황이 된다. 그래서 완전 진화까지 장시간이 걸리는 이유이다. 그러면 열폭주의 원인은 무엇일까?
과충전·과방전, 가열, 충격 등 발생 원인은 아주 다양하다.
전문기관 SNE리서치 보고서에 따르면 크게 제조결함, 과충전·과방전, 외부 가열, 외부 충격 등으로 구분된다.

① 과충전 : 일반적으로 전기차 배터리는 충전 시에 정해진 용량 이상으로 충전되지 않도록 설계되어 있다. 그러나 지속적인 과충전은 전기화학반응을 유발하여 배터리의 성능 저하를 일으켜 손상을 초래할 수 있다.
② BMS(배터리관리시스템, Battery Management System) 문제 : BMS 결함 혹은 보호 장치 누락이다. 배터리를 제어하는 BMS가 제대로 동작하지 못해 과충전·과방전을 막지 못하고, 제어 실패로 셀이 가열되어 화재가 생기는 경우이다.
③ 외부 충격 : 많은 양의 에너지를 가지고 있는 배터리가 외부 충격으로 분리막에 손상이 오면 즉각적이지는 않지만, 그 손상으로 인한 파손(이를 "피로파괴"라 한다. 피로파괴에 의한 원인은 미세균열, 미세한 찢어짐 등의 미세손상으로 인한 큰 파손, 즉 손상으로 이어진다)이 생겨 서서히 화재로 이어질 수 있다.
④ 제조결함 : 제조 시 배터리에 혼입된 금속 이물질 등이 화학적 충돌을 막는 분리막을 손상시켜 양극과 음극의 경계가 무너져 열이 발생하고 화재가 발생할 수 있다. 이는 설치 작업자 부주의에 기인한다. 배터리 조립공정 과정에서 간혹 발생하는데, 배터리 자체가 물리적 충격에 의해 내부 분리막이 손상(소손)되어, 주행 현장에 나가 충·방전 사이클을 반복하는 경우, 내부 쇼트(short, 단락·합선)로 열이 발생하게 되는 사례(case, 케이스)이다.

⑤ BSA(Battery System Assembly) : 전기에너지를 충·방전해 사용할 수 있는 리튬이온 배터리의 기본 단위인 배터리 셀(cell)을 뜻한다. BSA 시스템 불량으로 인한 결로나 누수현상이 발생하여 배터리 셀을 냉각시켜야 하는 냉각수가 제대로 돌지 않는다던가, 냉각수에 의해 셀들이 쇼트되는 경우이다.

그림 4-12는 분리막 속 기공(pore)을 통해 리튬이온(Li^+)이 이동하는 모습을 도식화한 것이다.

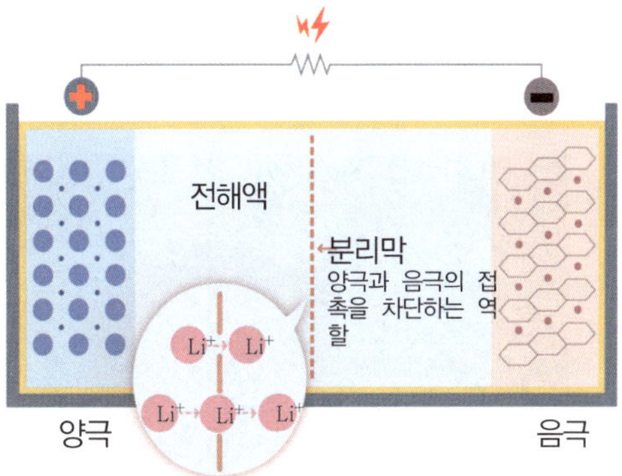

그림 4-12 분리막 속 기공을 통해 리튬이온이 이동하는 모습

(2) 분리막은 어떤 조건을 갖춰야 할까?

분리막은 다른 소재들과 달리 배터리의 안전성과 연관되어 있기 때문에 여러 필요조건들이 갖추어져야 한다.

우선 분리막으로 사용되려면 전기화학적으로 안정적이어야 하고, 절연성이 뛰어나야 한다. 양극과 음극의 접촉을 차단해야 하는데, 분리막이 리튬이온이나 배터리 내부에 있는 다른 이온들과 반응해 버리면 안 되기 때문이다.

또한 리튬이온이 원활하게 분리막 사이를 통과할 수 있도록 분리막 표면에 초미세 구멍(이를 기공, pore이라 한다)이 많아야 하며, 그 크기는 균일해야 한다. 구멍이 별로 없거나 들쑥날쑥하면 리튬이온이 이동하는데 어려움이 있어, 그만큼 충전시간이 더 걸리며 전기

발전량이 줄어든다. 그리고 배터리 온도가 일정 수준을 넘어섰을 때 분리막이 자체적으로 기공을 막아(shut-down) 리튬이온의 이동을 차단해 안전성을 확보할 수 있어야만 한다. 마지막으로, 배터리의 에너지밀도 향상을 위해서는 두께가 얇아야 더 많은 양의 활물질을 넣을 수 있고, 그러면서도 분리막의 기계적 강도가 우수해야 쉽게 손상되지 않고 배터리의 안전성까지 확보할 수 있기 때문이다. 이러한 이유로 분리막을 더 얇게 하면서도 기계적 강도와 내구성을 향상시키는 기술개발 및 특허 출원이 증가하고 있다. 그림 4-13은 전자현미경(SEM, Scanning Electron Microscope, 주사전자현미경)으로 본 분리막 조직의 확대 사진이다.

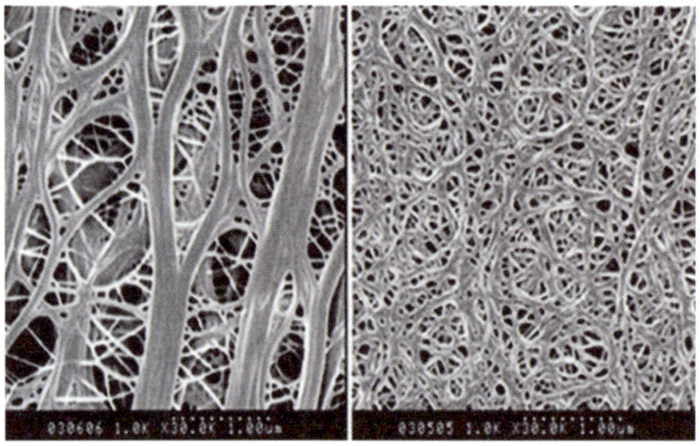

그림 4-13 전자현미경으로 살펴본 분리막 조직 구조

(3) 코팅 기술을 통해 한 단계 진화하는 분리막

분리막의 소재로는 폴리올레핀(PO), 폴리에틸렌(PE), 폴리프로필렌(PP)과 같은 절연 특성이 뛰어난 고분자 소재, 즉 고분자화합물(합성수지, 폴리머)이 사용된다. 이 소재들을 연신(유연성을 갖는 잘 늘어나고 펴지는 성질)하여 미세한 기공을 만드는데 그 방식에 따라 건식과 습식으로 나눌 수 있다.

건식 제조는 단순히 기계적인 힘으로 필름 원단을 당겨 기공을 만드는 방식이고, 습식 제조는 필름에 여러 첨가제를 추가해 화학적인 방식으로 기공을 만드는 방식이다. 건식의 경우 제조공정은 간단하나 기공 사이즈가 불균일하고, 습식에 비해 기계적 강도가 약하다. 반면 습식의 경우는 제조공정이 복잡해 고가지만, 균일하게 기공의 사이즈를 만들 수 있다는 장점이 있다.

과거에는 분리막으로 필름 소재 하나만을 사용했지만, 최근에는 분리막의 성능을 강화하기 위해 다양한 소재와 방식으로 코팅하여 사용하고 있다. 예를 들면, 삼성SDI는 분리막 코팅 기술을 이용한 초고내열성 분리막 개발을 통해 배터리 안전성을 확보하고 박막화 기술로 배터리 용량 증가와 배터리의 품질 확보를 위해 접착분리막을 개발하여 사용 중이다. 안전성과 품질을 동시에 확보하기 위한 고내열 접착분리막의 개발은 양산 완성 단계로 보다 성능과 품질이 고도화된 분리막의 배터리가 출시될 것이다.

[4] 전해액(Liquid electrolyte, 액체 전해질) - 이온만 이동시키는 "전해액"

앞서 양극과 음극을 설명할 때 리튬이온은 전해액을 통해 이동하고, 전자는 도선을 통해 이동한다고 했으며, 이온은 전해액으로 이동한다. 전자는 도선으로 이동하게 하는 것이 배터리에서 전기를 사용할 수 있는 가장 중요한 포인트(point, 핵심, 요점)이다. 만약 전자가 도선이 아니라 전해액을 통해 이동하게 되면 전기를 사용할 수 없는 것은 물론이고, 안전성까지 위협받게 된다.

전해액이 바로 그 역할을 수행하는 구성요소로, 양극과 음극 사이에서 리튬이온을 이동할 수 있도록 하는 매개체인 것이다. 전해액은 리튬이온을 잘 이동시킬 수 있도록 이온전도도가 높은 물질이 주로 사용된다.

전해액은 염, 용매, 첨가제로 구성되어 있으며, 염은 리튬이온이 지나갈 수 있는 이동 통로, 용매는 염을 용해시키기 위해 사용되는 유기액체, 첨가제는 특정 목적을 위해 소량으로 첨가되는 물질이다. 이렇게 만들어진 전해액은 이온들만 전극으로 이동시키고, 전자는 통과하지 못하게 한다. 따라서 전해액의 종류에 따라 리튬이온의 움직임이 둔해지기도, 빨라지기도 하므로, 전해액은 까다로운 조건들을 만족해야만 사용가능하다.

전해질(電解質, electrolyte)은 수용액 상태에서 이온(ion)으로 쪼개져 전류가 흐르는 물질이다. 대표적인 전해질로는 염화나트륨, 황산, 염산, 수산화나트륨, 수산화칼륨, 질산나트륨 등이 있다. 염화나트륨은 고체 상태에서는 전류를 흘려보내지 않아 도체가 될 수 없지만, 수용액 상태에서는 전류를 흘려보내서 전해질이 될 수 있다.

강한 산과 염기나 가용성 염은 강한 전해질이 되고, 약한 산과 염기는 약한 전해질이 된다. 반대로 이온으로 나누어지지 않아서 전류가 통하지 않는 물질을 비전해질이라 한다. 그러나 최근 꿈의 배터리라 불리는 전고체 배터리(all solid state battery)는 전해액을 고체(즉, 고분자 소재, polymer)로 바꾼 획기적으로 안전성을 꾀하는 2차 전지이다. 그림 4-14는 전해액의 원리 및 기능을 알기 쉽게 설명해준다.

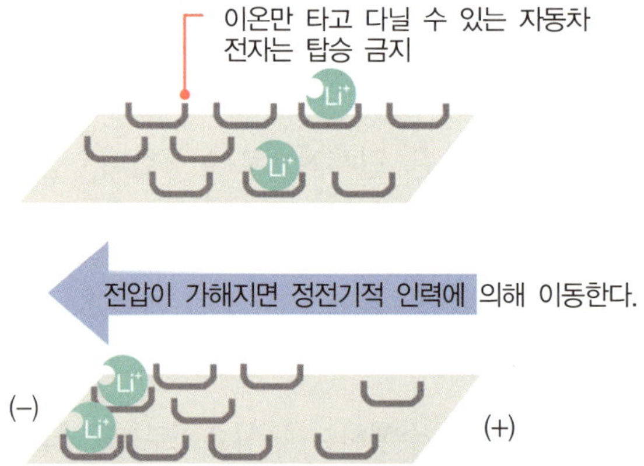

그림 4-14 전해액의 원리 및 기능

전해액(liquid electrolyte)의 주요 기능(역할)을 정리하면 다음과 같다.

① 분리막과 더불어 전자의 이동을 막는 안전장치이며, 리튬이온이 전극 사이를 오갈 수 있게 하는 매개체(매질) 역할을 한다.

② 이온의 이동을 촉진시켜 전도성을 높이는 촉매 역할을 한다.

㉮ 충전 : 양이온화된 리튬이온이 전해액을 통해 배터리 내부의 전체 균형을 맞춰주기 위해 (+)극에서 (-)극으로 이동

㉯ 방전 : 음이온화된 리튬이온이 전해액을 통해 배터리 내부의 전체 균형을 맞춰주기 위해 (-)극에서 (+)극으로 이동

③ 전해액은 전자에 대한 전도성이 없기 때문에 분리막과 함께 전자의 이동은 허용하지 않고, 전자는 도선을 통해 리튬이온만 전해액을 통해 흐르면서 배터리의 과반응에 의한 위험성을 낮추는 역할을 한다. 상대적으로 전자의 이동속도보다 느린 리튬이온의 이동을 빠르게 하는 촉매 역할로, 현재는 이러한 역할을 할 수 있는 최선의 방법으로 액체 전해질이 널리 사용된다. 그리고 안전성과 성능이 더 뛰어난 고체나 젤(gel) 형태 전해질에 대한 연구도 활발히 진행되고 있다.

[5] 2차 전지의 충전 및 방전

(1) 2차 전지 충전 과정

2차 전지 충전 과정은 여러 단계를 거쳐 이뤄진다.

① 방전 상태 : 리튬원자가 양극에 저장(리튬원자 = 리튬이온 + 전자)

② 충전 시작 : 양극에 있던 리튬원자가 리튬양이온(LI^{+})과 전자로 이온화(산화반응)

③ 전자는 연결된 배선을 따라 양극에서 음극으로 이동한다.

④ 리튬 양이온은 전해액을 통해 음극으로 이동한다.

⑤ 음극으로 이동된 리튬 양이온과 전자는 음극의 활물질인 흑연의 구조 속에 층층이 저장된다(환원반응).

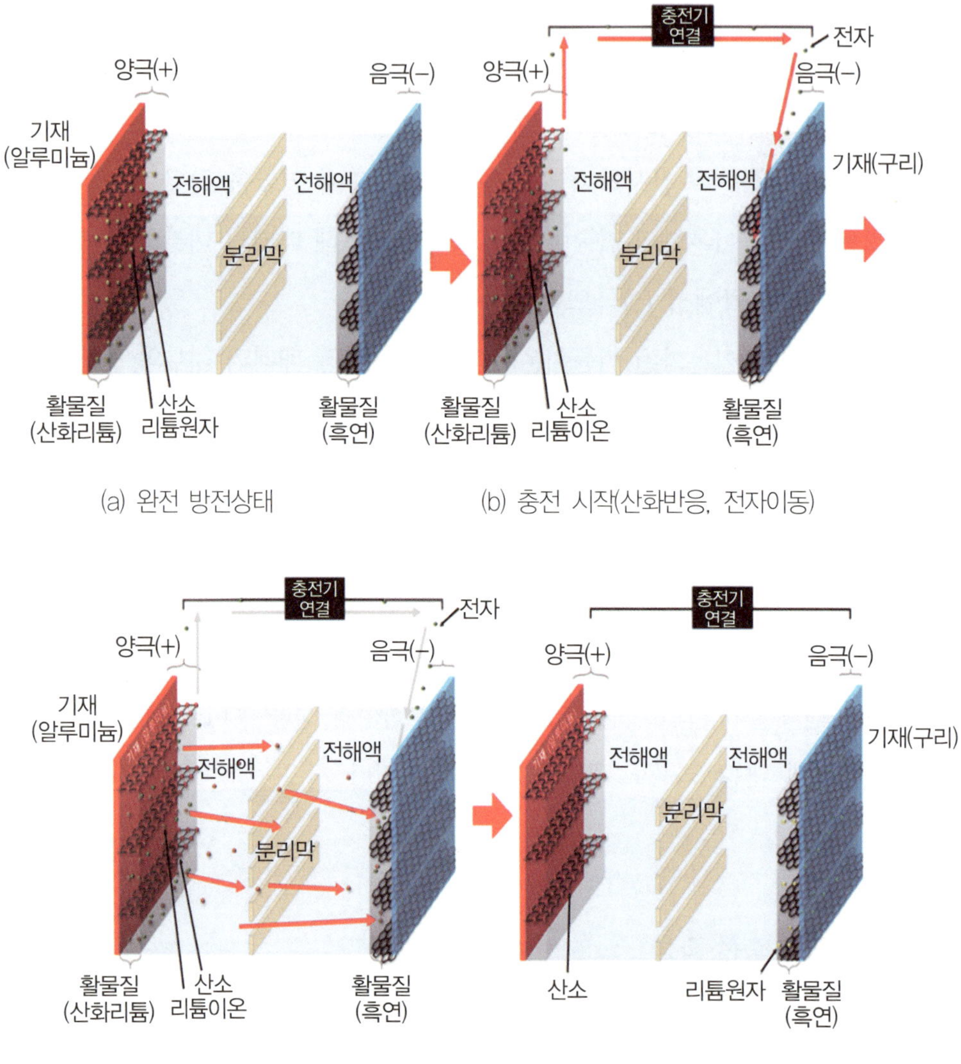

(a) 완전 방전상태 (b) 충전 시작(산화반응, 전자이동)

(c) 리튬이온 이동 (d) 음극에서 리튬원자로 환원

그림 4-15 2차 전지 충전 과정

(2) 2차 전지 방전 과정

2차 전지의 방전 과정도 앞에서 설명한 충전 과정과 같이 여러 단계를 거쳐 이뤄진다.

① 충전 상태 : 리튬원자는 음극에 저장

② 방전 시작 : 리튬원자가 리튬 양이온(Li^{+})과 전자로 분리(산화반응) - 양극으로 이동

③ 전자는 연결된 배선을 따라 이동, 연결된 부하(전자기기 등)에 전기를 공급(자발적인 움직임)

④ 리튬 양이온은 전해액을 통해 양극으로 이동한다.

⑤ 양극으로 이동된 리튬 양이온과 전자가 만나 다시 리튬원자로 결합(환원반응)

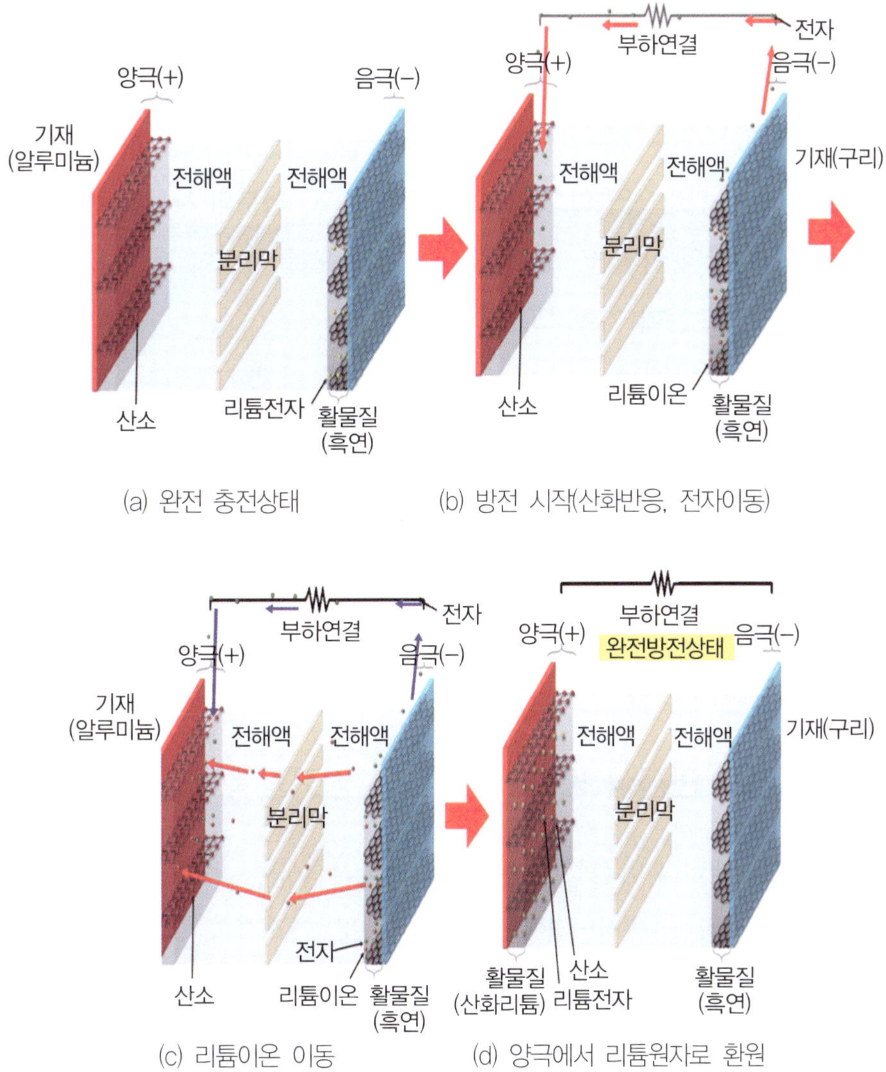

그림 4-16 2차 전지 방전 과정

2 전기자동차 고전압배터리 안전기준

2.1 2차 전지(배터리)를 비롯한 부품시험 및 인증 그리고 현장시험

자동차안전연구원(KATRI, Korea Automobile Testing & Research Institute)은 교통사고에 의한 사회적 손실을 절감하고, 소비자 보호에 의한 국민의 권익을 보호하기 위해 한국교통안전공단 산하 연구원으로 1987년에 설립되었다.
현재 국내 자동차 관련 산업의 기술정보를 지원하고, 정부의 자동차 관련 정책 및 기술을 지원함으로써 최상의 안전한 교통환경을 조성해 모든 국민이 교통사고 없는 밝은 미래, 행복한 사회를 만드는데 기여하고 있다.
자동차안전연구원(KATRI)은 국토교통부(국토부)가 지정한 공인시험평가・인증기관(전기차를 비롯한 자동차 성능시험 및 시험연구소로의 역할도 병행)으로 전반적인 친환경자동차 2차 전지(배터리)를 비롯한 부품시험 및 인증, 대체부품인증, 특장차 인증뿐만 아니라 자체로 구축한 첨단 주행시험장(전기차 특화 테스트베드, testbed)에서 자율주행자동차의 주행성능 현장시험(field test, 필드테스트) 및 평가도 시행하고 있다.

2.2 배터리 안전성 평가의 배경 및 평가항목

2021년 이전의 배터리 안전성 평가항목은 낙하안전시험, 액중투입안전시험, 열노출안전시험, 연소안전시험, 과충전・과방전안전시험, 단락안전시험, 고전원전기장치 안전성시험 등 총 7가지였다. 4.9m 높이에서 배터리를 떨어뜨리거나 3.5% 염도의 액체에 담그고, 배터리를 2분 30초 동안 불로 직접 가열하는 등 전기차 배터리를 극한의 상태로 시험하여 발화, 폭발 여부 등을 평가한다.

그런데 국내 친환경차 보급이 확대되는 가운데 60V 이상 고전압배터리를 탑재해 구동되는 전기차 안전기준의 대폭 확대 및 강화는 당연한 추세이다. 따라서 국내 전기차 안전기준을 기존 7가지에서 12가지로 확대했다.

신설 안전기준으로 2021년 7월 1일부터 진동시험, 열충격시험, 과전류시험, 충격시험, 압착시험 등이 새롭게 추가되었다.

10톤(ton) 힘으로 배터리에 압력을 가하는 압착시험은 충돌시험에 통과할 경우 면제된다. 아울러 배터리 안전성 평가 대상이 모든 자동차 구동용 배터리에서 작동 전압이 60V 이상인 고전압 자동차 구동용 배터리로 바뀌었다. 이에 따라 48V 마일드 하이브리드 차량(MHEV, Mild Hybrid Electric Vehicle, 주행 시 내연기관 엔진을 사용하고, 출발과 저속주행 시에만 부분적으로 전기모터를 사용하여 엔진을 보조하는 방식의 하이브리드 자동차)은 시험 대상에서 제외된다. 해당 개정안은 이미 출시돼 판매되고 있는 양산차의 경우 2년 유예를 거쳐 2023년 7월 1일부터 적용되고 있다.

현행 평가 항목은 시험방법을 세분화하거나 국제기준에의 반영이다. 한국은 지난 2009년 세계 최초로 전기차 안전기준을 제정하고 전기차 안전성 국제기준(GTR, Global Technical Regulation) 제정안에 국내 기준을 반영하고자 미국, EU, 일본 등과 활발한 논의를 진행해 왔다. 지난 2012년에는 국내 연소시험기준 전문을 GTR 제정안에 포함시킨 바 있다. 또한 배터리를 침수시키는 액중투입안전시험 역시 GTR 반영을 제안했다. 하지만 미국, 캐나다, 일본, EU 등은 침수 상황에서의 운전은 운전자의 자유라는 이유 등을 내세워 반대하고 있다. 이 밖에 전기차 화재 우려가 계속되면서 한국교통안전공단은 전기차 안전사고의 원천 차단을 위해 배터리관리시스템(BMS) 진단기능을 강화하도록 했다. 운행 단계에서 BMS가 배터리 이상변화를 자체 진단해 충전제한 등 안전조치를 수행할 수 있도록 하는 방식이다. 이는 운행 중에 배터리에 이상 요인이 발생 시 BMS의 캔(CAN) 통신으로 이상변화를 진단하는 기능을 탑재하는 방식이다. 이 같은 내용을 담은 가이드를 마련해 2022년 KNCAP(국내 신차 안전도 평가, Korean New Car Assessment

Program의 약어이다. 국내 자동차의 안전도를 평가하는 프로그램으로 국토교통부 소관으로 한국에서 출시되는 신차를 충돌테스트 등을 통해 평가하는 시스템이다) 대상 차량에 기능 탑재 여부를 확인한 바 있다.

이와 더불어 수요가 급증하고 있는 전기이륜차에 대한 안전기준도 신설했다. 무분별한 중국산 이륜차 자정 작용 등이 필요하다는 판단에서다. 항목으로는 진동시험, 열충격시험, 연소시험, 단락시험, 침수시험, 충격시험 등을 포함한 11개 안전성평가 항목을 신설해 2022년 12월 25일부터 시행하고 있다. 유럽의 전기이륜차 안전기준(UN R136)과 비교해 과전류시험과 침수시험 등 2개 항목이 더 많다. 한편 2020년 말 기준 국내 등록된 전기 및 수소차는 95,001대로 지난 2017년 말과 비교해 약 3.8배 늘었다. 또 2020년 전기 및 수소차의 리콜 차량 비율은 62.2%로 전체 리콜 차량비율(9.1%)보다 높고, 특히 전기 및 수소차 리콜 10건 중 4건은 배터리 관련 리콜로 나타났다. 이와 같이 배터리의 문제점이 계속 증가하고 있는 상황이다.

참고 BMS 캔(CAN) 통신

일반적으로 사용하고 있는 차량 내 통신이다. CAN(Controller Area Network의 약자로 차량 내 ECU들간의 데이터 공유를 위해 개발된 통신 시스템이다. 새로운 모빌리티 서비스를 촉진하는 혁신적 솔루션으로 독일 보쉬(Bosch)가 최초로 개발했다) 통신 모듈을 활용한 CAN 통신 기반의 급속충전 모니터링 및 개별 배터리관리시스템이다. 전기자동차의 보급 확대에 따른 충전 인프라 구축을 위해서는 전기차량의 충전 시 충전상태를 모니터링할 수 있는 충전 모니터링 시스템의 설계 방법, 급속충전기술은 현재 배터리(battery)의 성능 및 안전성 등 다양한 요인에 따라 동작성능이 좌우되므로 모니터링 시스템에 의한 충전상태 파악은 충전 알고리즘의 개선, 전기자동차 BMS와의 연동, 사용자와의 충전 프로세스 제어 등 다양한 운행 및 작업환경과 연계되어 있다.

따라서 급속충전시스템의 동작상태를 CAN 프로토콜(protocol, 통신 프로토콜 또는 통신 규약은 컴퓨터나 원거리 통신장비 사이에서 메시지를 주고받는 양식과 규칙의 체계이다. 통신 프로토콜은 신호 체계, 인증 그리고 오류 감지 및 수정 기능을 포함할 수 있다)을 이용해 배터리의 충전 상태 등을 실시간으로 감시가 가능한 시스템을 설계·제작하여 전기자동차 배터리를 최단 시간에 최적화된 상태로 충전 가능하도록 CAN 통신기반 급속충전 모니터링 시스템을 설계하는 방법과 시스템을 구현하여 성능을 확인하는 것은 전기차의 운행, 충전, 정차 등 전반적 관리에 있어 안전을 확보하는 필수적 요건이다. CAN 통신은 자동차 내부 각각의 전자제어장치(ECU, Electronic Control

Units)들이 서로 정보를 주고받는 통신방식으로, BMS가 배터리의 상태를 통신으로 감지하는 현재 최적의 배터리 이상변화의 감지・진단・판단・대응 및 조치하는 수단이다. 이는 우리 몸의 신경계와 비슷한 원리로 몸의 각 부위가 신호를 주고받아 움직이는 것처럼, 자동차 내부의 각 부분들도 CAN 통신을 통해 서로 정보를 주고받으며 작동하는 것이다.

상기의 내용을 요약하면 다음과 같다. 즉, 전기차의 시스템 구성 및 이해, 구동축 전지 안전성 강화, 배터리 BMS 연구개발 및 기술의 전반적 이해가 가능해야 안전기준을 명확히 정립할 수가 있다.

2.3 전기자동차(전기차) 안전성 기준의 역사 및 현황

자동차 역사에서 전기자동차는 1990년대에 미국 캘리포니아주의 무공해자동차 의무 판매 법제화로 미국 GM에 의해 두 번째로 등장하게 된다. 하지만 무공해자동차 의무 판매법이 철폐되면서 GM은 판매된 전기자동차를 소리 소문 없이 조용히 회수하여 네바다 사막에 폐기하였다. 석유에너지 고갈과 대기오염 문제로 친환경 이슈가 떠오를 때마다 전기자동차가 대안으로 거론되었으나, 그 당시 비싼 가격, 짧은 주행거리, 긴 충전시간 등의 근본적인 단점을 해결하지 못해 번번이 좌절되었다.

2000년대 이후 납 배터리보다 충전성능이 우수한 Ni-MH(니켈수소 전지, 니켈-금속수소화물 전지(MH, Metal Hydride)는 기존의 니켈-카드뮴(Ni-Cd) 전지에 카드뮴 음극을 수소 저장합금으로 대체한 전지이다), 리튬이온 배터리가 상용화되면서 전기자동차는 이제 세 번째로 자동차 역사에 등장한다.

국내 자동차 시장에서 전기자동차가 차지하는 비중은 가파르게 증가하고 있다. 코로나 19의 상황에서도 전기자동차 판매는 증가세를 유지하였으며, 2021년에는 지난 5년 동안 판매된 전기자동차 대수인 약 13만 대와 맞먹는 10만~15만 대의 전기자동차가 팔린 것으로 추정된다. 고전압을 사용하는 전기자동차에 대한 안전기준 연구개발은 2005년부터 시작되어 2009년에 고전압 시스템, 구동용 배터리, 전기모터에 대한 안전기준을 법제화했다. 당시 연구진들은 "전기자동차에서 안전도를 위협하는 인자들은 무엇일까?"라는 원초적인 질문을 기초하여 교통사고 충돌 상황, 완전 침수 상황, 차량 화재 등 모든 안전 리스크를 시뮬레이션 및 재현시험을 하면서 진행했다. 전기자동차와 관련된 안전성 확보 노력은 국내에서만 연구된 것은 아니다. 2000년도 중반 이후 전기자동차와 관련된 국제입법 활동은 UN 산하 WP29(세계기술포럼)를 중심으로 현재까지도 진행되고 있다.

세계 각국은 자국 실정에 적합한 안전기준을 제정하여 운영하고 있으나, 자국 자동차 산업의 국제 경쟁력 확보를 위하여 안전기준의 국제조화는 세계적인 추세이다.

2010년 이후 WP29의 REESS(Rechargeable Electrical Energy Storage System)와 ELSA(Electric Safety) 전문가 입법회의를 통해 유럽의 전기자동차 안전기준인 "ECE R100"과 세계기술기준인 "GTR 20"이 제정 및 개정되었다. 현재에도 2단계 전기자동차 안전기준이 WP29에서 꾸준히 논의되고 있으며, 다양한 분야의 국내 전문가들이 참여하고 있다.

현재 적용되고 있는 전기자동차 안전기준은 고전압 시스템, 구동용 배터리, 전기모터의 분야로 구분되며, 운행상태(In-use)와 충돌 후 상태(After-crash)에서 갖추어야 할 구조적, 기능적 안전성에 대하여 규정하고 있다.

첫 번째로 고전압 시스템은 절연성능 확보에 초점이 맞추어져 있으며, 안전기준의 별표 4는 운행 상태에서 활선도체부(통상 사용상태에서 전기적으로 통전(通電)되는 도체(導體) 또는 도전성(導電性) 부위를 말한다.), 커넥터, 경고표시, 피복 색상(주황색), 절연저항 수치 등을 규정하고 있다. 또한 별표 11의 3은 고정벽 정면충돌, 이동벽 후면 및 측면 충돌 시 고전압 활선도체부의 절연저항 등을 충돌시험 기준으로 규정하고 있다.

두 번째로 구동용 배터리는 어떠한 악조건에서도 발화 또는 폭발하지 않는 안전성을 확보하는 것에 초점이 맞추어져 있다. 구동용 배터리 안전기준은 2009년에 세계 최초로 국내에서 제정되었으며, 시험항목은 총 7개 항목으로 낙하시험, 액중투입시험, 과충전 및 과방전시험, 단락시험, 열노출 및 연소시험으로 구성되어 시험 중 발화 또는 폭발 시에는 부적합 처리된다.

최근 “ECE R100” 및 “GTR 20”과의 국제조화를 하기 위하여 진동시험, 열충격시험, 과전류시험, 압착시험, 충격시험을 신설, 개정해 시행하고 있다.

세 번째로 전기모터는 출력 성능과 관련된 내용으로 최고 출력과 부분 출력으로 구분되어 있으며, 최고 출력은 30분 연속 출력으로 규정하고 있다. 최근 전기자동차 관련 구동용 배터리로 인한 화재가 이슈로 대두되고 있으나 아직 정확한 원인이 규명되지 않고 있다. 혹자는 구동용 배터리 안전기준을 만족시켰는데, 왜 화재가 발생하느냐고 묻는다. 자동차 법규에서 규정하고 있는 안전기준은 그 기준치가 최소한의 규정치로서 자동차 장치들의 최대치를 평가하는 것은 아니기 때문이다.

전기자동차에서의 안전기준은 고전압이 흐르는 활선도체부의 절연성능 확보와 구동용 배터리의 과충전 및 과방전, 낙하, 침수 등 특정 상황에 대한 폭발 또는 화재 위험성을 최소화하는 것이 주요한 목표이다. 화재 이슈에서 원인으로 논의되고 있는 배터리관리시스템(BMS) 또는 배터리 셀의 제조 불량은 제조사의 생산단계에서의 제작결함으로써 제조사의 품질문제로 자동차 안전기준에서 규정하기 곤란한 측면이 있다. 2020년까지 판매된 전기자동차들은 전용 차체를 채택한 차종이 많지 않았으나, 2021년에는 전용 차체로 무장한 다양한 차종이 공개되었다.

또한 국내 제작 전기자동차뿐만 아니라 미국, 중국, 일본, EU를 비롯한 여러 국가에서 제작된 전기자동차가 국내에 보급되면서 전기자동차의 안전과 관련된 컴플라이언스(compliance, 기업경영이 법령, 규정, 윤리 또는 사회통념에 맞도록 하는 내부통제 장치) 또는 리콜 이슈가 늘어날 것이다. 안전과 관련된 이슈는 인지된 시점에서 시간을 끌면 방어하기가 더 어렵기 때문에, 안전 이슈 발생 시 조기에 관계자들과 다방면의 전문가들이 상의하여 빨리 원인을 분석하고 해결해야 한다.

자동차 역사에서 세 번째로 도전하는 전기자동차가 이번에는 성공할 것 같지만, 아직도 넘어야 할 산들은 남아있다. 친환경 전기자동차가 실생활 및 산업에서 오랫동안 지속될 수 있도록 넘어야 할 산들(안전성을 비롯한 문제점 해결 및 도전과제)을 해결해야만 한다.

참 고 UNECE WP29

유럽연합 유엔경제위원회(UNECE, United Nations Economic Commission for Europe)는 56개 회원국의 경제 협력과 통합을 촉진하기 위해 설립되었다. 또한 WP29는 1952년 6월 6일 유럽연합 유엔경제위원회(UNECE) 산하인 ITC(Inland Transport Committee)의 부속기구인 차량제조에 관한 워킹 그룹으로 설립되었다. 2000년 3월, WP29는 "차량 규정 조화(조정, 일치)를 위한 세계 포럼(WP29)"으로 이름을 바꾸었다.

여기서 조화(조정, 일치)란 한 국가에서 판매되고 서비스되는 차량은 해당 국가의 규정 및 표준을 충족해야 한다. 해당 국가의 등록 절차에는 차량 또는 부품의 승인이 필요하다. 다른 국가에서 별도의 국가 규정 및 승인 절차가 존재하기 때문에, 해당 국가에서 전문 인력과 비용이 많이 드는 설계 수정, 추가 테스트 및 중복 승인에는 별도의 인력과 소요기간, 비용 등 불필요한 사항이 생긴다.

따라서 차량에 대한 다양한 국가 기술 요구 사항을 조화(조정, 일치)시키고 고유한 국제 규정을 명확하게 정교화해야 한다. 이렇게 차량 또는 장비 및 부품이 해당 규정에 따라 제조되고 승인되면 추가 테스트 또는 승인 없이 국제적으로 거래될 수 있다.

더욱이 국제 무역 장벽을 줄이고 차량 및 부품의 글로벌 무역을 촉진하기 위해 전 세계적으로 차량 규정을 조화(조정, 일치)시키기 위한 노력이 계속 이루어지고 있다. 이 역할에 대한 주요 포럼이 바로 UNECE(United Nations Economic Commission for Europe)의 WP29(World Forum for Harmonization of Vehicle Regulations)인 것이다. WP29의 목적은 차량에 대한 기술 규정의 글로벌 차원의 조화(조정, 일치) 또는 개발을 목표로 활동을 추구하고 차량 안전 개선, 환경 보호, 에너지 효율 증진 및 도난방지 성능 향상을 목적으로 하는 규제를 개발하는 것이다.

• UNECE WP29에는 어떤 하위 부속기구가 있을까?

GR(Groups of Rapporteur, "라포처 그룹"은 규제기관에서 전반적인 조정과 합의를 이끌어내도록 하고, 회합의 진행 상황을 보고하기 위해 조직이 임명한 구성원, 회의보고자를 일컫는다)로도 알려진 WP29의 영구 부속기구는 전문 분야의 기술 규정에 대한 요구 사항을 연구, 분석 및 개발하는 데 있어 차량 규정 조화(조정, 일치)를 위한 세계 포럼을 지원하고 있다. 다음에 언급된 바와 같이 6개의 워킹그룹(Working Group, 실무그룹)이 있다.

1. 소음 워킹그룹(실무그룹, GRB)
2. 조명 및 광신호 워킹그룹(GRE)

3. 오염 및 에너지 워킹그룹(GRPE)
4. 브레이크 및 주행 기어 워킹그룹(GRRF)
5. 일반 안전 규정에 관한 워킹그룹(GRSG)
6. 수동 안전에 관한 워킹그룹(GRSP)

각 부속기구는 해당 기관이 담당하는 영역과 관련된 전문 지식을 가진 사람들로 구성된다. 새로운 규정 또는 기존 UN 규정의 수정에 대한 WP29에 대한 모든 제안은 기술 권고를 준비하기 위해 세계 포럼에 의해 해당 부속기구에 회부된다. 이들 부속기구 역할의 중요성을 고려하여 이들은 UNECE에 따라 영구적인 지위를 부여받았으며, 최근에는 "Working Parties(WP, 실무조직)"로 이름이 변경되었다. WP29 세션과 그 부속기관의 모든 문서(의제, 작업 문서 및 보고서)는 WP29 웹사이트에서 참조하거나 다운로드받을 수 있다.

2.4 전기용품 안전기준 제정 및 개정 고시(전기자동차 충전기, 리튬 2차 전지)

전기자동차 충전기, 리튬 2차 전지에 있어 전기용품 안전기준에 대한 기준 제정 내용의 예는 다음과 같다.

2.4.1. 전기용품안전기준 제정 및 개정 고시(2020.07.21 국가기술표준원장)

[1] 전기차 충전기(KC 61851-1, KC 62196-2) 개정

전기차의 배터리 용량이 커지고 사용자의 충전시간 단축 요구도 증가됨에 따라 충전속도 향상을 위하여 2종을 개정

[2] 전지(KC 62133-2, KC 62133) 제정 및 폐지

① 휴대기기용 리튬 이차 전지에 해당하는 국제기준이 최신화됨에 따라 국내 안전기준 부합화를 위하여 기존에 적용되고 있던 KC 62133 버전은(CB의 경우 IEC62133 : 2012만 적용) 2020년 12월 31일까지 병행 적용 후 폐지될 예정이며, 신규 제정되는 KC 62133-2 버전은 (CB의 경우 IEC62133-2 : 2017만 적용) 공포한 날부터 시행된다.

② 속도 25km/hr 이하의 개인형 이동장치(전기자전거 제외)에 사용되는 배터리의 KC 62133-2 적용은 2021년 8월 1일부터 적용된다.

[3] 기타 사항

KC 62133-2 : 2020 규격이 KOLAS(Korea Laboratory Accreditation Scheme, 한국인정기구) 등재 완료되어 진행 가능하며, 등재 범위 및 장비 사정에 따라 배터리 충전전압 60V 이하, 정격용량 25Ah까지 진행이 가능하다.

2.5 전기자동차의 저온 주행성능 시험

전기자동차에 있어서 법제화된 안전기준은 사전 안전성의 확인으로 실제 전기차의 운행 중, 충전 중 그리고 정차 중에 있어 운전자와 탑승자의 생명을 보호하기 위한 최소의 강제 기준(법규)일 뿐이다. 그러나 자동차의 성능과 품질에 관련된 사항들은 제조사들의 개발과 제조능력, 가격에 따른 정책 등에 달려있다. 여기서는 전기차 운행에 있어 리튬이온 2차 전지가 갖는 가장 취약한 부분 중의 하나인 한겨울에 배터리의 효율이 떨어지는 저온 주행 성능에 대해 설명하고자 한다.

저온 주행성능 비교는 상온과 대비한 주행성능, 즉 대표적인 주행효율 중 최대 주행거리(km)를 비교하는 시험이다. 주행효율은 전기차가 배터리 1회 완전충전(만충전) 후 주변 환경(여기서는 온도)에 있어 상온과 저온에서의 최대 주행거리의 비교이다.

상온(常溫)은 일정한 온도를 뜻하며, 대개 20±5℃를 의미한다. 즉, 상온은 영상 15℃(도)부터 25℃(도)까지의 온도 범위를 말하며, 화학에서 상온은 25℃를 사용하는 경우가 가장 많다.

주행효율은 현재 판매되고 있는 전기승용차를 비롯한 전기차량 가운데 특히 겨울철 배터리 효율을 시험하는 것이다. 저온(영하 6.7도) 환경에서도 최장 주행 가능 거리가 상온 주행거리의 90% 이상을 유지해야만 하는데, 특히 겨울철에는 배터리 효율이 떨어지고 난방으로 전력 소모가 커 배터리 소모가 심해 주행거리가 줄어든다. 여러 시험에 의하면 추운 겨울에는 배터리 효율이 급격히 떨어져 상온 대비 주행 가능 거리가 최소 10~20% 감소하고, 상온 대비 저온의 배터리 효율이 38.8% 감소되며 심하면 주행가능 거리가 절반 이상 떨어진다.

겨울철 전기자동차 주행거리가 급속히 줄어드는 주요 요인으로는 난방기 가동도 있다. 내연기관차의 경우 엔진의 폐열을 이용해 따뜻한 바람을 만들어 히터를 켜도 연비에 미치는 영향이 적다. 즉, 히터를 작동하지 않아도 기본적으로 따뜻한 바람이 나오는 것을 느낄 수 있다. 반면 전기차는 엔진열 난방이 되지 않아 히터를 켜면 추가로 배터리의 에너지를 소모해야 한다. 예를 들면, 배터리 효율 저하로 전기차는 겨울철 주행거리가 수십 km 줄어든다. 일반적으로 저온(영하 6.7도)에서는 상온(23~25도) 대비 20%가량 전비(전비는 내연기관차에서 쓰는 연비의 개념을 전기로 대신한 것이다. 연비는 ℓ 당 주행거리(km)를 나타내지만 전비는 1kWh당 주행거리(km)로 표시된다)가 낮다.

환경부인증 기준 현대차 아이오닉5 2WD 롱레인지 20인치는 주행거리가 상온에서 405km, 저온에서 354km이다. 기아 EV6와 테슬라 모델Y는 상온과 저온의 주행거리 차이가 각각 44km, 69.3km이다.

겨울에 전기차 주행거리가 줄어드는 것은 리튬이온 배터리를 사용하기 때문이다. 리튬이온은 액체 상태의 전해질을 통해 양극과 음극을 오가며 충전·방전한다. 기온이 떨어지면 액체 전해질이 굳고 리튬이온 이동이 둔해지면서 내부 저항이 커지고 배터리 성능은 떨어진다.

따라서, 이를 해결하기 위해서는 향상된 배터리관리시스템(BMS) 기술에 달려 있다. BMS는 배터리팩 내부의 전압·전류·온도 등 데이터를 읽어내고 배터리 사용조건을 조절하는 두뇌 역할을 한다.

해결 사례로써 다음과 같은 4가지 방법을 들 수 있다.

① BMS로 "배터리 사전 조절" 기능을 탑재해 주행 전 배터리를 운행(주행) 시의 주변 환경에 맞는 적합한 온도로 냉각·예열해 차량이 최적의 주행 성능을 발휘하도록 해야만 한다.

② 또한 배터리의 열관리 기술인 쿨링 시스템(cooling system, 냉각시스템·냉각장치)을 활용한 냉각기술이다. 이는 제조원가에 구애받지 않고 차량이 어떠한 환경에서도 정격에 의한 일정한 성능을 낼 수 있도록 최고 수준의 열관리 기술을 탑재 적용하도록 해야 한다. 전기차를 개발할 때 북극 빙설, 사막지대 등지에서 영하 40도부터 영상 50도에 이르는 극한 환경의 극한 온도에서도 전기차량이 정상적으로 작동하는지를 확인하는 시험에서 주행 효율이 뛰어난 것이야말로 바로 전기차량의 최상 품질이며 최고 성능을 보장(보증)하는 것이다.

③ 따라서 현재 기술로는 전기차의 저온 주행 효율을 올리는 방법은 리튬이온 배터리 온도 최적화 기술을 활용하는 것이다. 특히 저온 주행 효율이 가장 낮은 전기차의 대부분은 히트펌프(heat pump)가 없고, 실내 히터 온도를 30도 이상으로 설정할 수 있도록 했다. 환경부는 저온 주행거리 인증 시 전기차 히터를 최고 온도, 최대 풍량으로 작동해 에너지 소모가 큰 상태에서 차량 성능을 확인한다.

④ 배터리 성능등급 예측 연구, 소형 전기차 플랫폼 성능시험 방법 연구, 구동축전지 연소 안전시험을 위한 열에너지에 관한 다양한 연구 등과 함께 실증화 기술개발이 필요하다.

2023년 국내 자동차 시장에서 판매 중인 전기차는 세부 모델별로 총 102종이며, 환경부 인증결과 겨울철 도심에서 1회 충전 주행거리가 300km 이상인 모델은 30종으로 조사됐다. 테슬라 모델X 주행거리가 381km로 가장 길었고, 현대차 아이오닉6(376km), 아이오닉5(357km), 기아 EV9(351km), 니로 플러스(349km), 롤스로이스 스펙터(344km)가 뒤를 이었다.

반면 국내에서 판매되고 있는 전기승용차 가운데 겨울철 배터리 효율이 가장 뛰어난 모델은 롤스로이스 스펙터, 현대자동차 아이오닉5N, 기아 EV6 GT 순으로 조사됐다. 특히 30종 가운데 저온(영하 6.7도) 환경에서 최장 주행 가능 거리가 상온 주행거리의 90% 이상을 유지하는 모델은 스펙터(98.4%), 아이오닉5N(90.9%), EV6 GT(90.9%) 등 3종뿐이다. 겨울철에도 이들 3개 모델은 그 격차(상온과의 격차)를 최소화했다. 그림 4-17은 전기차 모델별 저온 주행 효율, 즉 저온 주행성능 비교를 보여준다.

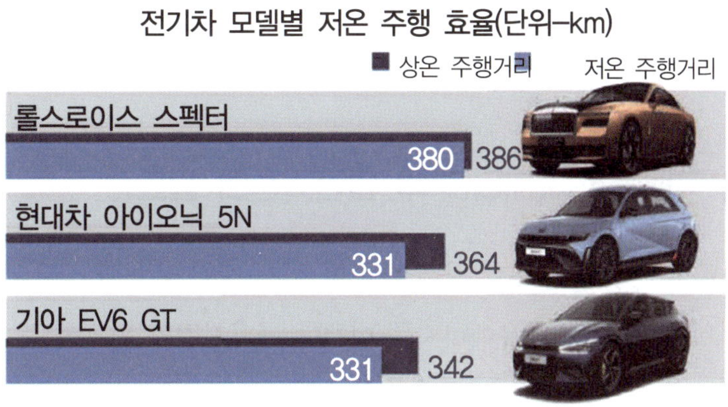

상온은 기온 25도, 저온은 -6.7도, 주행거리는 복합(도심+고속) 기준. 자료=환경부

그림 4-17 전기차 모델별 저온 주행 효율(저온 주행성능) 비교

전기차를 안전하고 오래 사용하기 위해서는 배터리 충전량은 20%~80% 사이를 유지해 주고, 밸런스 있게 충전하기 위해서 한 달에 한 번 정도는 완속충전해 주는 것이 중요하다. 그림 4-18은 리튬이온 2차 전지가 전기차 하부의 중간 부분에 조립되어 있는 배터리 플랫폼 구조의 예시를 나타낸다.

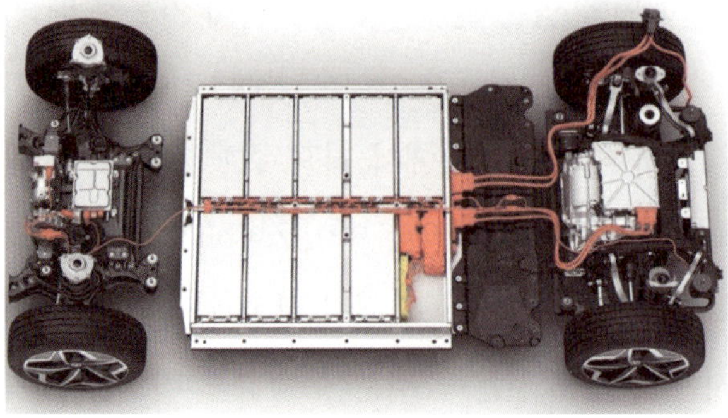

그림 4-18 리튬이온 2차 전지의 플랫폼 조립구조

2.6 구동축전지(배터리팩) 안전기준의 필요성

세계적으로 환경오염에 대한 규제 수준이 점차 강화되고 있고 온실가스에 의한 기후변화 대응 및 고갈되어가는 석유에너지를 대체할 에너지원의 필요성 등으로 인해 미래 에너지 밸류체인(value chain은 가치사슬이라는 의미로 제품을 생산하기 위해서 제조공정을 세분화해 사슬(chain)처럼 엮여 가치(value)를 창출하는 것을 의미한다. 밸류체인은 기업이 제품 및 서비스를 생산해서 부가가치를 생성하는 모든 일련의 과정을 말한다)을 확장하며, RE100(재생에너지 100% 사용, RE100은 재생에너지전기(Renewable Electricity) 100%의 약자로 기업 활동에 필요한 전력의 100%를 태양광과 풍력 등 재생에너지를 이용해 생산된 전기로 사용하겠다는 자발적인 글로벌 캠페인이다), 저공해의 환경친화적인 자동차(Environmentally Friendly Vehicle, 온실가스 배출수준, 공해물질 배출수준, 소음수준이 모두 낮고 재활용성이 높은 자동차라고 정의함)의 개발과 보급이 요구되어 왔다.

1990년대 이후 하이브리드자동차(HEV, Hybrid Electric Vehicle)를 필두로 전기자동차(EV, Electric Vehicle), 플러그인 하이브리드자동차(PHEV, Plug-in Hybrid Electric Vehicle), 수소연료전지차(FCEV, Fuel Cell Electric Vehicle로 연료전지로 전기모터에 전력을 공급하여 주행하는 자동차를 말하며, 연료전지차라고도 부른다) 등의 기술개발이 가속화되어 시범보급 및 초기양산 체계에 들어섰으며, HEV는 이미 본격적으로 양산되어 시장경쟁 체계로 급속히 전환되고 있다.

이러한 친환경자동차의 공통적인 핵심 기술요소 중의 하나가 구동축전지(배터리팩, Battery pack)이다. 국내 자동차 안전기준에서 구동축전지는 자동차의 구동을 목적으로 전기에너지를 저장하는 축전지 또는 이와 유사한 기능을 하는 전기에너지 저장매체로 정의하고 있다.

친환경자동차의 1회 충전 주행거리, 에너지 소비효율, 최고속도 등의 성능 향상을 위해서 구동축전지의 대용량, 고출력화가 불가피하다. 앞서 말한 것처럼 구동축전지는 고전원의 에너지 저장장치이므로 고성능일수록 저장된 에너지가 커지고 사고 시 용도 외로 발생될 수 있는 에너지량도 증가하게 되므로 성능 향상과 동시에 안전성 확보는 필수적이다. 구동축전지의 발화나 폭발 또는 감전으로 인한 사고를 미연에 방지하고 안전을 확보하기 위한 최소한의 안전성 요구조건이 구동축전지의 안전기준이 되는 것이다.

참고 전기차의 출력

출력 1kW는 약 1.36마력(PS)이다. 최고출력 100kW 전기차의 출력을 마력으로 환산하면 136마력(PS)인 셈이다. 출력은 자동차의 힘을 정형화한 수치이다. 1마력(馬力)은 75kg의 물체를 1초 동안 1m 움직이는 힘(75kg · m/sec)이다. 이 마력을 부를 때 영어권에서 "호스 파워(horse power)", 즉 HP로 쓴다. 미국과 영국 등에서 통용되는 1마력은 1HP인 셈이다.

독일을 포함한 유럽에서는 HP 대신 PS(pferdestarke) 마력을 쓴다. 우리나라도 PS 마력을 인증 때 사용한다. 자동차 등록증 역시 HP가 아닌 PS로 표기돼 있다. 같은 1마력을 나타내지만 미세한 차이도 존재한다. 결론부터 말하자면 엄밀히는 "1PS=0.986HP"다.

우리나라에서 100마력(PS)인 자동차를 미국으로 수출하면 98마력(HP)이다. 실제로 제네시스 스포츠세단 G70 3.3 터보는 한국에서 최고출력이 370마력(PS)이다. 그러나 미국 수출형은 365마력(HP)으로 표기된다. 거꾸로 미국에서 100마력(HP)인 자동차를 한국으로 수입하면 최고출력은 102마력(PS)으로 상승한다.

2.6.1. 자동차 안전기준 협정

자동차 안전기준은 자동차 및 자동차의 부품 또는 장치를 제작함에 있어서 안전운행에 필요한 성능과 기준을 제시하고, 이 기준에 적합하지 않으면 도로상을 운행하지 못하도록 하여 자동차 안전상의 결함으로 인한 사고를 최소화할 목적으로 제정된 규정이다.

안전기준은 국가별로 동일한 목적으로 제정・운영되고 있으나, 안전기준 항목, 기준, 평가방법 등이 상이함에 따라 이를 조화하여 세계적으로 동일한 자동차 안전기준을 만들고자 하는 노력이 1958년 유럽 주도로 체결된 1958협정이다.

이후 미국 주도의 1998협정을 통해 계속되고 있지만 국가별로 자동차기술 수준과 기후, 도로 등 환경적인 특성이 다르고 자칫 국가 간 기술 또는 무역장벽이 될 수 있어 신중히 진행되고 있다. 한국도 1958협정에는 2004년, 1998협정에는 2001년에 가입하여 안전기준 국제조화에 적극적으로 동참하고 있다.

2.6.2. 국내 구동축전지(배터리팩) 안전기준 동향

국내에서 구동축전지 안전기준 제정의 필요성이 대두된 것은 2004년 현대자동차 클릭 하이브리드 50대와 2005년부터 현대자동차 베르나 하이브리드, 기아자동차 프라이드 하이브리드가 수도권 내 공공기관 등에 시범으로 보급되면서부터이다.

자동차안전연구원은 국토해양부 및 건설교통기술평가원으로부터 “하이브리드자동차 안전성평가기술개발” 정부과제를 위탁받아 2006년 10월부터 2008년 9월까지 2년에 걸쳐 구동축전지뿐만 아니라 기존의 내연기관 자동차와 구조가 다른 하이브리드자동차 전반에 대한 연구를 수행하여 당시 안전기준 상의 미비점 도출 및 이를 보완하는 안전기준(안)을 국토해양부에 제출하여 국토해양부가 하이브리드자동차 및 전기자동차 관련 6개 조항 개정, 2개 기준 조항 신설을 골자로 하는 “자동차안전기준에 관한 규칙 일부 개정령(2009. 1. 23)”을 공포하고, 개정령에 따른 5개 항목 개정 및 2개 시험항목을 신설하는 “자동차안전기준 시행세칙 개정 (2009. 2. 19)”을 고시하였다. 이때 구동축전지 안전기준이 비로소 제정된 것이다.

[1] 자동차안전기준에 관한 규칙

(1) 제2조 정의

52. 고전원전기장치란 구동축전지, 전력변환장치, 구동전동기 등 작동전압이 직류 60볼트 또는 교류 25볼트를 초과하는 전기장치를 말한다.
53. 구동축전지란 자동차의 구동을 목적으로 전기에너지를 저장하는 축전지 또는 이와 유사한 기능을 하는 전기에너지 저장매체를 말한다.

(2) 제18조의 2

고전원전기장치

자동차의 고전원전기장치는 다음 각 호의 기준에 적합하여야 한다.

① 고전원전기장치간 전기배선의 피복은 주황색으로 할 것

② 고전원전기장치간 전기배선이 차실내 및 차체 외부에 노출되는 부분에는 보호 기구를 설치할 것

③ 고전원전기장치간 전기배선은 노출된 활선도체부 및 이음부가 없을 것

④ 고전원전기장치와 전기배선은 접속 시 극성이 바뀌지 아니하도록 할 것

⑤ 고전원전기장치에는 다음 각 항목과 같이 감전에 대한 경고표시를 할 것

⑥ 고전원전기장치는 공구를 사용하지 아니하면 쉽게 개방, 분해, 제거되지 아니하는 구조일 것

(3) 제18조의 3

구동축전지

자동차의 구동축전지는 다음 각 호의 기준에 적합하여야 한다.

① 구동축전지는 차실과 벽 또는 보호판 등으로 격리되는 구조일 것

② 자동차의 구동축전지는 설계된 범위를 초과하는 과충전을 방지하고 과전류를 차단할 수 있는 기능을 갖출 것

③ 구동축전지는 국토해양부장관이 따로 정하는 물리, 화학, 전기 및 열적 충격조건에서 발화 또는 폭발하지 않을 것

표 4-2는 자동차안전기준에 관한 규칙의 일부로 구동축전지에 관한 세부내용을 요약해 설명하고 있다.

표 4-2 자동차안전기준에 있어 고전원전기장치 및 구동축전지에 관한 규칙

조항	세부내용 요약
제2조 정의	52. 고전원전기장치란 구동축전지, 전력변환장치, 구동전동기 등 작동전압이 직류 60볼트 또는 교류 25볼트를 초과하는 전기장치를 말한다. 53. 구동축전지란 자동차의 구동을 목적으로 전기에너지를 저장하는 축전지 또는 이와 유사한 기능을 하는 전기에너지 저장매체를 말한다.
제18조의 2 고전원전기장치	자동차의 고전원전기장치는 다음 각 호의 기준에 적합하여야 한다. 1. 고전원전기장치간 전기배선의 피복은 주황색으로 할 것 2. 고전원전기장치간 전기배선이 차실내 및 차체 외부에 노출되는 부분에는 보호기구를 설치할 것 3. 고전원전기장치간 전기배선은 노출된 활선도체부 및 이음부가 없을 것 4. 고전원전기장치와 전기배선은 접속 시 극성이 바뀌지 아니하도록 할 것 5. 고전원전기장치에는 다음 각 항목과 같이 감전에 대한 경고표시를 할 것 6. 고전원전기장치는 공구를 사용하지 아니하면 쉽게 개방, 분해, 제거되지 아니하는 구조일 것
제18조의 3 구동축전지	자동차의 구동축전지는 다음 각 호의 기준에 적합하여야 한다. 1. 구동축전지는 차실과 벽 또는 보호판 등으로 격리되는 구조일 것 2. 자동차의 구동축전지는 설계된 범위를 초과하는 과충전을 방지하고 과전류를 차단할 수 있는 기능을 갖출 것 3. 구동축전지는 국토해양부장관이 따로 정하는 물리, 화학, 전기 및 열적 충격조건에서 발화 또는 폭발하지 않을 것

표 4-3은 자동차안전기준에 관한 규칙 중 시행세칙의 일부로 고전원전기장치 및 구동축전지 안전성시험에 관한 세부내용의 요약이다.

표 4-3 자동차안전기준에 있어 구동축전지 관련 시행세칙

<table>
<tr><th>조항</th><th colspan="3">세부내용 요약</th></tr>
<tr><td rowspan="6">자동차안전기준에 있어 구동축전지 관련 시행세칙</td><td colspan="3">44.1 적용범위
본 규정은 구동축선지 등 고전원전기장치의 구조 및 안전성시험에 대하여 규정한다.
44.6 시험기준
고전원전기장치는 안전기준 제91조 제4항의 기준에 적합하여야 한다.</td></tr>
<tr><th colspan="2">시험조건</th><th>기준</th></tr>
<tr><td colspan="2">1. 시속 48.3킬로미터의 속도로 자동차를 고정벽에 정면 충돌</td><td rowspan="4">가. 화재 및 폭발이 발생하지 않을 것
나. 자동차의 정지순간부터 30분 동안 구동축 전지 전해액 누출량이 5리터 이하일 것
다. 차실내로 구동축전지 전해액이 유입되지 않을 것
라. 구동축전지 장치 중의 일부라도 차실내로 침입하지 않을 것
마. 고전원 활선도체부와 노출 도전부(전기적 섀시)와의 절연저항은 각각 100Ω/V[DC], 500Ω/V[AC] 이상일 것</td></tr>
<tr><td colspan="2">2. 시속 48.3킬로미터의 속도로 이동벽을 자동차의 뒷면에 추돌</td></tr>
<tr><td colspan="2">3. 시속 32.3킬로미터의 속도로 이동벽을 자동차의 옆면에 추돌</td></tr>
<tr><td colspan="2">4. 제1호부터 제3호까지 시험 후 자동차를 90도씩 4번을 회전시켜 각 위치에서 5분 동안 정지</td></tr>
<tr><td rowspan="9">별표1의 48 구동축전지 안전성시험</td><td colspan="3">44.1 적용범위
본 규정은 자동차용 구동축전지의 물리·화학·전기 및 열적 충격조건에서 안전성을 확인하기 위한 시험방법에 대하여 규정한다.
44.4 시험기준
안전기준 제18조 3의 기준에 적합하여야 한다.</td></tr>
<tr><th>시험항목</th><th>시험방법</th><th>시험기준</th></tr>
<tr><td>낙하안전시험</td><td>4.9m 자유낙하</td><td>발화/폭발</td></tr>
<tr><td>액중투입안전시험</td><td>0.6몰 염수에 1시간 침수</td><td>발화/폭발</td></tr>
<tr><td>과충전안전시험</td><td>SOC 150%까지 과충전</td><td>발화/폭발</td></tr>
<tr><td>과방전안전시험</td><td>SOC 0%에서 1C로 과방전</td><td>발화/폭발</td></tr>
<tr><td>단락안전시험</td><td>50MΩ 이하로 회로 구성 후 단락</td><td>발화/폭발</td></tr>
<tr><td>열노출안전시험</td><td>80℃ 챔버에 4시간 노출</td><td>발화/폭발</td></tr>
<tr><td>연소안전시험</td><td>890~900℃로 2분간 직접 가열</td><td>폭발</td></tr>
</table>

[2] 구동축전지(배터리팩) 안전성 평가

구동축전지(배터리팩) 안전기준과 관련된 배터리 안전성 평가 종류(항목)는 표 4-4와 같다.

표 4-4 전기자동차 구동축전지(배터리) 안전성 시험기준(12개 항목, 2021년 7월 1일 시행)

<table>
<tr><th colspan="2">시험항목</th><th>시험기준 및 적용기준</th></tr>
<tr><td colspan="2">열충격시험</td><td>파열, 전해질 누출, 벤팅, 발화, 폭발이 없을 것, 시험 후 절연저항이 100Ω/V 이상일 것(열적 안전성)</td></tr>
<tr><td colspan="2">연소시험</td><td>폭발이 없을 것, 완성차에서 구동축전지 케이스의 최저 높이가 지면으로부터 1.5m 이상일 경우 시험 제외(열적 안전성)</td></tr>
<tr><td colspan="2">단락시험</td><td>파열, 전해질 누출, 벤팅, 발화, 폭발이 없을 것, 시험 후 절연저항이 100Ω/V 이상일 것(전기적 안전성)</td></tr>
<tr><td colspan="2">과충전시험</td><td>파열, 전해질 누출, 벤팅, 발화, 폭발이 없을 것, 시험 후 절연저항이 100Ω/V 이상일 것(전기적 안전성)</td></tr>
<tr><td colspan="2">과방전시험</td><td>파열, 전해질 누출, 벤팅, 발화, 폭발이 없을 것, 시험 후 절연저항이 100Ω/V 이상일 것(전기적 안전성)</td></tr>
<tr><td colspan="2">과열방지시험</td><td>파열, 전해질 누출, 벤팅, 발화, 폭발이 없을 것, 시험 후 절연저항이 100Ω/V 이상일 것(전기적 안전성)</td></tr>
<tr><td colspan="2">과전류시험</td><td>파열, 전해질 누출, 벤팅, 발화, 폭발이 없을 것, 시험 후 절연저항이 100Ω/V 이상일 것(전기적 안전성)</td></tr>
<tr><td colspan="2">침수시험</td><td>발화, 폭발이 없을 것, 구동축전지의 설치 위치가 승객실보다 높을 경우 시험 대상에서 제외(화학적 안전성)</td></tr>
<tr><td colspan="2">진동시험</td><td>파열, 전해질 누출, 벤팅, 발화, 폭발이 없을 것, 시험 후 절연저항이 100Ω/V 이상일 것(물리적 안전성)</td></tr>
<tr><td rowspan="2">기계적 시험 주[1)], 주[2)]</td><td>충격시험</td><td>전해질 누출, 발화, 폭발이 없을 것, 시험 후 절연저항이 100Ω/V 이상이며, 시험품의 이탈 및 변형이 없을 것(물리적 안전성)</td></tr>
<tr><td>압착시험</td><td>전해질 누출, 발화, 폭발이 없을 것, 시험 후 절연저항이 100Ω/V 이상일 것(4.5톤 초과 제외)(물리적 안전성)</td></tr>
<tr><td colspan="2">낙하시험 주[1)], 주[2)]</td><td>전해질 누출, 발화, 폭발이 없을 것, 시험 후 절연저항이 100Ω/V 이상일 것(물리적 안전성)</td></tr>
</table>

주[1)] 기계적 시험(충격시험과 압착시험) 또는 낙하시험 중 어느 하나의 기준을 적용한다(제작사 선택).
주[2)] 안전기준 제91조 제4항 및 별표 11의 3에 따른 고전원전기장치의 충돌시험기준에 적합한 자동차의 구동축전지는 기계적시험 및 낙하시험을 생략할 수 있다.

여기서는 앞에서 언급한 바와 같이 직류 60V 이상의 고전압(고전원) 전기차용 구동 배터리를 대상으로 안전성 평가를 하고 있다.

(1) 진동시험

일정한 주파수(진동폭과 주기)를 갖는 진동과 불규칙한 진폭과 주기를 갖는 가변적인 진동으로 진행한다. 예를 들면, 상하진동은 1분에 사이클을 12번 진동시켜 180분(3시간) 동안 진행한다.

(2) 열충격시험

200℃ 이상의 고온에서 열충격으로 인한 전해액의 누수와 열폭주(thermal runaway), 열전이(thermal propagation) 상태를 시험한다.

(3) 단락시험

배선 등의 불량과 리튬이온의 덴드라이트(dendrite는 리튬이온 배터리를 사용할 때 생기는 나뭇가지 모양의 결정이다. 다른 말로는 수지상 결정이라고도 한다.) 현상 등으로 인한 단락(short, 합선) 상태를 시험한다. 단락시험은 배터리의 양극(+)과 음극(−)을 쇼트(short)시켜 시험을 진행한다.

(4) 과충전 · 과방전 · 과전류시험

배터리 냉각장치의 릴레이(relay, 계전기라고도 하고 어떤 값 이상의 전기적 입력을 인식하여 다른 전기 회로의 개폐를 제어하는 기기이다. 전자석(권선에 제어 입력 전류를 흘려 자화시킨 것)에 의해 접점을 물리적으로 움직이게 하여 접점을 개폐하는 역할을 한다)를 on/off시켜 시험한다.

(5) 과열방지시험

배터리의 과열을 방지하는 계통이나 기계적·물리적 장치 등에 의한 과열방지(overheating protection)를 시험한다.

(6) 침수시험

IP58 등급으로 진행한다. IP의 뜻은 "Ingress Protection rating"의 약자이며 "외부 오염물 침투 보호 등급"이라는 뜻으로, 방수는 모든 방향에서 낮은 압력으로 분사 또는 침투되는 물로부터 완벽하게 보호되는 완전방수 수준으로 보면 된다. IP58 등급에서 앞의 숫자 5는 내용물에 손상을 주지 않는 수준(제한된 수준의 유입 허용)의 먼지 등으로부터의 방진 보호 수준이고, 뒤의 숫자 8은 1m 이상 깊이의 물속에 1시간 침수시켜 시험을 하는 방수 보호로 최상의 기준이다.

(7) 충격시험

슬레드(SLED) 시험(실차 충돌시험을 시뮬레이션하는 모의 충돌 시험장비로 자동차 충돌 사고가 일어났을 때 안전 부품들이 제대로 작동하는가를 확인하는 시험)장치로 동하중 충격시험을 한다.

(8) 압착시험

10kN(Newton, 뉴튼)의 힘(하중)을 배터리팩 측면(측면은 배터리팩에서 길이가 긴 방향의 측면을 말한다.)으로 밀면서 압착시험을 한다. 참고로 KS규격 1kgf는 9.8N(SI 규격)이다. 이때 배터리팩의 손상이 발생 시 내부에서 기체로 증발되어 나오는 전해액 증기에 함유된 발암물질을 후드(hood)로 석션(suction, 빨아들여 흡입)한다.

(9) 낙하시험

전기차용 배터리팩을 4.9m에서 자유 낙하시켜 낙하충격에 기인한 발화, 폭발 등을 확인하는 시험이다. 또한 충전 상태 등을 점검한다.

충격시험을 위한 낙하 높이(4.9m) 설정은 시험기준 전기차의 후방충돌 시에 받는 충격량(충격량은 물체가 받는 충격의 정도(크기)를 나타내는 값으로 작용 힘과 시간의 곱이며, 단위는 N·sec이다)을 기준으로 규격화된 시험기준 배터리의 무게를 가지고 역산으로 높이를 설정한 것이다.

그러나 최근 전기차의 확산으로 배터리의 용량, 크기와 무게, 형태(각형·원통형·파우치형)에 따른 낙하시험 높이와 방법 등의 변화 또는 범위(range)의 설정(유연성이 있도록)이 필요하다고 본다. 즉, 새롭게 탄력적으로 설정할 필요성이 있다. 한편 전기이륜차용 배터리팩은 1m에서 6면을 반복 낙하시켜 낙하시험을 시행한다.

(10) 연소시험

배터리팩 하단부를 휘발유, 최근에는 LPG 버너로 가열시킨 후 발화, 폭발 등의 여부를 1시간 동안 관측하고, 확인하는 시험이다.

그림 4-19와 같이 구동축전지(배터리팩) 안전성 평가를 친환경자동차(Environmentally Friendly Vehicle)용 고전압배터리의 물리·화학·전기 및 열적 충격조건에서 안전성을 시험, 평가, 검증하고 있다.

그림 4-19 구동축전지(배터리팩) 안전성 평가 종류(시험항목)

3 고전압배터리 관련 안전수칙

3.1 고전압배터리 취급 전 안전수칙

고전압 시스템 작업 전에는 반드시 아래 사항을 준수하여야 한다.

① 항시 절연 장갑을 착용하고, 절연 공구를 사용하고 찢어짐, 파손여부 확인 및 물기를 완전히 제거한 후 착용한다.

② 금속성 물질(시계, 반지, 기타 금속성 제품 등)은 고전압 단락을 유발하여 인명과 차량을 손상시킬 수 있으므로 작업 전 몸에서 제거한다.

③ 고전압 시스템을 점검하거나 정비하기 전에 반드시 “안전 플러그”를 분리하여 고전압을 차단하도록 한다.

그림 4-20 “안전 플러그” 분리

④ 분리한 “안전 플러그”는 타인에 의해 실수로 장착되는 것을 방지하기 위해 반드시 작업 담당자가 보관하도록 한다.

⑤ 탈거한 고전압 부품에 의한 감전사고 예방을 위해 절연 매트 위에 정리하여 보관하고, 보호 장비 미착용자의 안전사고 예방을 위해 고전압 부품을 절연 덮개로 차단한다.

⑥ 고전압이 잔류하고 있는지 유무를 회로에 표시하여 측정 및 확인한다.

⑦ 전압 테스터를 활용하여 측정 부위인 플러스 단자와 마이너스 단자에서 측정한다.

⑧ 측정값이 30V 이하이면 정상, 30V 이상이면 커패시터 방전까지 조금 더 기다렸다가 측정한다.

⑨ 전압이 떨어지지 않는다면 원인을 찾아 수리한다.

⑩ 플러스 단자와 마이너스 단자에서 절연 상태를 확인한다.

⑪ 수리유무 판단 후 정비한다.

3.2 고전압 안전 플러그(High-voltage Safety Plug)

3.2.1. 역할

전기자동차나 하이브리드자동차 등을 정비나 수리할 때 고전압 회로는 정비자에게 위험을 초래할 수 있기 때문에 반드시 고전압 회로를 차단하고 작업을 해야 한다.

이러한 고전압 회로를 기계적 분리를 통해 고전압배터리 내부의 회로 연결을 차단하기 위한 장치로서 안전 플러그 장치는 안전 플러그와 인터록의 조합으로 이루어지고, 고전압배터리의 대전류가 인가된 후 인터록 기능과 BMS의 연결을 차단하여 대전류의 흐름을 차단하고, 플러그 탈거 시 아크 발생을 방지하는 기능을 한다.

여기서 안전 플러그는 고전압배터리 중간에 전류 차단 스위치를 두어 보수작업 및 위급 시 전원을 차단하는 기능을 하고, 인터록은 안전 플러그 탈거 시 기계적 접점이 해제되어 아크가 발생하는 것을 사전에 차단하여 배터리 및 시스템의 소손 발생을 방지하는 기능을 한다. 모듈이 직렬로 연결된 중간에 안전 플러그가 장착되는 위치가 존재하고 안전 플러그 내에 퓨즈가 존재한다.

안전 플러그 내에 인터록 회로가 존재해 안전 플러그가 제대로 장착되지 않게 되면 인터록 회로가 작동되어 BMS가 PRA를 강제로 OFF하게 되는 상태를 만들 수 있기에 작업이 끝나면 안전 플러그를 잘 장착해야 실제 주행이 가능하다.

이러한 기능이 모든 차량에 적용되는 것은 아니다. 일부 전용 플랫폼 기반의 차량에서는 배터리의 전압이 높아지면서 안전 플러그를 사용하지 않고 메인 퓨즈만 장착하는 경우도 있다.

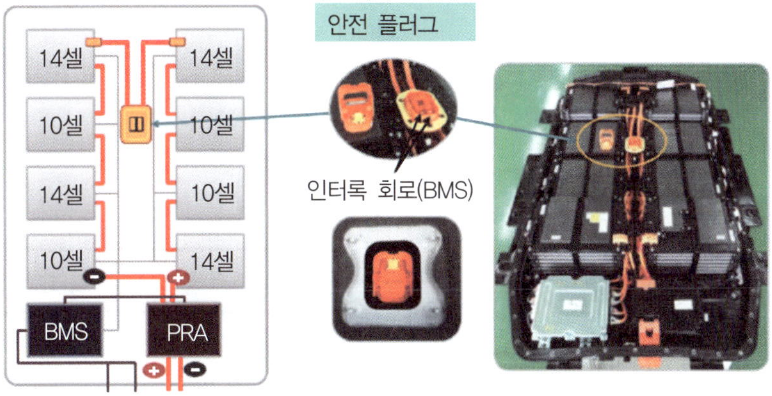

그림 4-21 안전 플러그 설치위치

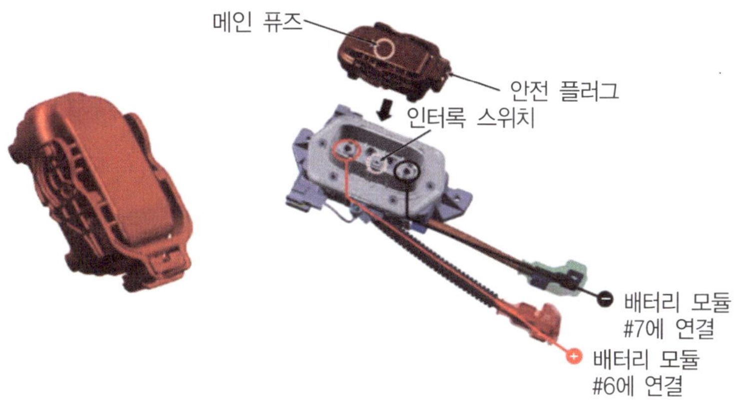

그림 4-22 기아, 소울 EV 안전 플러그 구성

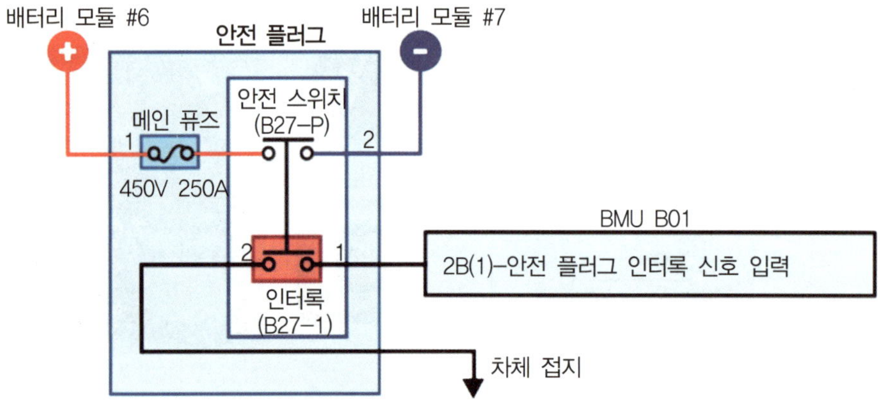

그림 4-23 안전 플러그 회로도

참고

① BoL(Beginning of Life) : 10000km 주행 시점에 배터리 상태를 나타내주는 것
② EoL(End of Life) : 차량의 사용 환경 및 조건을 더 이상 만족하지 못하는 상황에 도달한 배터리 상태
③ SoC(State of Charge) : 배터리팩의 만충전 용량 대비, 배터리 사용가능 에너지의 백분율
④ 정격 용량 : BoL 상태의 배터리를 상온 상태에서 만충전 후 정격 1C(= 배터리 방전량)로 방전 전압까지 방전할 시의 전하량

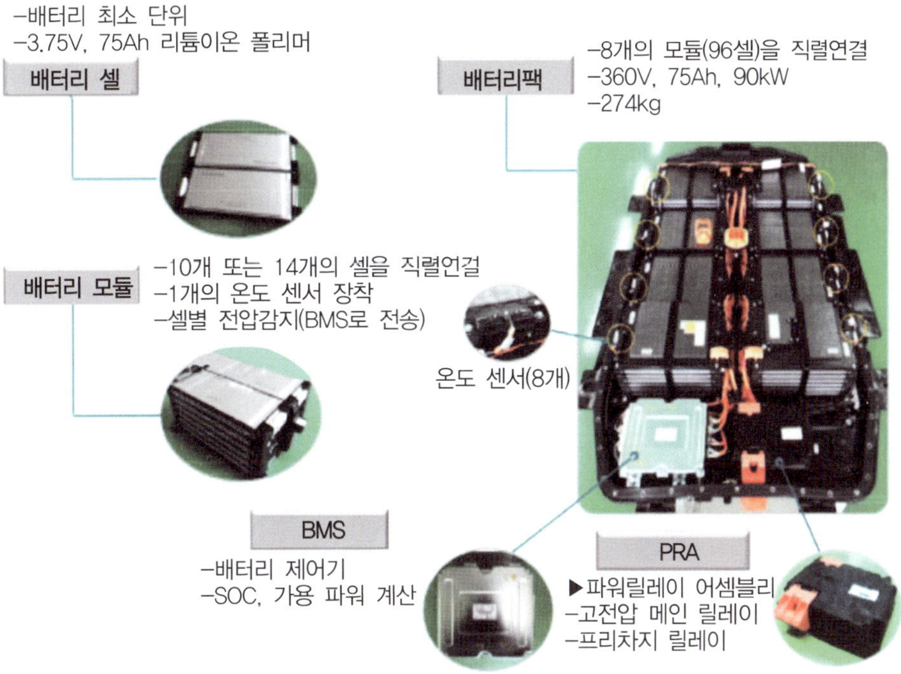

그림 4-24 배터리 모듈 실제 구성

3.2.2. 고전압 안전 플러그 관련 유의사항

엔진룸 내부에 위치한 고전압 안전 플러그는 절대로 만지지 말아야 한다. 고전압 안전 플러그는 차량을 수리할 경우 서비스 센터에서 배터리 고전압을 차단하기 위한 장치이다. 함부로 취급할 경우 감전으로 인하여 사망하거나 다칠 수 있으므로 고전압 안전 플러그는 반드시 지정된 인가자만 분리해야 한다. 긴급 상황 시 배터리의 고전압을 차단하기 위해서 서비스 인터록 커넥터를 탈거하거나 선을 절단해야 한다.

참고

응급상황 이외 임의로 서비스 인터록 커넥터를 분리하거나 선을 자르지 말아야 한다. 시동이 걸리지 않는 등 차량에 심각한 문제가 발생할 수 있다.

3.2.3. 서비스 인터록 커넥터

서비스 인터록 커넥터는 서비스센터나 서비스협력사에서 차량을 수리할 때 배터리 고전압을 차단하기 위한 장치로, 모터룸 내부에 위치하고 있다. 후드를 열고, 고전압배터리 보호 커버를 제거한 뒤, 프런트 트렁크 측면의 서비스 인터록 커넥터에 접근해야 한다.

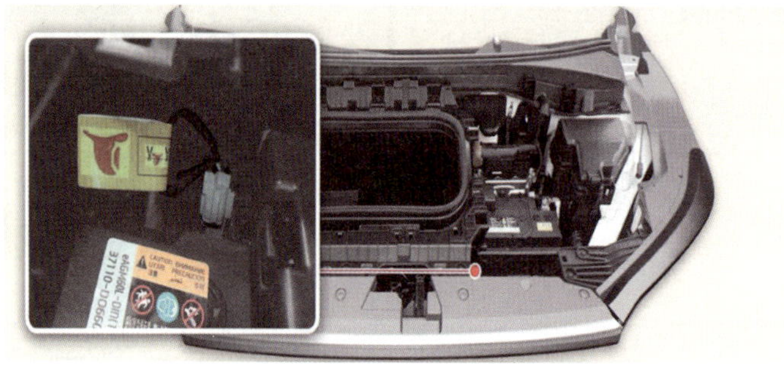

그림 4-25 서비스 인터록 커넥터

경고

① 서비스 인터록 커넥터를 만지지 말아야 한다. 감전 등의 사고로 인해 심각한 부상이나 인명피해가 발생할 수 있다.
② 서비스 인터록 커넥터의 점검 및 정비가 필요한 경우 반드시 서비스센터나 서비스협력사에 문의해야 한다.
③ 피할 수 없는 상황이 아니라면 임의로 서비스 인터록 커넥터를 분리하거나 선을 자르지 말아야 한다. 시동이 걸리지 않는 등 차량에 심각한 문제가 발생할 수 있다.

3.3 고전압 시스템 차단 및 측정방법

3.3.1. 고전압 차단방법

① 점화장치의 IG 스위치를 눌러 OFF시킨다.

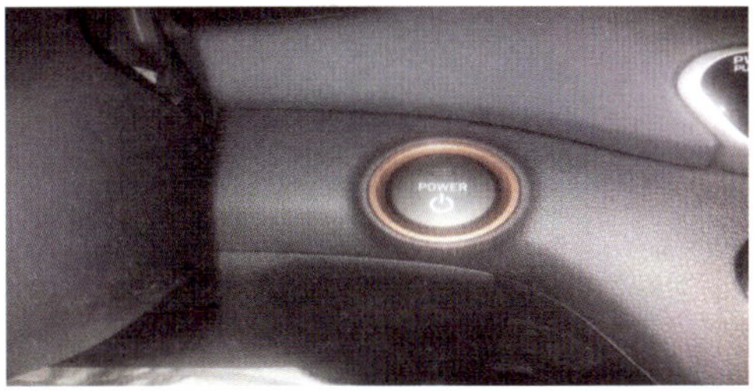

그림 4-26 IG 스위치 OFF

② 시스템이 OFF되었는지 디스플레이를 확인하고 만약의 사태에 대비하여 스마트키는 5미터 이상 이격시킨다.

③ 12V 배터리 (–)터미널을 탈거한다.

경고

고전압 차단에 앞서 자동차의 전기를 공급하고 작동할 수 있도록 하는 전원공급은 저전압 배터리, 즉 12V에 의해 제어되어 있음을 알아야 한다. 즉, 고전압을 인가시키기 위한 장치는 저전압에 의해 작동되므로 가장 먼저 저전압의 (–)터미널을 탈거한 후 고전압의 안전 플러그를 탈거한다. 12V 배터리를 분리한 후 5분에서 15분 동안 작업을 금지한다. 고전압이 완전히 차단되었는지 멀티테스터기를 이용하여 고전압 차단 여부를 확인한다. 12V 배터리를 분리한 후 콘덴서 등에 축적된 전하의 방전에 약 5분 정도 소요된다. 고전압 차단 직후는 단락에 의한 발화, 발연, 파열 및 감전 등의 위험이 있다.

④ 12V 배터리 (+)터미널을 탈거한다.

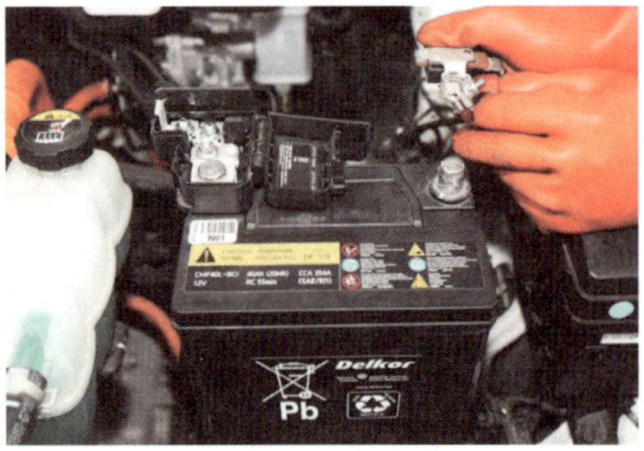

(a) (–)터미널 탈거

(b) (+)터미널 탈거

그림 4-27 배터리 (–), (+)터미널 탈거

⑤ 전기자동차의 경우 초기에 제작된 차량의 경우 안전 플러그(배터리)만 장착된 경우와 전기자동차의 고전압 차단의 안전성을 고려하여 안전 플러그와 서비스 플러그(인터록)를 혼용하여 사용되는 경우와 서비스 플러그(인터록) 장치만 설치하는 경우 등 제작사마다 상이하므로 제작사 매뉴얼을 참고해야 한다.

아이오닉 EV	코나 EV (OS EV)	포터 EV (HR EV)	아이오닉5 (NE)	G80 (RG3 EV)
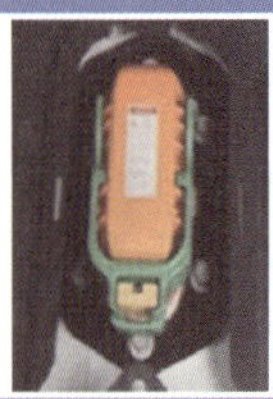	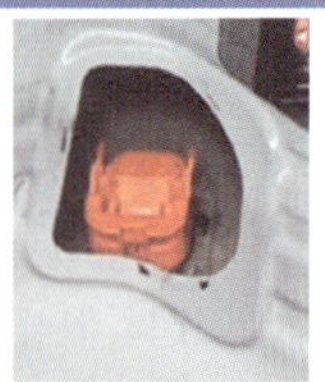	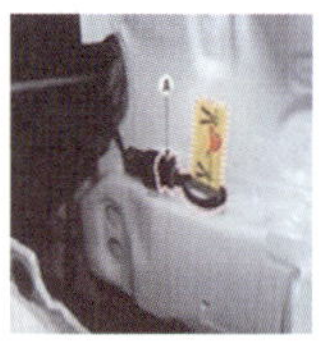		
트렁크 커버 하단에 위치	2열 시트 하단에 위치	없음(서비스 인터록 커넥터 적용)	없음(서비스 인터록 커넥터 적용)	없음(서비스 인터록 커넥터 적용)

그림 4-28 차종별 서비스 인터록 커넥터

OS/DE EV	스파크 EV	Model S	말리브 HEV	어코드 HEV
				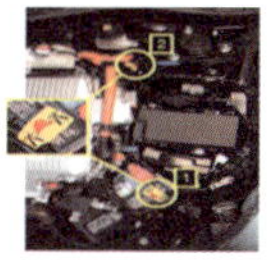

그림 4-29 서비스 인터록 커넥터 외산차 적용 현황

⑥ 안전 플러그(배터리)만 장착된 경우

㉮ 아이오닉의 고전압 시스템은 트렁크 하부에 위치하고 있다. 트렁크 하부의 내장재를 제거한다.

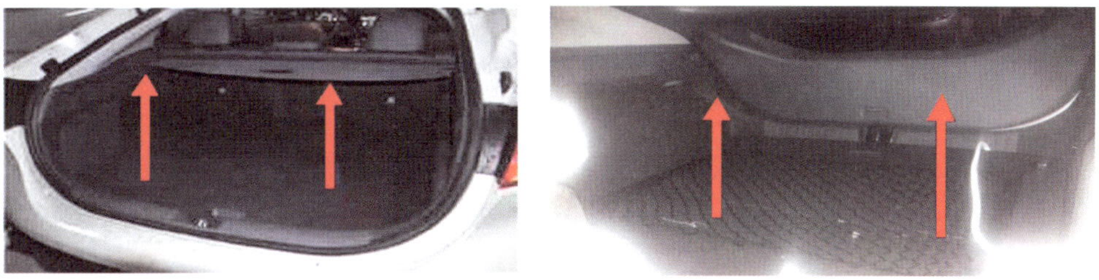

그림 4-30 트렁크 하부의 내장재 제거

㉯ 내장재를 제거하고 안전 플러그 커버를 확인한 후, 화살표 방향으로 안전 플러그 커버를 제거한다.

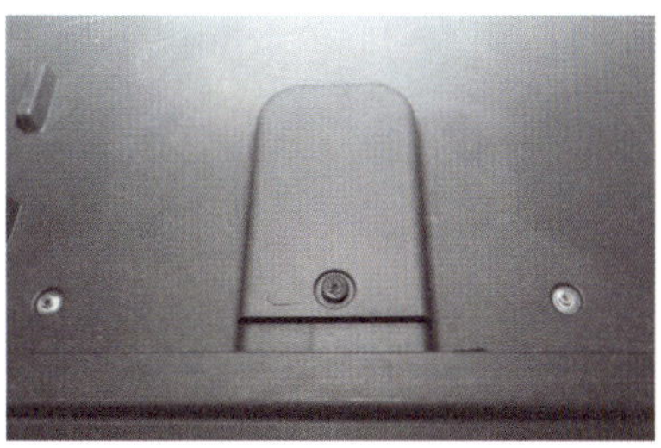

그림 4-31 안전 플러그 커버 제거

㉰ 커버를 제거 후 안전 플러그를 확인한다. 화살표 방향으로 레버를 당겨 안전 플러그를 제거한다. 레버를 당기고 안전 플러그를 완전히 제거한다.

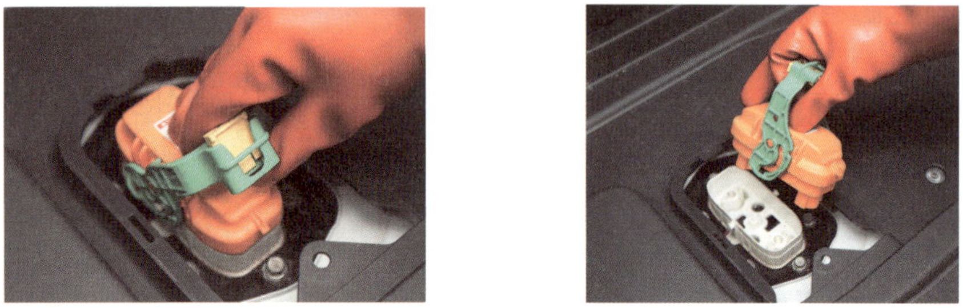

그림 4-32 안전 플러그 제거

㉱ 고전압 시스템 차단 스위치 제거 후 5분 동안 작업을 금지한다. 고전압 시스템 차단 스위치 제거 후 인버터용 콘덴서 등에 축적된 전하의 방전에 약 5분 정도 소요되므로, 고전압 차단 직후는 단락에 의한 발화, 발열, 파열 및 감전 등의 위험이 있다.

⑦ 아이오닉 서비스 인터록 커넥터가 있는 차량은 서비스 인터록 커넥터(A)를 화살표 방향으로 분리한다. 고전압 시스템의 커패시터(콘덴서)가 완전히 방전될 수 있도록 5분 이상 기다린다.

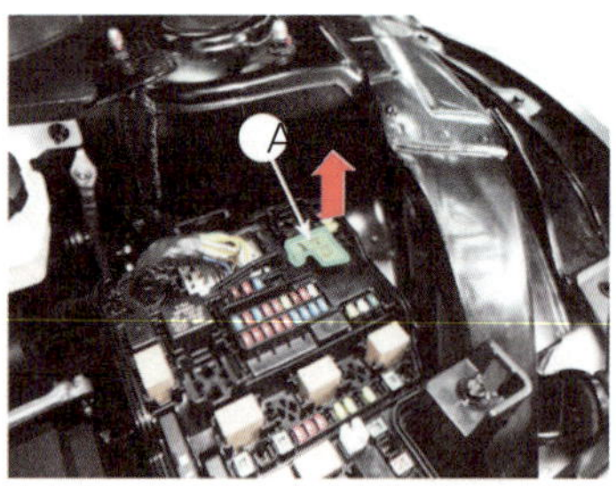

그림 4-33 서비스 인터록 커넥터 분리

참고 인터록 커넥터

인터록이란 특정 조건에서 시스템의 작동을 중단시키는 장치 또는 시스템을 말한다. 전원이 공급되고 있는 상황에서 커넥터를 분리하는 경우에 아크가 발생할 수 있으므로, 커넥터 분리 이전에 신호를 감지하여 전원을 사전에 차단하고, 조립한 후에 전원을 통전시키는 일종의 안전장치이다. 전기자동차(EV, Electric Vehicle)와 같이 고전압을 이용하는 자동차는 상대적으로 높은 전압의 커넥터 요구사항을 가지고 있다. 이러한 고전압으로부터 커넥터 단자를 보호하기 위하여 추가적인 안전기능이 필요하며 배터리, 전선, 어댑터, 컨트롤러의 하위 시스템에 인터록(Interlock)을 적용한다.

⑧ 인버터 단자 사이의 전압을 측정하여 인버터 커패시터가 방전되었는지 확인한다.

참고 전기자동차 고전압을 체크하는 이유

전기자동차의 고전압을 체크하는 이유는 전기자동차가 사고가 발생하거나 고장에 따라 진단 후 고전압 자동차의 고전압에 관련된 부품을 수리하기 위해 부품을 분해할 목적으로 정비를 요구할 경우 정비사의 안전을 도모하기 위함이다. 그리고 화재나 침수 시 소방관의 안전을 도모하기 위하여 고전압 차단 절차에 의해 차단 후 자동차의 고전압이 정상적으로 차단되었는지를 확인하기 위함이다.

㉮ 리프트를 이용하여 차량을 들어올린다.

㉯ 프런트 언더 커버를 탈거한다[4WD].

그림 4-34 리프트로 차량 상승

그림 4-35 프런트 언더 커버 탈거

㉰ 리어 언더 커버를 탈거한다.

㉱ 고전압 커넥터 커버(A)를 탈거한다[4WD](체결토크 : 0.8~1.2kgf・m).

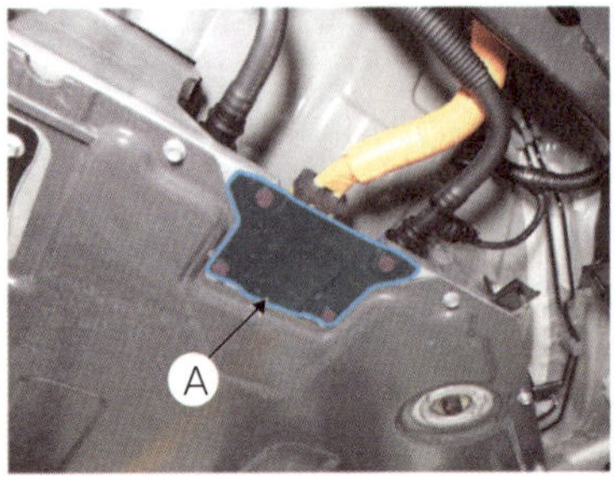

그림 4-36 고전압 커넥터 커버 탈거

㉲ 고전압배터리 프런트 커넥터(A)를 분리한다[4WD].

그림 4-37 고전압배터리 프런트 커넥터(A) 분리

㉳ 고전압배터리 리어 커넥터(A)를 분리한다.

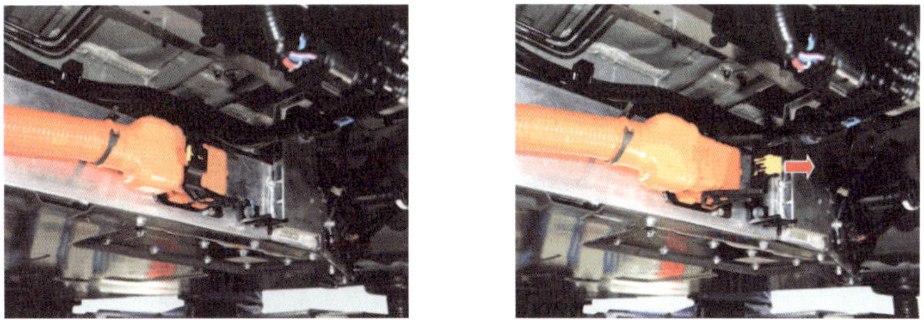

그림 4-38 고전압배터리 리어 커넥터(A) 분리

㉴ 프런트 인버터 단자 사이의 전압을 측정한다(정상 : 30V 이하).

그림 4-39 프런트 인버터 단자 사이 전압 측정

㉵ 리어 인버터 단자 사이의 전압을 측정한다(정상 : 30V 이하).

그림 4-40 리어 인버터 단자 사이 전압 측정

⑨ 배터리시스템 어셈블리의 리어 고전압 커넥터 단자 간 전압을 측정하여 파워 릴레이 어셈블리의 융착 유무를 점검한다(정상 0V).

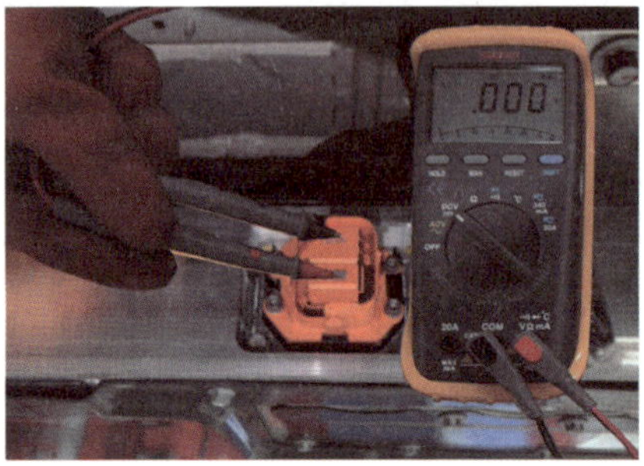

그림 4-41 파워 릴레이 어셈블리 융착 유무 점검

⑩ 전압이 비정상으로 측정된 경우 고전압 차단이 정상적으로 되지 않았을 수 있으므로 메인 퓨즈를 탈거한다.

3.3.2. PRA 끝단의 고전압 측정방법

고전압배터리 내부에서 파워 릴레이 어셈블리(PRA, Power Relay Assembly)를 통해 고전압이 차단되므로 PRA 끝단의 커넥터를 탈거한 후 고전압을 측정하여 30V 이하가 측정되어야 하며, 고전압이 30V 이상이 측정되는 경우는 고전압 차단 절차에 의해 다시 시행하여야 한다. 만일 30V 이상인 경우에는 BMS · PRA 및 배터리 내부의 문제가 발생한 것이므로 각별히 주의하여야 한다.

고전압배터리의 고전압이 PRA를 통과해서 정선블록으로 연결되어 있으므로 고전압배터리와 정선블록 와이어를 분리하여 측정한다. 측정 시 고전압배터리 방향에서 측정한 값은 고전압배터리의 전압을 알 수 있다. 멀티테스터기를 활용하여 고전압배터리 및 BMS 내부에 위치한 PRA 끝단의 고전압 케이블을 분리하여 PRA 끝단의 +, −단자의 전압을 측정하여 고전압이 측정되는지를 확인한다. 고전압이 측정되지 않으면 고전압이 PRA에 의해 이상 없이 차단된 경우이며, 고전압이 측정되는 경우는 PRA 부품에 이상이 발생되었으므로 고전압이 흐르고 있으므로 고전압 안전 장비를 반드시 착용하고 안전하게 작업을 진행하여야 한다. PRA 끝단의 반대편인 정션블록으로 연결된 고전압 케이블은 EPCU 내부에 위치한 커패시터(콘덴서) 전압을 측정하는 것으로 전압이 30V 이하로 측정되면 커패시터 전압이 자연방전되었으므로 고전압에 관련된 정비를 실시하여도 된다. 고전압이 30V 이상이 측정되는 경우는 작업을 멈추고 일정한 시간이 지난 후 재측정하면 된다.

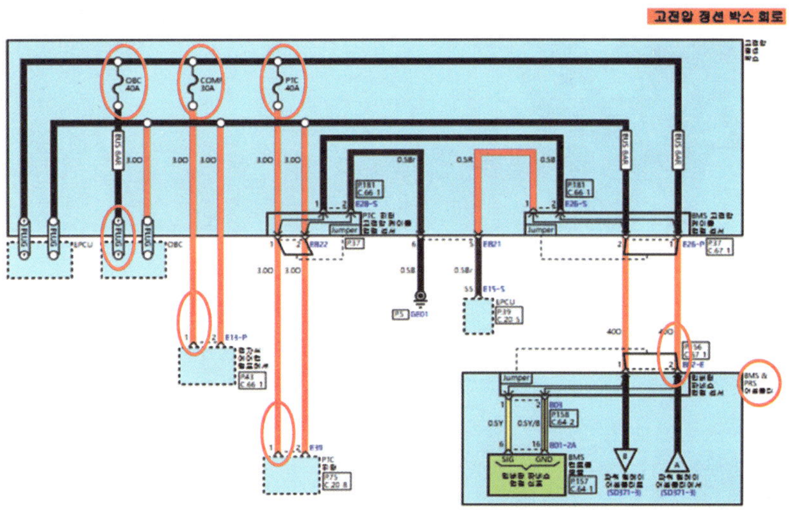

그림 4-42 고전압 인가 회로도

(a) PRA 끝단 배터리 전압 측정

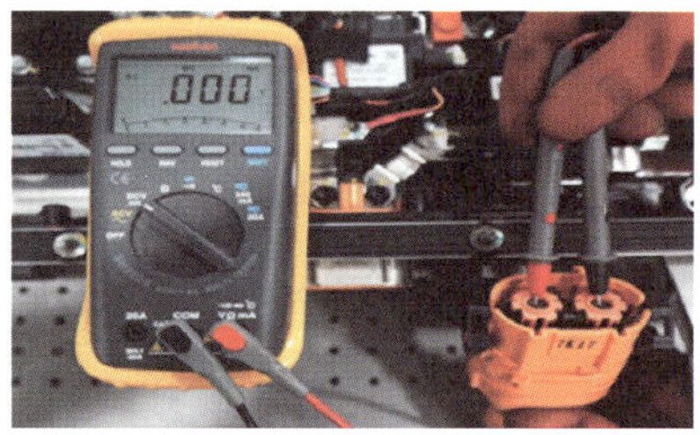

(b) 커패시터 전압 측정

그림 4-43 PRA 끝단의 고전압 측정방법(아이오닉 2020년 이후/코나)

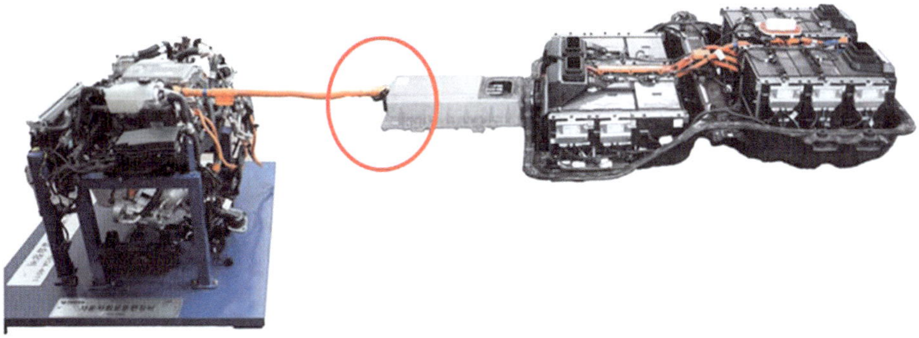

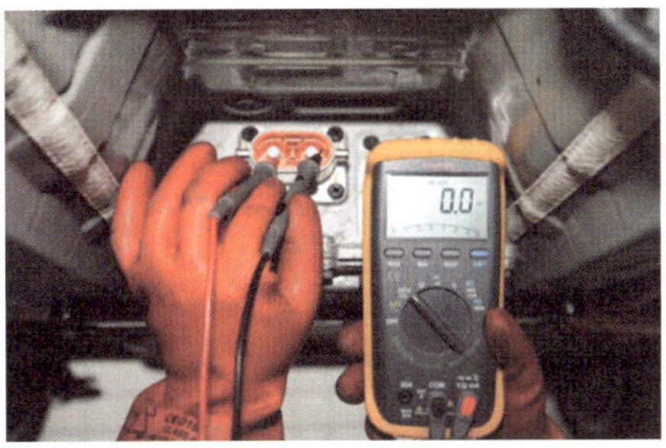

(a) 고전압배터리 전압 측정

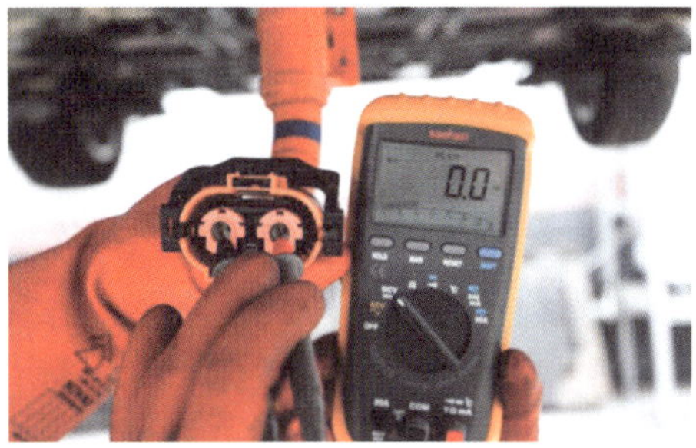

(b) 커패시터 전압 측정

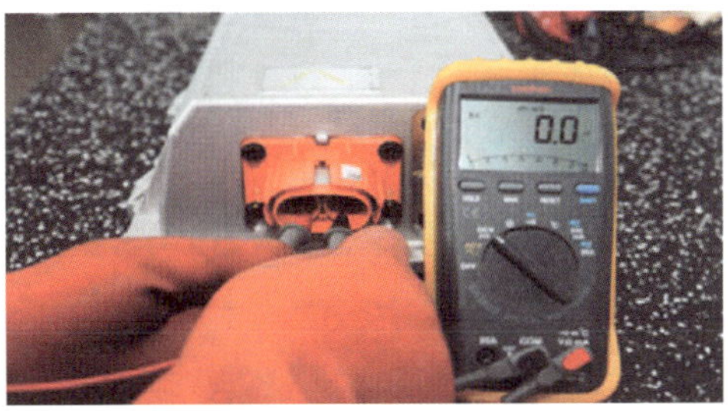

(c) PRA 끝단 고전압배터리 전압 측정

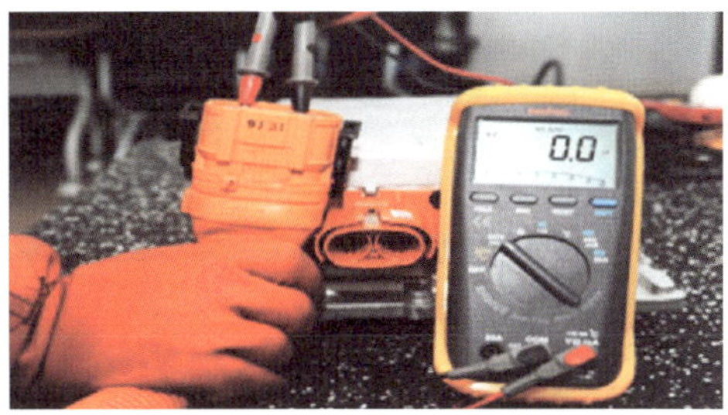

(d) 커패시터 전압

그림 4-44 PRA 끝단의 고전압 측정방법(아이오닉 2020년 이전)

3.3.3. 차량을 리프팅하기 어려운 경우 측정방법

PRA 끝단에서 고전압 및 커패시터 전압을 측정하는 것을 가장 기본적으로 사용하고 있으며, 이러한 경우는 자동차를 리프팅해야 하는 문제점을 가지고 있다. 자동차를 리프팅하기 어려운 상황에서는 고전압 케이블과 정선블록 사이의 연결부분에서 측정할 수 있다. 이러한 경우는 PRA의 끝단부에서 고전압 정선블록으로 연결된 케이블의 손상이나 커넥터가 분리되어 정확하게 측정이 어려운 부분이 있으므로 필히 차량이 리프팅된 후는 PRA 끝단부에서 전압을 체크해야 한다.

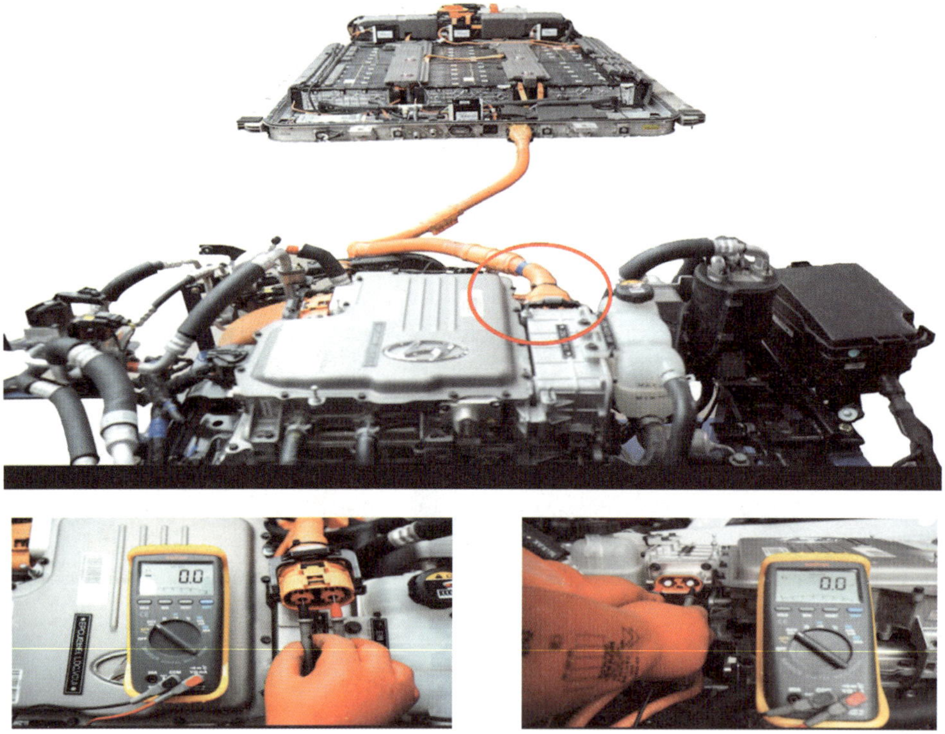

(a) 정선블록 위치에서 배터리 전압 측정　　(b) 정선블록 위치에서 커패시터 전압 측정

그림 4-45 차량을 리프팅하기 어려운 경우 측정방법(아이오닉 2020년 이후/코나)

(a) 정선블록 위치에서 배터리 전압 측정　　(b) 정선블록 위치에서 커패시터 전압 측정

그림 4-46 차량을 리프팅하기 어려운 경우 측정방법(아이오닉 2020년 이전)

고전압 정선블록과 고전압 케이블의 연결 부분에서도 측정이 어려운 경우 정선블록의 회로도를 살펴보면 정선블록으로 연결되는 +, −고전압 단자는 퓨즈를 통과한 후 고전압이 인가되는(A/C컴프레서, PTC, OBC, EPCU) 버스 바로 연결되어 있음을 알 수 있다. 이는 고전압이 인가되고 있는 커넥터 부분에서 고전압이 인가되고 있는지를 알 수 있으며, 고전압이 30V 이하가 측정되었으면 커패시터 전압까지도 자연방전되었음을 알 수 있다. 하지만 고전압 커넥터 및 고전압 케이블 연결 상태 및 단선이 이루어지지 않은 경우를 전제로 하므로 작업 전 마지막으로 고전압배터리 PRA 끝단에서 확인해야만 안전한 작업을 할 수 있다.

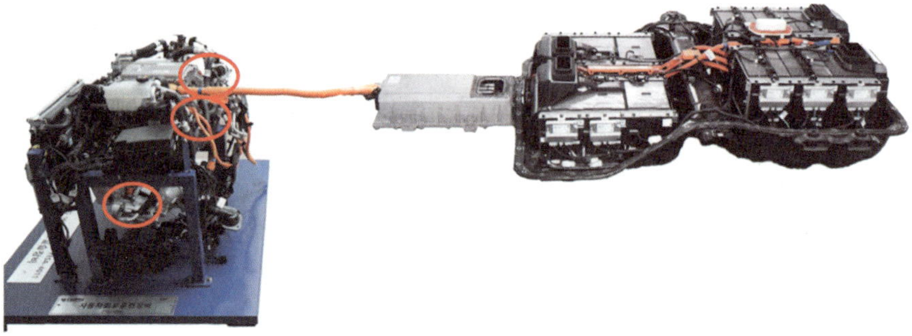

(a) EPCU 연결부위

(b) PTC 연결부위

(c) 에어컨 컴프레서 연결부위

그림 4-47 고전압 정션블록과 고전압 케이블의 연결 부분에서도 측정이 어려운 경우

고전압 측정 시 배터리에서 인가되는 전압만 측정하면 되지 않을까 하는 의문이 생기는데, EPCU 내부에 회로보호를 위해 커패시터가 장착되기 때문에 이러한 커패시터 때문에 커패시터 전압도 측정하여야 된다.

3.4 고전압배터리 탈 · 부착

국내(현대, 기아) 전기자동차의 경우 전용 플랫폼 개발이 2020년 이후 전기자동차에 적용되어, 2020년 이전의 전기자동차는 기존의 플랫폼에 전기자동차 구성을 조합해서 사용되었다. 2020년 이후부터는 전기자동차 전용 플랫폼을 적용하여 생산됨으로써 구성 부품의 위치에 변화가 생겼다(아이오닉은 2020년 이후 변경, 코나는 변경 플랫폼을 사용).

3.4.1. 아이오닉(2020년 이전)

① 고전압 차단 절차를 수행한다.

② 차체를 안전하고 편한 자세로 작업을 할 수 있도록 지주식 리프트로 들어 올린다.

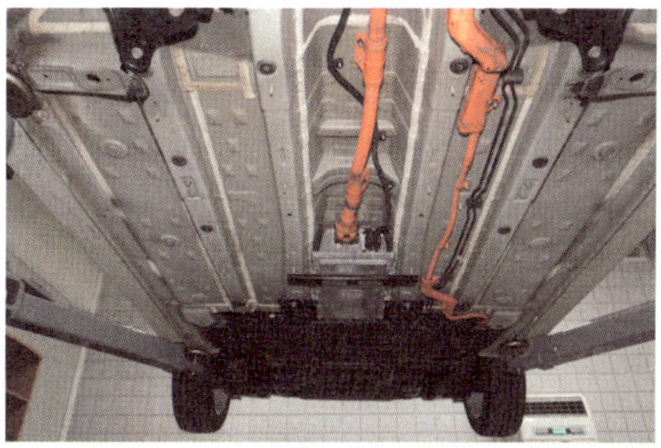

그림 4-48 차체 상승

③ 아이오닉 2020년 이전 차량은 배터리를 하체부품으로 지지하고 있으므로 배터리를 탈거하기 전에 하체부품을 탈거하고 작업을 진행해야 한다. 하체부품을 확인하고 하체 작업을 통해 후륜 축을 탈거한다. 하체부품 제거는 전용공구를 이용하여 작업한다.

그림 4-49 하체부품 탈거

④ 모터 룸에서 모터와 연결된 고전압 케이블을 제거한다. 레버를 화살표 방향으로 당겨 제거한다.

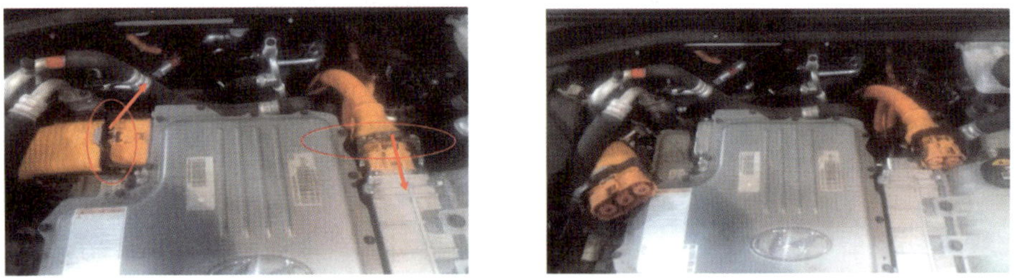

그림 4-50 모터와 연결된 고전압 케이블 제거

⑤ 후면부의 커넥터를 제거한다. 제거 시 안전장비를 반드시 착용하고 작업한다.

⑥ 전면부의 커넥터를 제거한다. 제거 시 안전장비를 반드시 착용하고 작업한다.

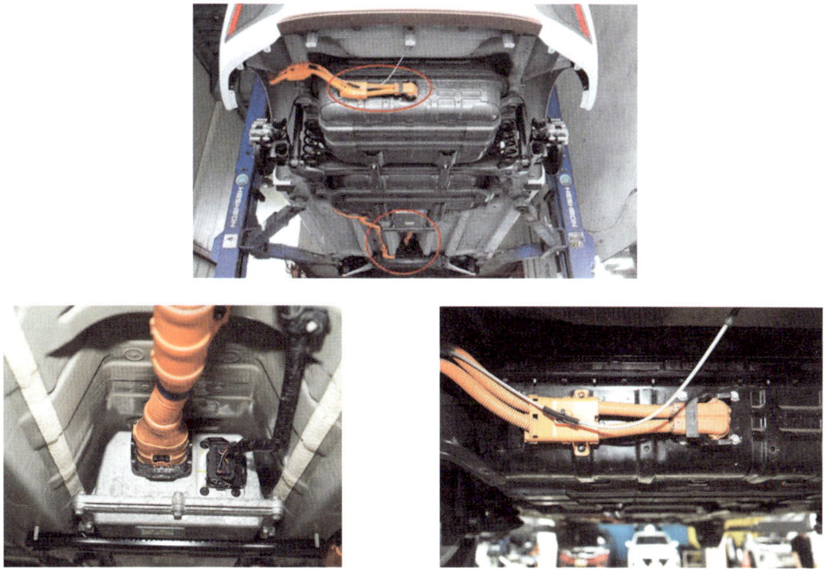

그림 4-51 후면부, 전면부 커넥터 제거

⑦ 배터리를 탈거한다. 아이오닉 배터리는 고정 바에 의해 차체와 연결되어 있으므로 리프트를 이용해 차량을 올린 이후 거치 부위를 탈거한다.

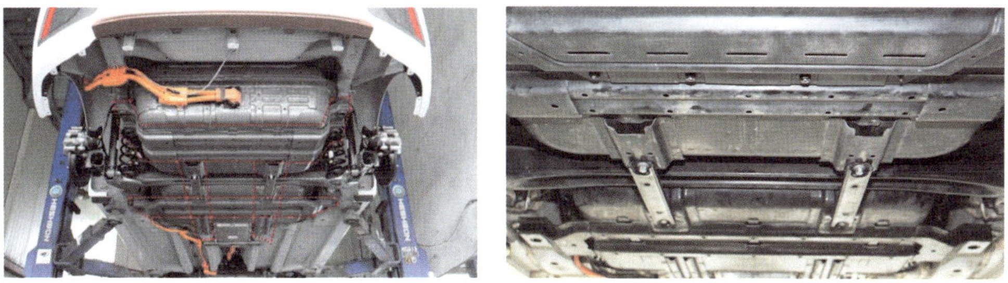

그림 4-52 거치 부위 탈거

⑧ 배터리 거치용 잭(Jack)을 설치하고 배터리를 안전하게 분리한다. 배터리 본체는 약 300kg의 무게가 있기 때문에 반드시 2인 이상이 작업을 실시한다. 낙하할 경우 신체에 심각한 부상 위험이 있다.

그림 4-53 배터리 거치용 잭 설치

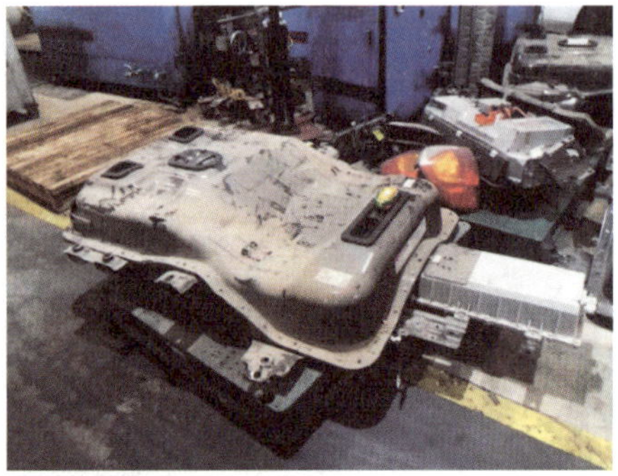

그림 4-54 탈거된 배터리

⑨ 탈거한 고전압배터리 시스템 어셈블리는 부품 손상을 방지하기 위해 평평한 바닥, 매트 위에 내려놓는다.

⑩ 장착은 탈거의 역순으로 진행한다.

3.4.2. 아이오닉5(NE EV)

① 고전압 차단 절차를 수행한다.

② 프런트 언더 커버를 탈거한다.

③ 리어 언더 커버를 탈거한다.

④ 배터리 냉각수를 배출한다.

⑤ 고전압 커넥터 커버를 탈거한다(체결토크 : 0.8~1.2kgf・m).

⑥ 고전압배터리 프런트 커넥터를 분리한다.

⑦ 고전압배터리 리어 커넥터를 분리한다.

⑧ ICCU(Intergrated Charging Control Unit, 통합 충전제어장치) 고전압 커넥터를 분리한다.

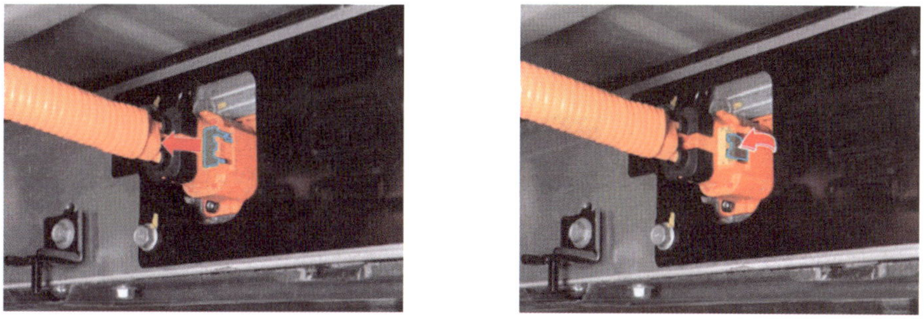

그림 4-55 ICCU 고전압 커넥터 분리

⑨ BMU 연결 커넥터를 분리한다.

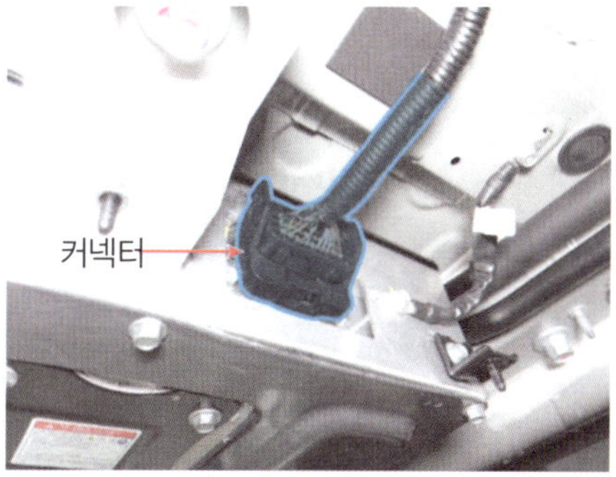

그림 4-56 BMU 연결 커넥터 분리

⑩ 볼트를 푼 후 접지를 탈거한다(체결 토크 : 0.8~1.2kgf · m).

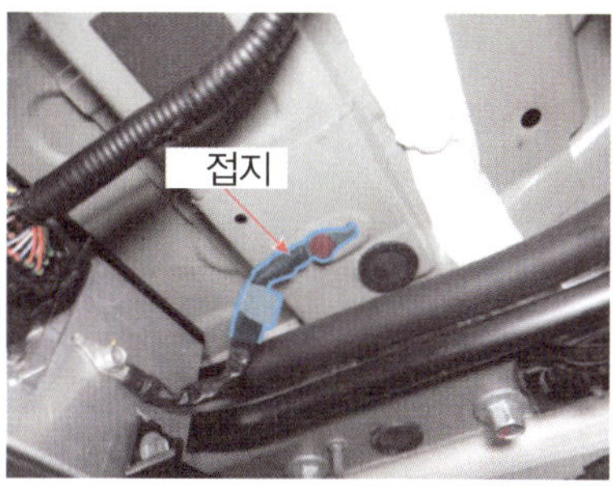

그림 4-57 접지 탈거

⑪ 냉각수 인렛 호스와 냉각수 아웃렛 호스(B)를 분리한다.

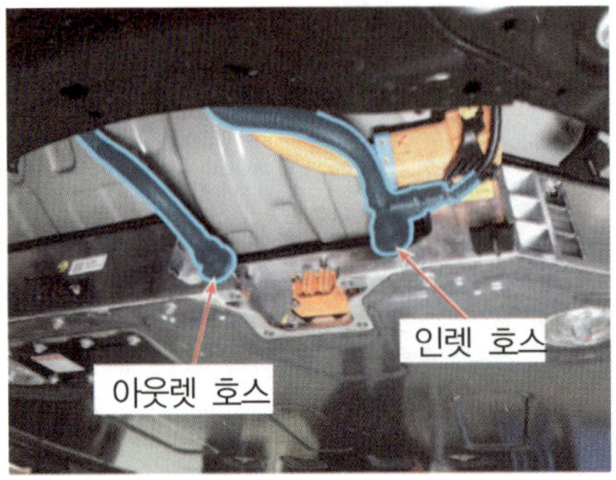

그림 4-58 냉각수 호스 분리

⑫ 배터리시스템 어셈블리 안에 있는 잔여 냉각수를 특수공구를 이용하여 배출한다.

㉮ 냉각수 인렛에 냉각수 라인 피팅[IN]을, 냉각수 아웃렛에 냉각수 라인 피팅[OUT]을 설치한다.

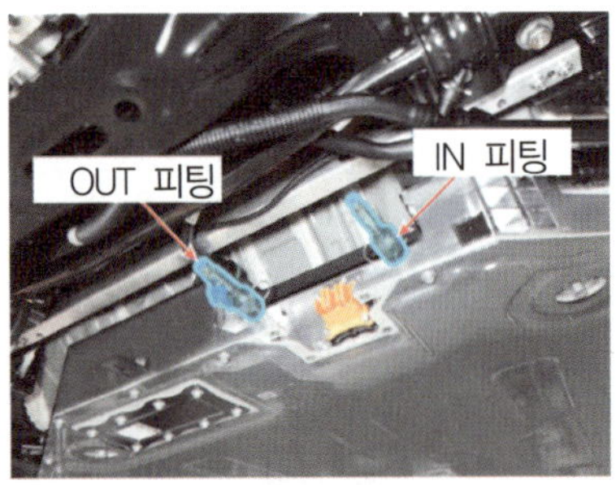

그림 4-59 냉각수 라인 피팅 설치

㉯ 에어호스를 압력 게이지에 연결한다. 호스의 조립방법은 원터치 피팅 타입이며, 호스를 탈거 시에는 릴리즈 슬리브를 반드시 화살표 방향으로 밀어서 탈거한다.

그림 4-60 에어호스를 압력 게이지에 연결

㉰ 에어 브리딩 툴 밸브를 닫는다.

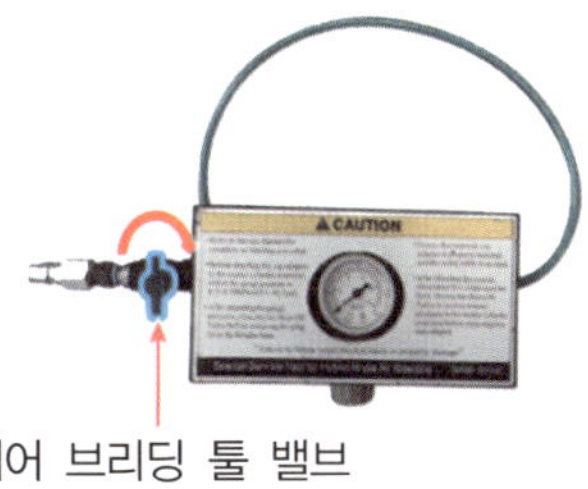

그림 4-61 에어 브리딩 툴 밸브 닫음

㉱ 압력 게이지를 에어 브리딩 툴에 연결한다.

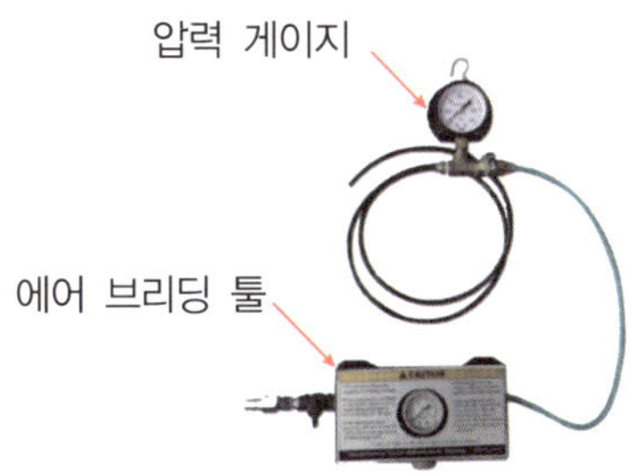

그림 4-62 압력 게이지 에어 브리딩 툴에 연결

㉮ 에어 브리딩 툴은 에어 공급 라인과 연결 전에 밸브를 항상 왼쪽으로 돌려서 닫는다.

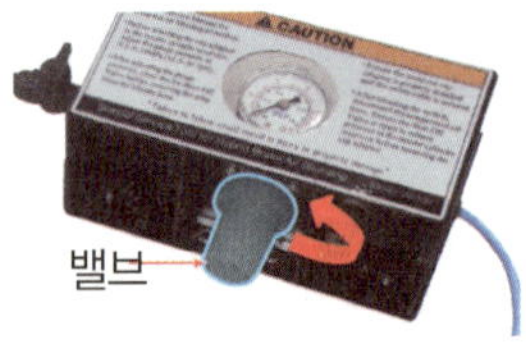

그림 4-63 밸브 닫음

㉯ 에어 브리딩 툴에 에어 공급 라인을 연결 후 밸브를 연다.

그림 4-64 밸브 개방

㉰ 기밀 플러그를 에어호스에 장착한다.

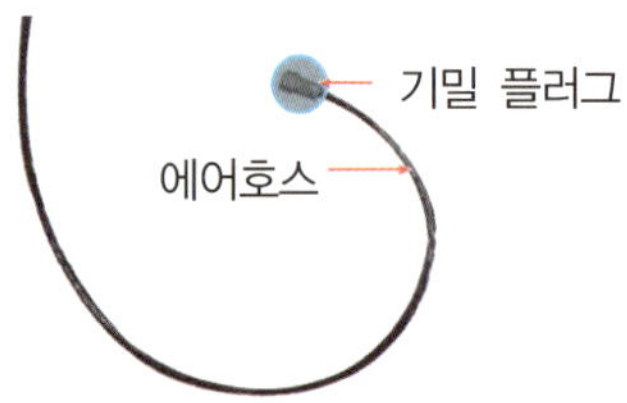

그림 4-65 기밀 플러그 에어호스에 장착

㉱ 에어 브리딩 툴 밸브, 압력 게이지 밸브를 오른쪽으로 회전시켜 압력 게이지의 눈금 0.21Mpa(2.1Bar)를 맞춘다. 게이지의 눈금이 0.21Mpa(2.1Bar)가 넘을 경우 압력을 해제한 후 다시 게이지 눈금 0.21Mpa(2.1Bar)를 맞춘다.

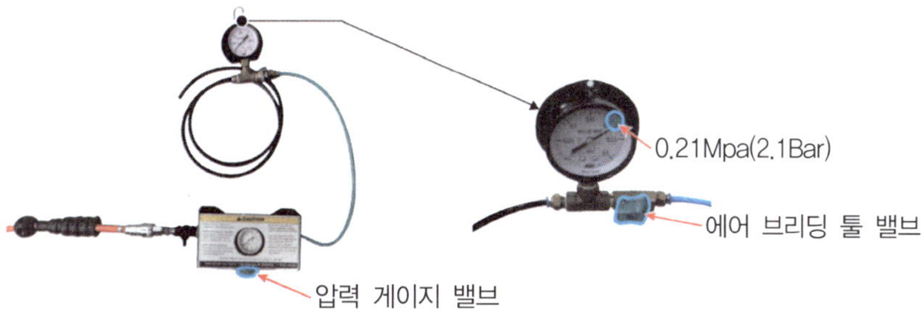

그림 4-66 압력 설정

㉶ 냉각수 인렛에 연결된 냉각수로 피팅[IN]에 에어호스를 연결하고, 냉각수 아웃렛에 연결된 냉각수로 피팅[OUT]에 에어호스를 연결한다.

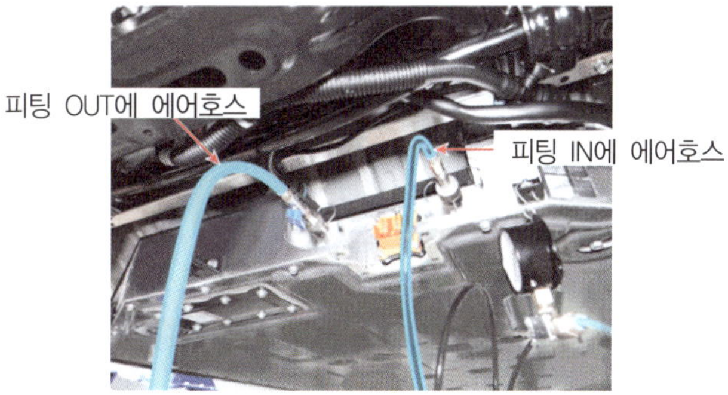

그림 4-67 냉각수로 피팅에 에어호스 연결

㉮ 에어호스를 냉각수를 받을 빈 통에 넣는다.

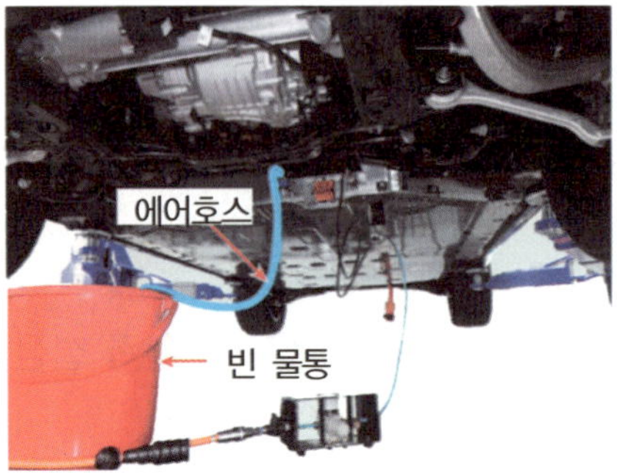

그림 4-68 빈 냉각수통 준비

㉯ 압력 게이지 밸브를 오른쪽으로 돌려서 연다. 냉각수 배출 시 압력은 최대 0.21Mpa(2.1Bar)를 넘지 않도록 주의한다.

그림 4-69 압력 게이지 밸브 개방

㉰ 에어 브리딩 툴 밸브를 오른쪽으로 천천히 열어 냉각수를 배출한다.

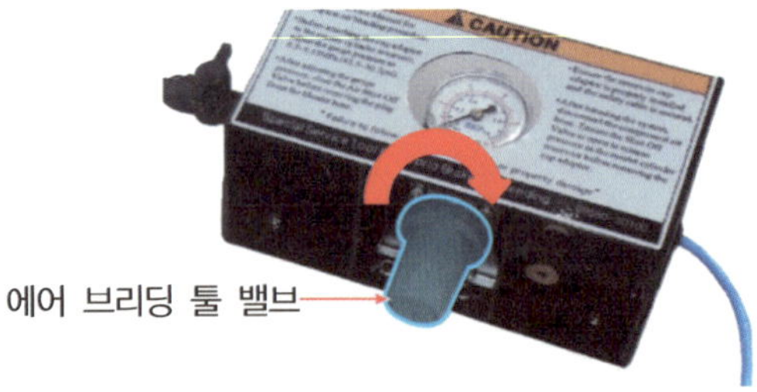

그림 4-70 냉각수 배출

⑬ 고전압배터리 시스템 어셈블리 중앙부 고정 볼트를 푼다(체결 토크 : 7.0~9.0kgf·m). 배터리시스템 어셈블리 고정 볼트를 재사용하지 않는다.

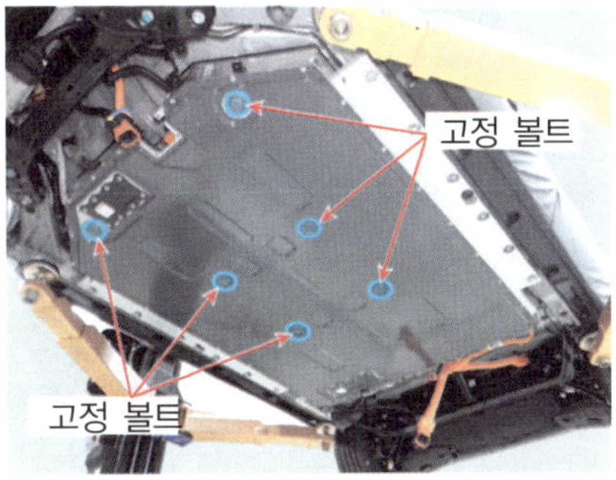

그림 4-71 고전압배터리 시스템 어셈블리 중앙부 고정 볼트 탈거

⑭ 고전압배터리 시스템 어셈블리에 플로워 잭을 받친다.

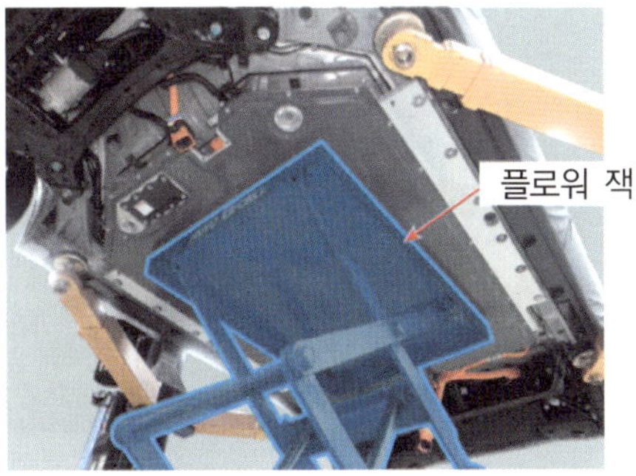

그림 4-72 플로워 잭 설치

⑮ 고전압배터리 시스템 어셈블리 사이드 고정 볼트를 탈거한다(체결 토크 : 12.0~14.0kgf · m).

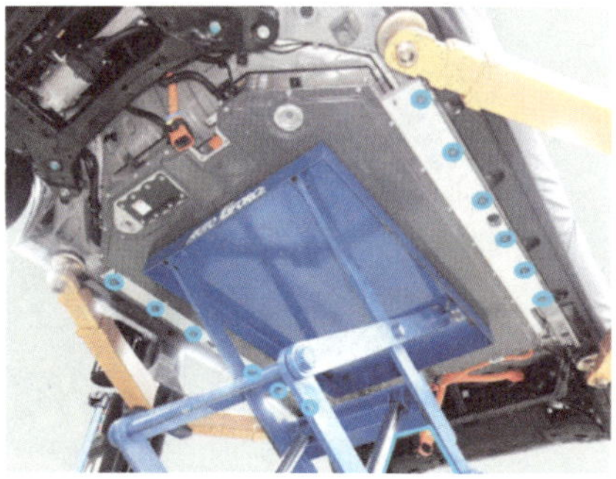

그림 4-73 사이드 고정 볼트 탈거

⑯ 고전압배터리 시스템 어셈블리를 차량으로부터 탈거한다.

⑰ 특수공구와 크레인 자키를 이용하여 고전압배터리 시스템 어셈블리를 이송한다.

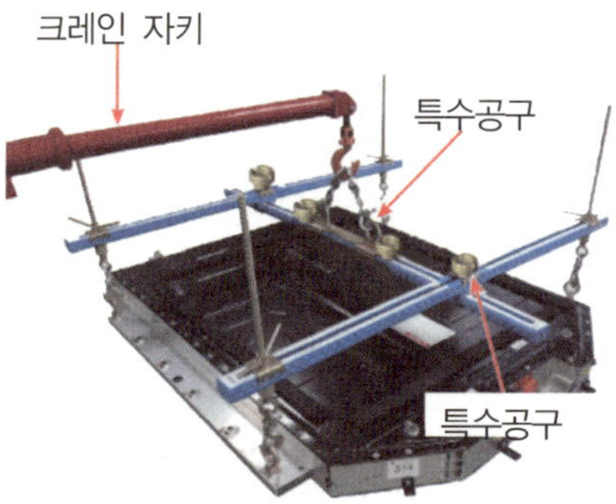

그림 4-74 고전압배터리 시스템 어셈블리 이송

⑱ 탈거한 고전압배터리 시스템 어셈블리는 부품 손상을 방지하기 위해 평평한 바닥, 매트 위에 내려놓는다.

⑲ 장착은 탈거의 역순으로 진행한다.

⑳ 냉각수를 채우고 누수를 확인한다.

㉑ 진단기기를 사용하여 SOC 보정 기능을 수행한다.

3.4.3. 고전압배터리 시스템 탈 · 부착

그림 4-75 모듈 번호

[1] 상부 케이스 탈 · 부착

① 고전압 차단 절차를 수행한다.

② 고전압배터리 시스템 어셈블리(BSA, Battery System Assembly)를 탈거한다.

③ 배터리시스템 어셈블리 상부 케이스 장착볼트를 탈거한다(체결 토크 : 10.6~15.8kgf · m). 상부 케이스 장착볼트 및 너트는 신품으로 교체한다.

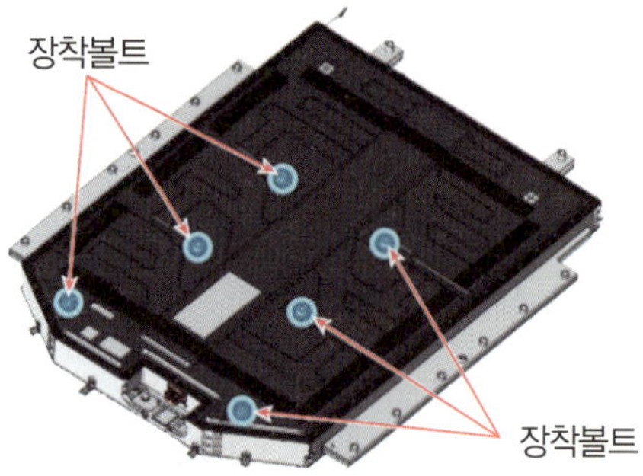

그림 4-76 상부 케이스 장착볼트 탈거

④ 볼트와 너트를 푼 후 고전압배터리 수밀 보강 브래킷을 탈거한다(체결 토크 : 1단계 – 0.9kgf・m, 2단계 – 1.1kgf・m).

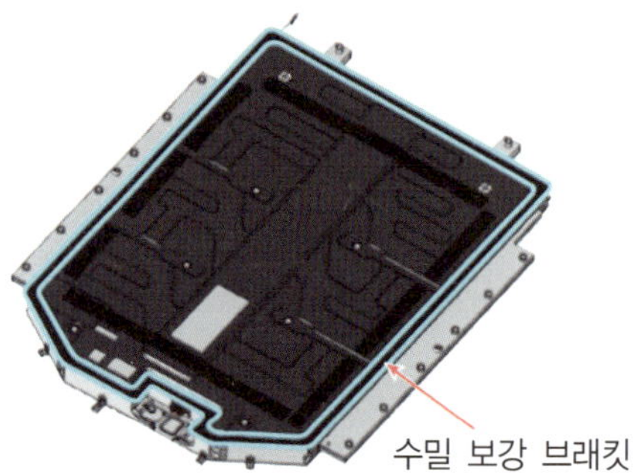

그림 4-77 수밀 보강 브래킷 탈거

⑤ 배터리시스템 어셈블리 상부 케이스를 탈거한다. 케이스 변형 방지를 위해서 반드시 2인 이상 작업을 하고, 상부 케이스 이동 시 비대칭으로 들거나 하중을 순간적으로 강하게 가하면 변형이 생길 수 있으므로, 종 방향보다 횡 방향으로 들어서 이동을 한다.

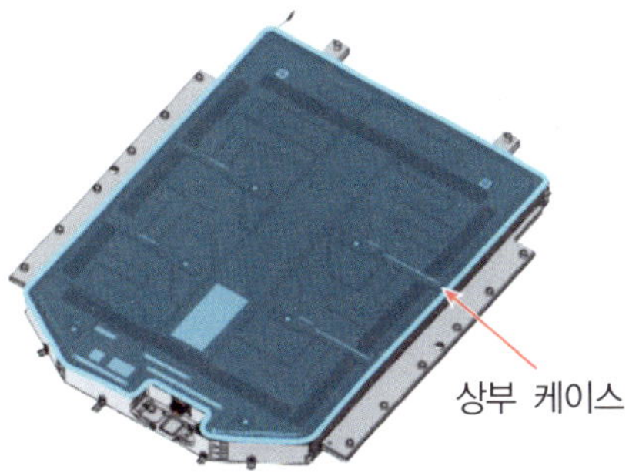

그림 4-78 상부 케이스 탈거

⑥ 장착은 탈거의 역순으로 진행한다.

⑦ 배터리시스템 어셈블리 기밀 테스트를 수행한다.

[2] 서브 배터리팩 어셈블리(Sub-BPA) 탈·부착

(1) 탈착

① 고전압 차단 절차를 수행한다.

② 고전압배터리 시스템 어셈블리(BSA, Battery System Assembly)를 탈거한다.

③ 고전압배터리 시스템 어셈블리(BSA) 상부 케이스를 탈거한다.

④ 버스바를 탈거한다(체결 토크 : 0.8~1.2kgf·m).

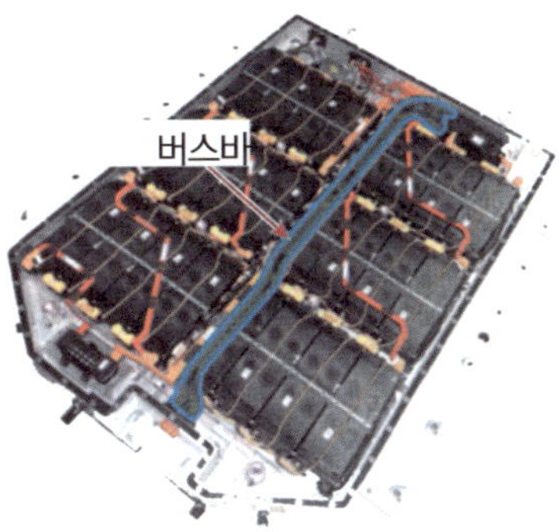

그림 4-79 버스바 탈거(1)

⑤ 볼트와 너트를 제거한 후 버스바를 탈거한다(체결 토크 : 0.8~1.2kgf · m).

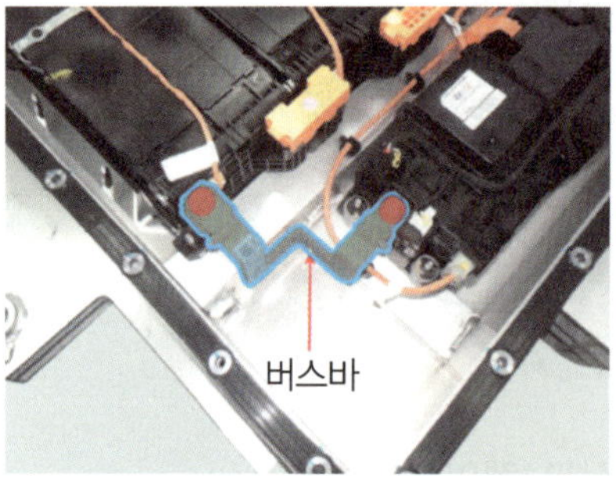

그림 4-80 버스바 탈거(2)

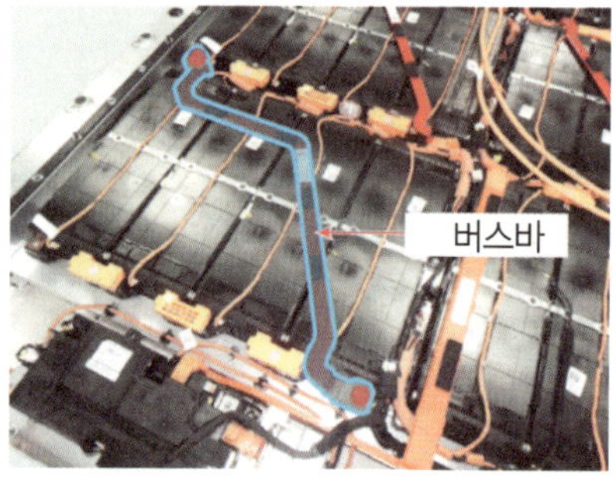

그림 4-81 버스바 탈거(3)

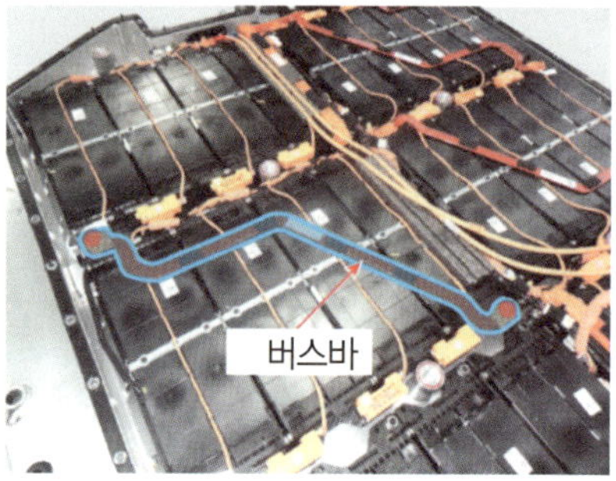

그림 4-82 버스바 탈거(4)

⑥ 배터리 모듈 온도 센서 커넥터를 분리한다.

⑦ 배터리 모듈 전압 센싱 와이어링 하네스를 분리한다.

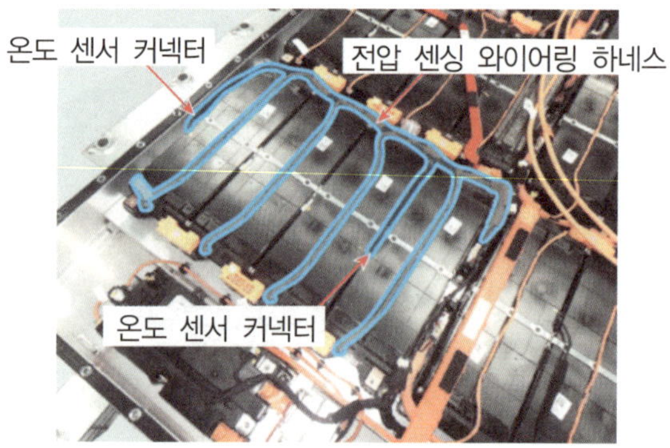

그림 4-83 온도센서 커넥터 및 전압 센싱 와이어링 하네스 분리

⑧ 볼트를 푼 후 버스바를 탈거한다(체결 토크 : 0.8~1.2kgf · m).

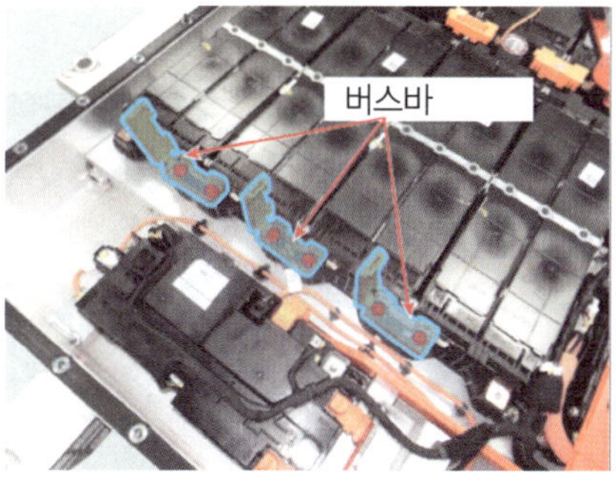

그림 4-84 버스바 탈거(5)

⑨ 볼트를 푼 후 보강판을 탈거한다(체결 토크 : 0.8~1.2kgf · m).

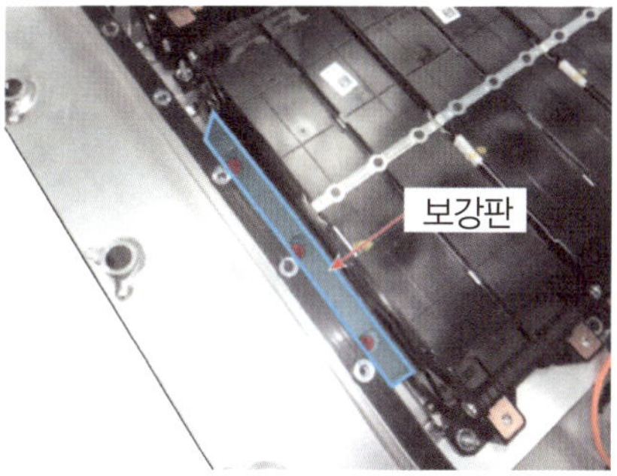

그림 4-85 보강판 탈거

⑩ 서브 배터리팩 어셈블리 고정 볼트와 너트를 탈거한다(체결 토크 : 0.8~1.2kgf · m). 서브 배터리팩 어셈블리 고정 볼트 및 너트는 신품으로 교체한다.

그림 4-86 서브 배터리팩 어셈블리 고정 볼트와 너트 탈거

⑪ 배터리 모듈 행어를 서브 배터리팩 어셈블리에 장착한다.

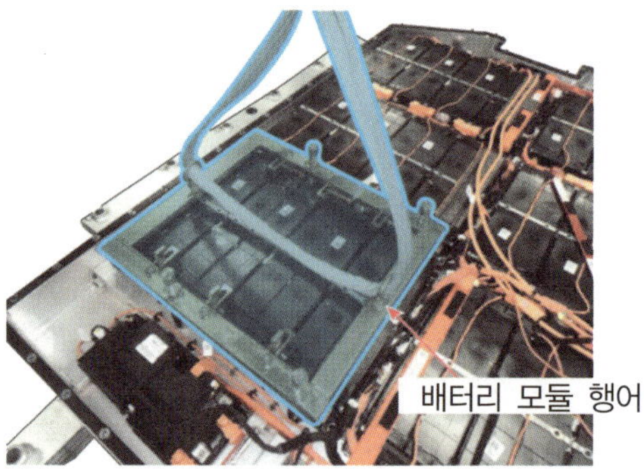

그림 4-87 배터리 모듈 행어를 서브 배터리팩 어셈블리에 장착

주의사항

고정 노브를 시계 방향으로 돌려 모듈 사이에 고정한다.

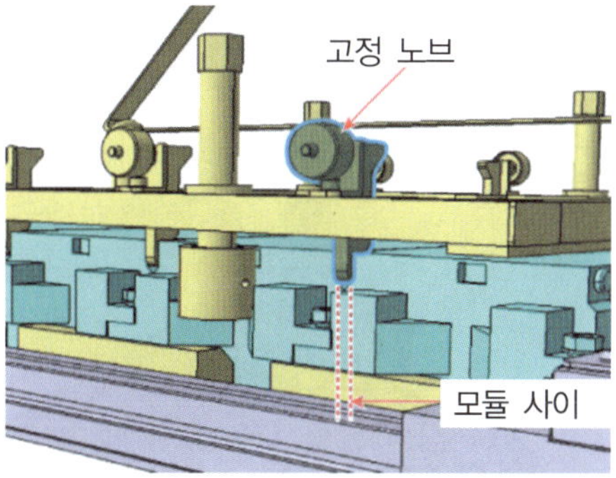

그림 4-88 고정 노브를 모듈 사이에 고정

⑫ 탈거 볼트를 어댑터에 아래 그림처럼 순서대로 조인다.

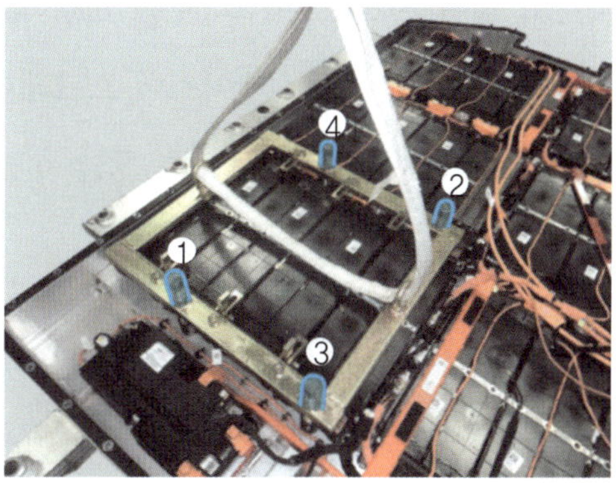

그림 4-89 어댑터 설치

⑬ 배터리 모듈 행어와 크레인을 이용하여 서브 배터리팩 어셈블리를 수평으로 들어 올려서 하부 케이스로부터 분리한 후 이송한다. 위의 탈·부착 절차는 모듈 (#1~#4)에 대한 절차이므로 나머지 모듈 (#5~#24)도 동일한 방법으로 진행한다.

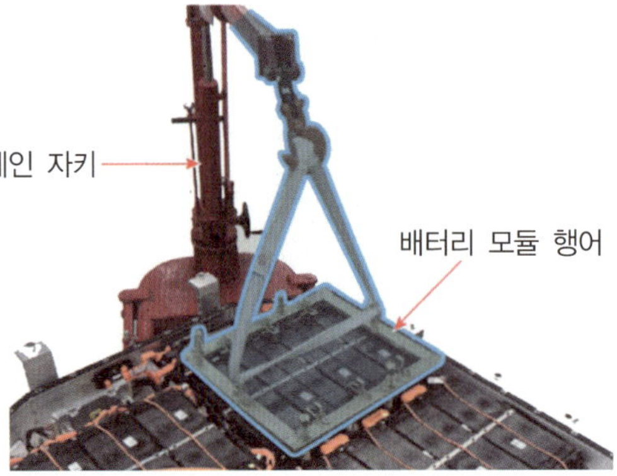

그림 4-90 서브 배터리팩 어셈블리 분리

⑭ 배터리 모듈 어셈블리(BMA, Battery Module Assembly) 및 하부 케이스에 있는 잔여 갭 필러를 반드시 절연 장갑 착용 후 모듈 하단부가 변형되지 않도록 조심스럽게 제거하며, 갭 필러 제거 시에는 하부 케이스에 스크래치 발생을 방지하기 위해 플라스틱 리무버를 이용한다. 에어건 사용 시에는 모듈 하단부와 접촉되지 않도록 한다.

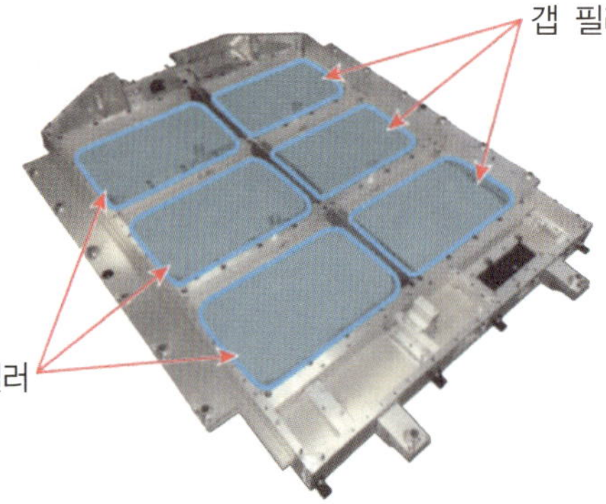

그림 4-91 갭 필러 제거

(2) 장착

① 신품 모듈을 장착 전 신품 모듈을 목표 충전 전압으로 충전 또는 방전한다.

② 특수 공구를 이용하여 신품 갭 필러를 도포한다.

㉮ 갭 필러 도포 작업 전, 남아있는 갭 필러를 깨끗이 제거하고 배터리시스템 어셈블리(BSA)에 고전압배터리 갭 필러 고정 틀을 장착한다.

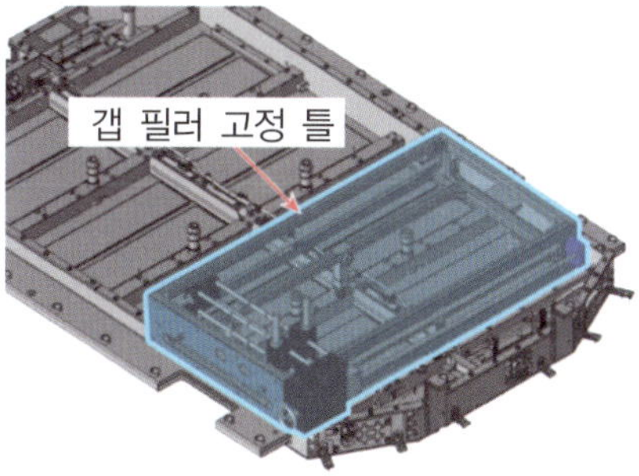

그림 4-92 갭 필러 고정 틀 장착

㉯ 갭 필러 고정 틀에 갭 필러 작업 건을 장착한다.

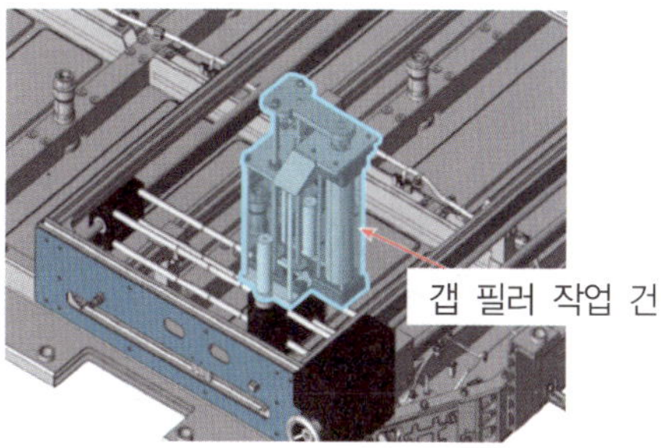

그림 4-93 작업 건 장착

㉰ 카트리지에 갭 필러 리본을 조립한다. 갭 필러 리본은 면적당 한 개씩 사용한다.

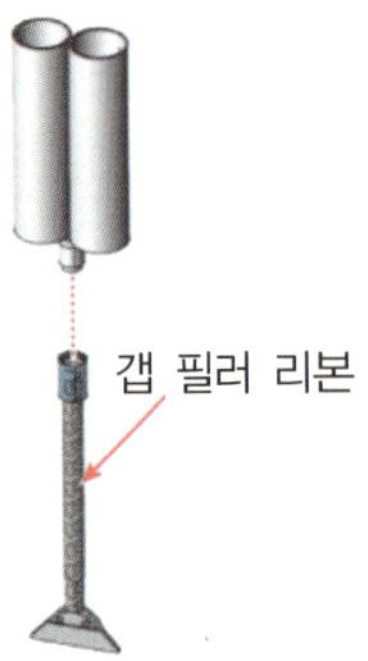

그림 4-94 갭 필러 리본 조립

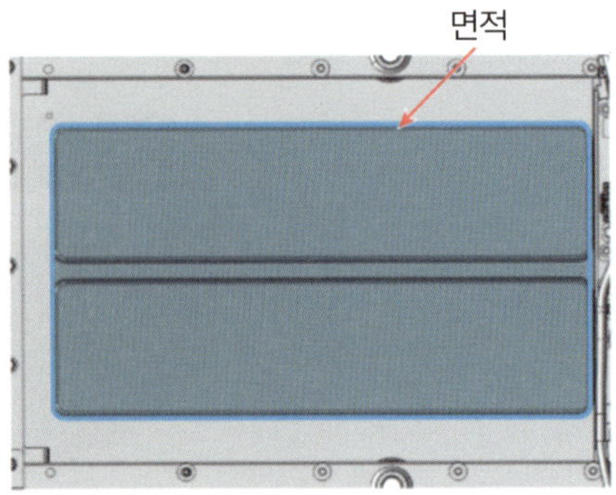

그림 4-95 갭 필러 리본은 면적당 한 개씩 사용

㉱ 갭 필러 작업 건에 카트리지 & 갭 필러 리본을 장착한다.

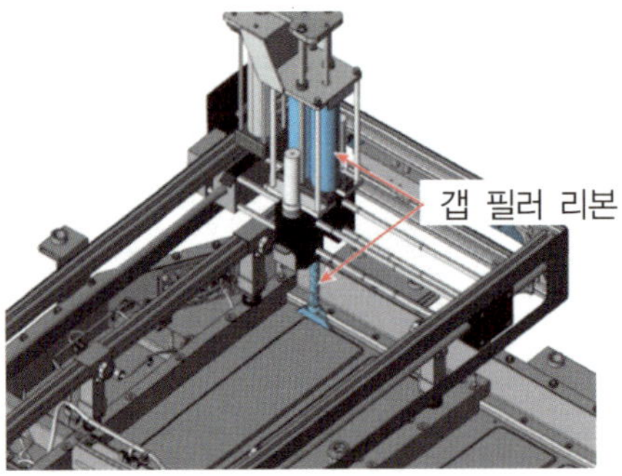

그림 4-96 갭 필러 작업 건에 카트리지 & 갭 필러 리본 장착

㉤ 갭 게이지를 사용하여 리본 높이를 갭 필러 고정틀 지지대 다리를 조절하여 높이를 조절한다(규정값 : 5.4mm).

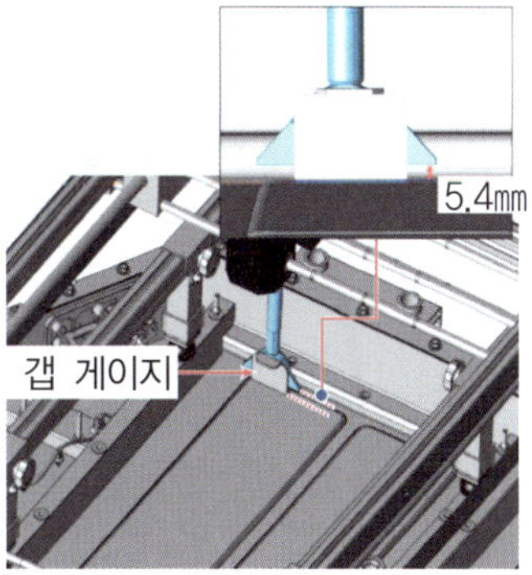

그림 4-97 리본 높이 조절

㉥ 갭 필러 작업 건에 에어호스를 연결한다.

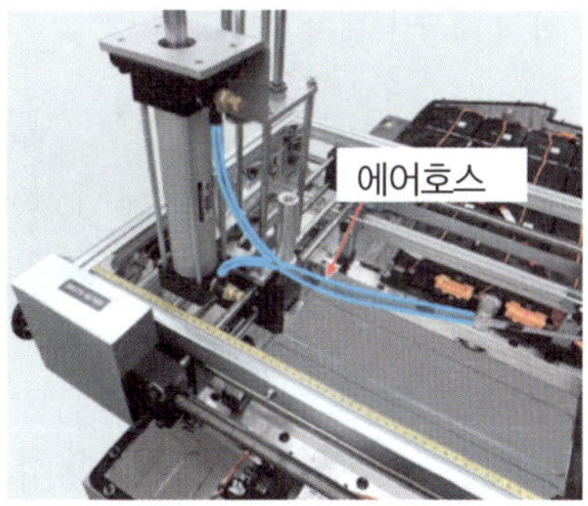

그림 4-98 작업 건에 에어호스 연결

㉳ 갭 필러 고정 틀에 에어호스를 연결한다.

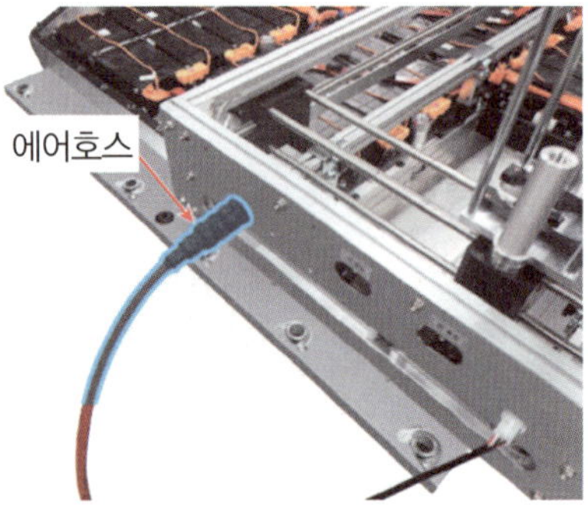

그림 4-99 고정 틀에 에어호스 연결

㉴ 갭 필러 컨트롤러 커넥터를 연결한다.

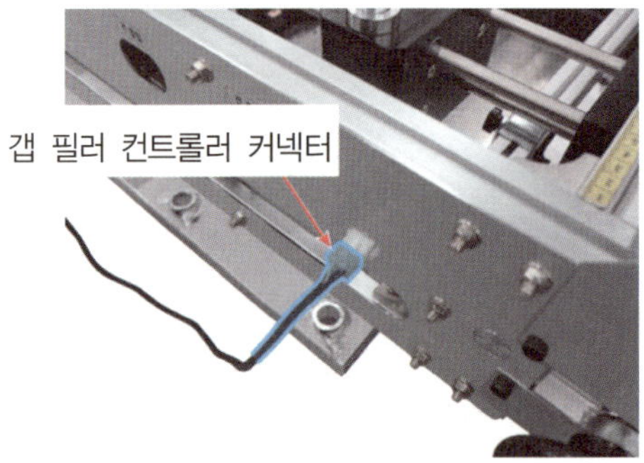

그림 4-100 갭 필러 컨트롤러 커넥터 연결

㉶ 갭 필러를 아래 그림 순서대로 도포한다. 갭 필러 도포 후, 경화시간(90분) 이내 모듈을 장착한다.

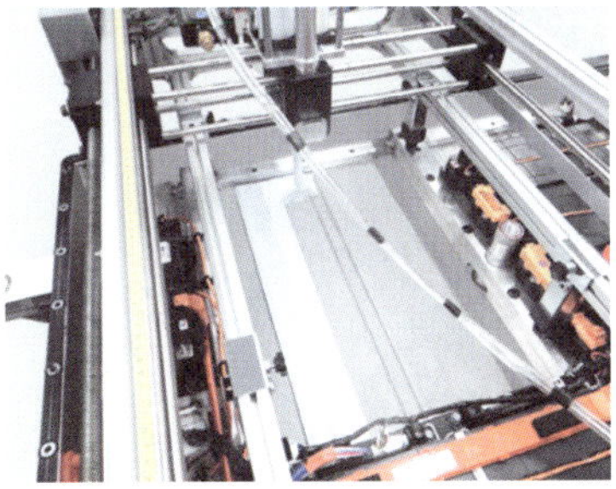

그림 4-101 갭 필러 도포

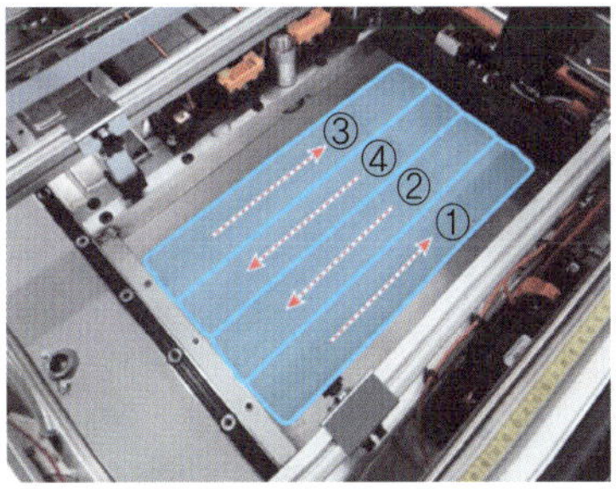

그림 4-102 갭 필러 도포 순서

③ 장착은 탈거의 역순으로 진행한다.

④ 배터리시스템 어셈블리 기밀 테스트를 수행한다.

⑤ 배터리 충전 상태(SOC)를 보정한다.

[3] 배터리 모듈 어셈블리(BMA) 탈·부착

(1) 탈착

① 서브 배터리팩 어셈블리(Sub-BPA)를 탈거한다.

② 고전압배터리 모듈 분해 지그에 면압 지그 및 모듈 가이드를 장착한다.

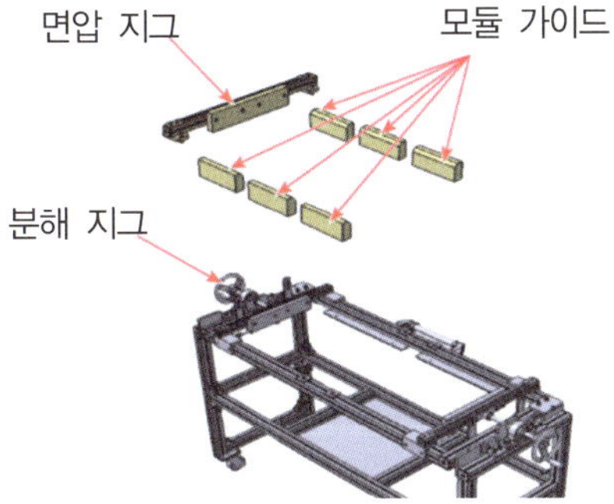

그림 4-103 지그 및 모듈 가이드 장착

③ 서브 배터리팩 어셈블리를 고전압배터리 모듈 분해 지그에 장착한다.

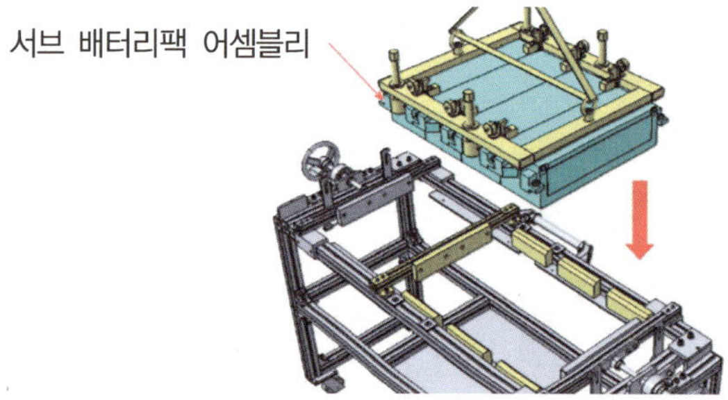

그림 4-104 서브 배터리팩 어셈블리 지그에 장착

④ 배터리 모듈 행어를 탈거한다.

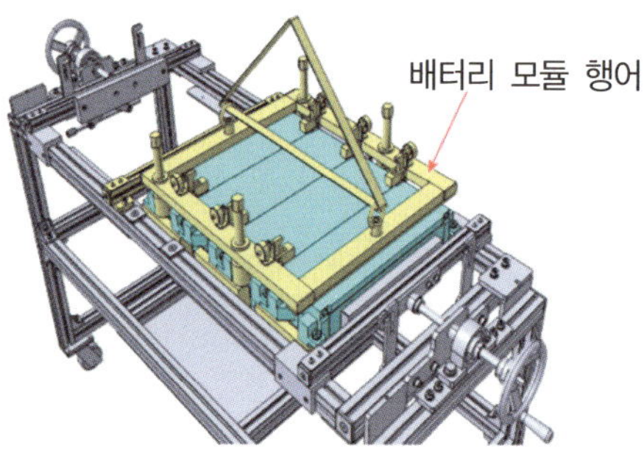

그림 4-105 배터리 모듈 행어 탈거

⑤ 핸들을 화살표 방향으로 돌려 모듈을 압축한다(압축 토크 : 0.5kgf · m). 배터리 모듈 어셈블리 (#5~#8), (#21~#24)는 압축 전 배터리 모듈 하부 온도센서 #13, #14를 탈거한다.

⑥ 모듈 고정 볼트를 탈거한다(체결 토크 : 2.0~3.0kgf·m).

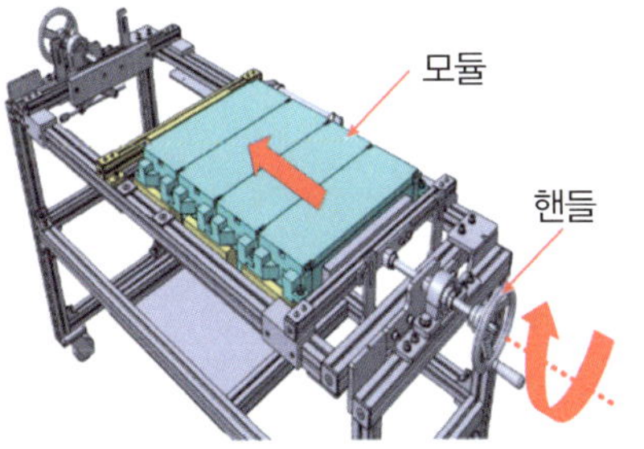

그림 4-106 모듈 압축

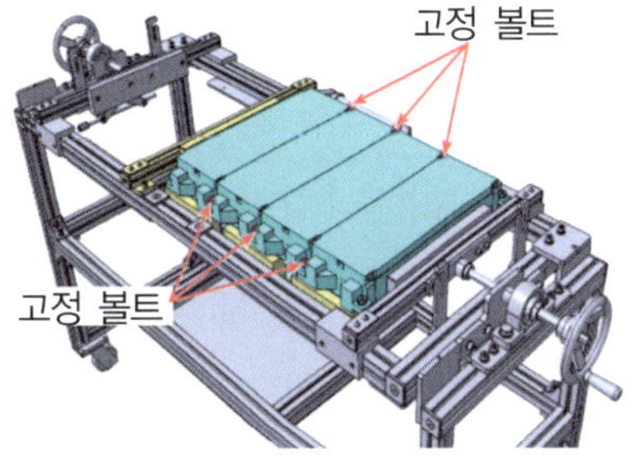

그림 4-107 고정 볼트 탈거

⑦ 핸들을 반시계 방향으로 돌려 압축 해제 후 배터리 모듈 어셈블리(BMA)를 탈거한다.

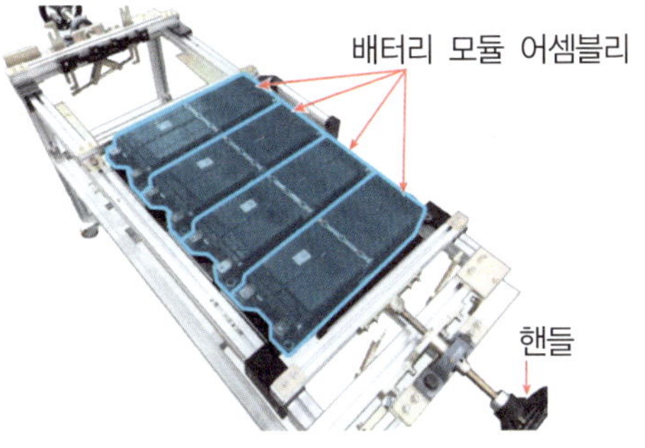

그림 4-108 배터리 모듈 어셈블리(BMA) 탈거

(2) 장착

① 신품 모듈을 장착 전 신품 모듈을 목표 충전 전압으로 충전 또는 방전한다.

② 장착은 탈거의 역순으로 진행한다.

③ 배터리시스템 어셈블리 기밀 테스트를 수행한다.

④ 배터리 충전 상태(SOC)를 보정한다.

[4] 하부 케이스 탈착 및 장착

① 고전압 차단 절차를 수행한다.

② 메인 퓨즈를 탈거한다.

③ 배터리매니지먼트유닛(BMU)을 탈거한다.

④ 고전압배터리 시스템 어셈블리(BSA)를 탈거한다.

⑤ 고전압배터리 시스템 어셈블리(BSA) 상부 케이스를 탈거한다.

⑥ 파워 릴레이 어셈블리(PRA)를 탈거한다.

⑦ 서브 배터리팩 어셈블리(Sub-BPA)를 탈거한다.

⑧ 셀 모니터링 유닛(CMU)을 탈거한다.

⑨ 방수 개스킷 어셈블리를 탈거한다. 방수 개스킷 어셈블리는 신품으로 교체한다.

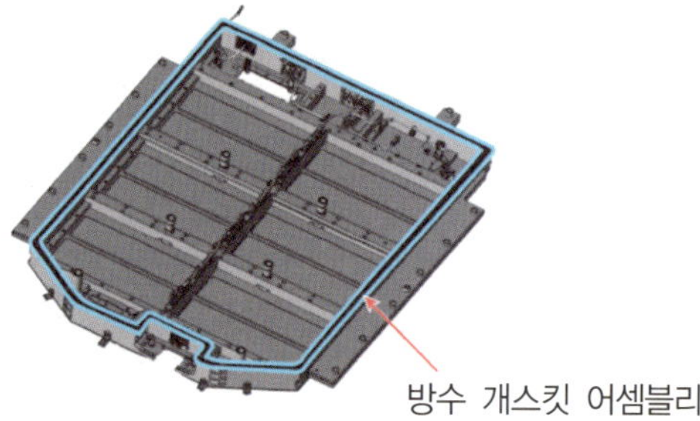

그림 4-109 방수 개스킷 탈거

⑩ 고전압배터리 프런트 커넥터를 탈거한다.

㉮ 커넥터를 분리한다.

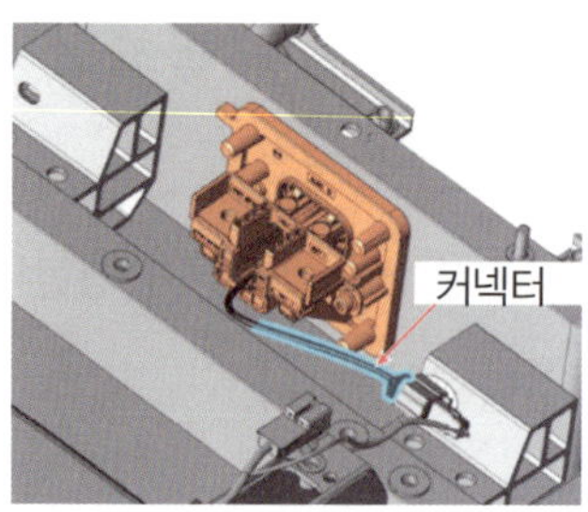

그림 4-110 프런트 커넥터 분리

㉯ 고전압배터리 프런트 커넥터 어셈블리를 탈거한다(체결 토크 : 0.8~1.2kgf · m).

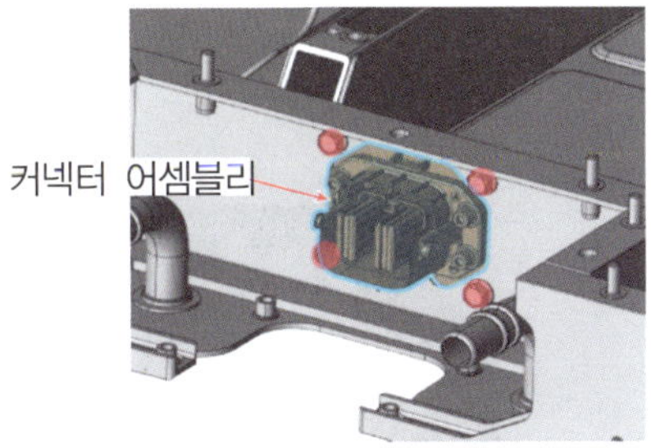

그림 4-111 프런트 커넥터 어셈블리 탈거

⑪ 고전압배터리 리어 커넥터를 탈거한다.

㉮ 커넥터를 분리한다.

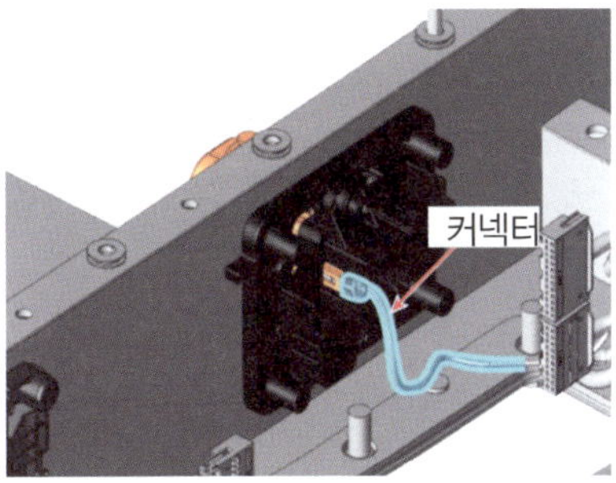

그림 4-112 리어 커넥터 분리

㉯ 고전압배터리 리어 커넥터 어셈블리를 탈거한다(체결 토크 : 0.8~1.2kgf · m).

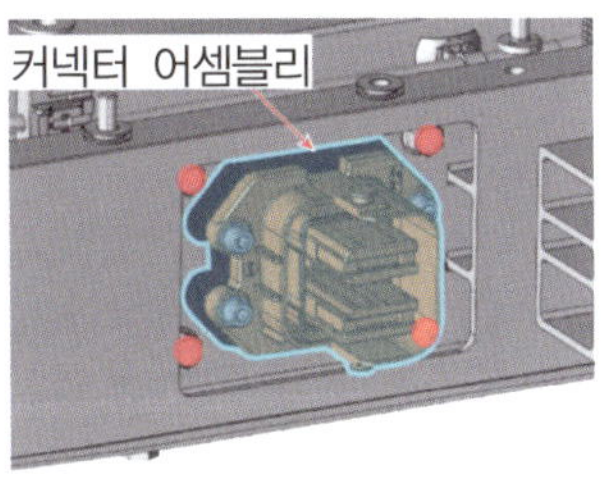

그림 4-113 리어 커넥터 어셈블리 탈거

⑫ ICCU(Integrated Charging Control Unit, 통합 충전제어장치) 고전압 커넥터를 탈거한다.

㉮ 커넥터를 분리한다.

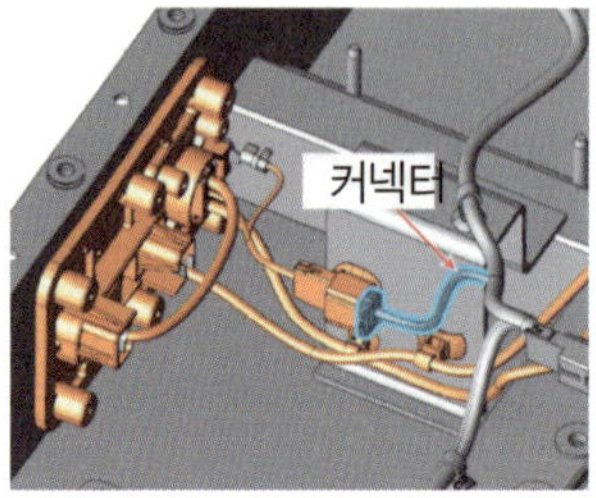

그림 4-114 ICCU 고전압 커넥터 분리

㉯ ICCU 고전압 커넥터 어셈블리 커버를 탈거한다(체결 토크 : 0.8~1.2kgf·m).

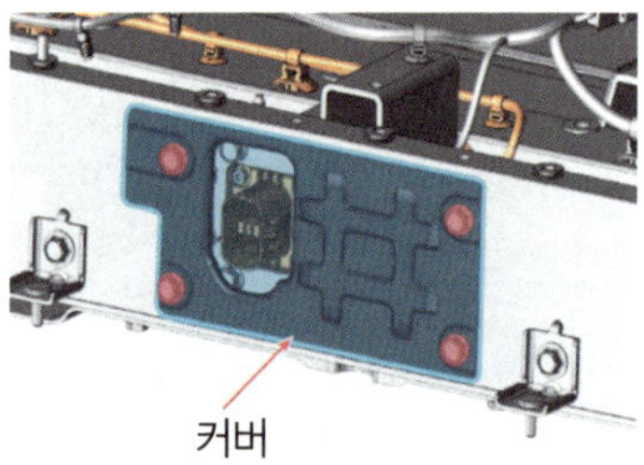

그림 4-115 ICCU 고전압 커넥터 어셈블리 커버 탈거

㉰ ICCU 고전압 커넥터 어셈블리를 탈거한다(체결 토크 : 0.8~1.2kgf·m).

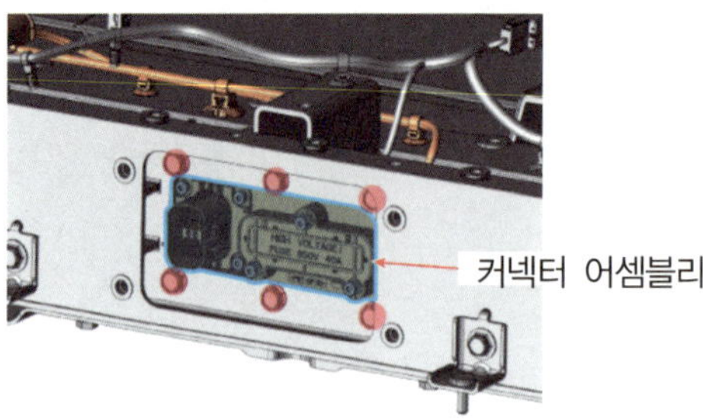

그림 4-116 ICCU 고전압 커넥터 어셈블리 탈거

⑬ 비동기 통신 와이어링 하네스를 탈거한다.

㉮ BMU 익스텐션 커넥터를 탈거한다(체결 토크 : 0.8~1.2kgf · m).

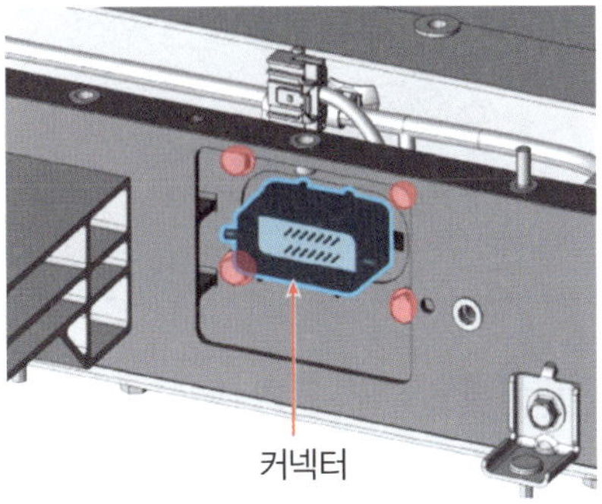

그림 4-117 BMU 익스텐션 커넥터 탈거

㉯ LEAK 센서(누액센서) 볼트를 탈거한다(체결 토크 : 0.8~1.2kgf · m).

㉰ 접지 볼트를 탈거한다(체결 토크 : 0.8~1.2kgf · m).

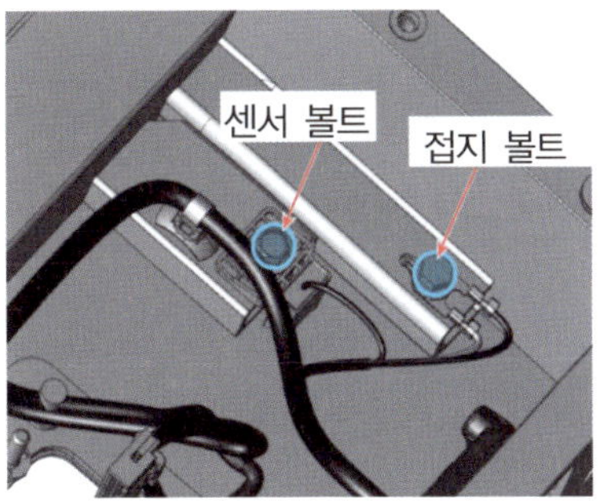

그림 4-118 LEAK 센서 및 접지 볼트 탈거

㉱ 비 동기 통신 와이어링 하네스를 탈거한다.

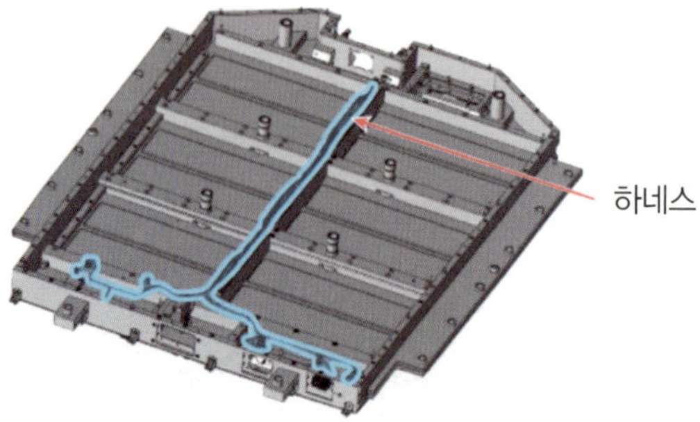

그림 4-119 비 동기 통신 와이어링 하네스 탈거

⑭ 장착은 탈거의 역순으로 진행한다.

4 보조배터리(12V) 시스템

4.1 보조배터리 구성

4.1.1. 배터리

① CMP(Closed Maintenance Free) 배터리는 보수가 필요 없고 배터리 셀 캡을 탈거할 수 없다.

② CMP 배터리는 보수를 위해 물을 보충할 필요가 없다.

③ CMP 배터리는 커버의 작은 벤트 홀을 제외하고 완전히 밀봉되어 있다.

4.1.2. 배터리 센서

배터리 센서는 전기 장비의 액추에이터에 공급되는 전압의 차이를 감지하고 보조배터리의 입력/출력 전류도 감지한다.

그림 4-120 보조배터리(12V)

그림 4-121 배터리 센서

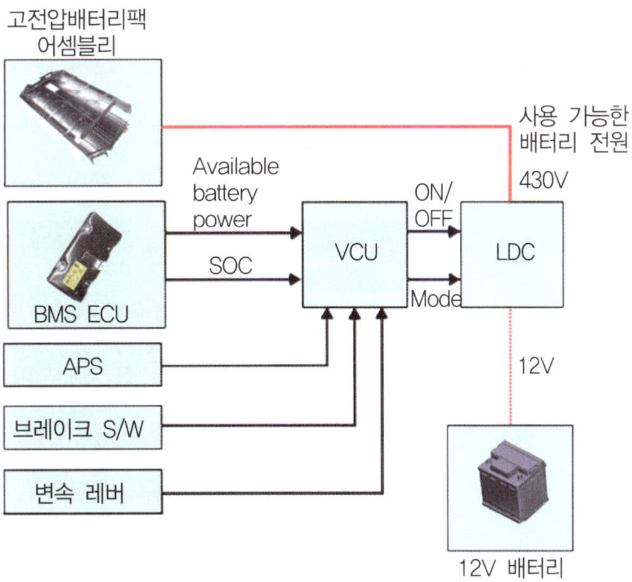

그림 4-122 전기 구성 요소 보조배터리 전원(12V) 공급 흐름

4.2 탈착 및 장착

4.2.1. 배터리

① 점화스위치를 OFF한다.

② 프런트 트렁크를 탈거한다.

③ 보조 12V 배터리 (−)단자를 분리한다(체결 토크 : 0.8~1.0kgf · m).

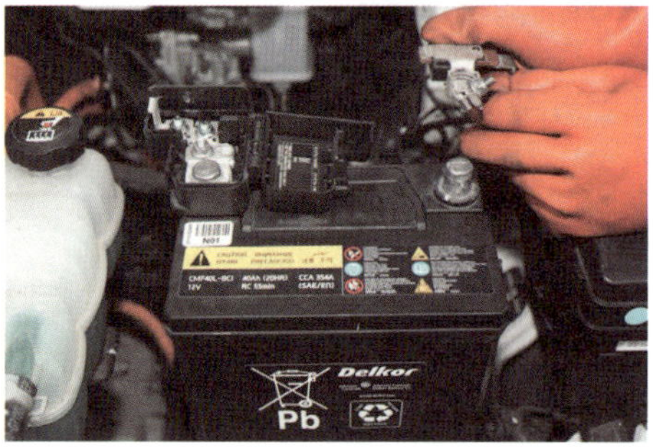

그림 4-123 보조배터리 (−)단자 분리

④ 보조 12V 배터리 (+)단자를 분리한다(체결 토크 : 0.8~1.0kgf · m).

그림 4-124 보조배터리 (+)단자 분리

⑤ 배터리 클램프 고정 나사를 탈거하고 배터리 클램프를 탈거한다(체결 토크 : 0.9~1.4kgf · m).

⑥ 보조 12V 배터리를 탈거한다.

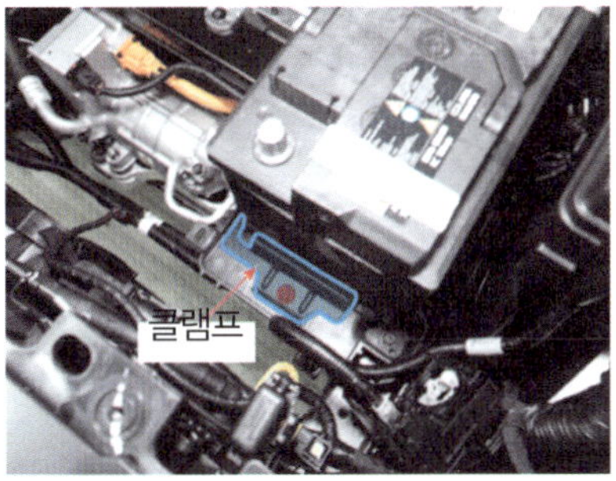

그림 4-125 배터리 클램프 탈거

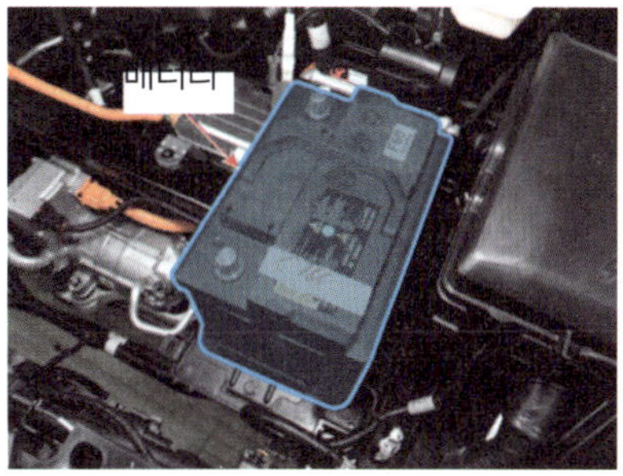

그림 4-126 보조배터리 탈거

⑦ 탈거 절차의 역순으로 장착하고, 배터리 장착 시 배터리 고정 브래킷을 정확히 장착한다.

4.2.2. 배터리 트레이

① 보조 12V 배터리를 탈거한다.

② 차량 제어 유닛(VCU)을 탈거한다.

③ 배터리 트레이 고정 볼트를 탈거하고, 배터리 트레이를 탈거한다(체결 토크 : 0.9~1.4kgf · m).

그림 4-127 배터리 트레이 탈거

④ 탈거의 역순으로 장착한다.

4.2.3. 보조배터리 센서

① 점화 스위치를 OFF한다.

② 프런트 트렁크를 탈거한다.

③ 보조 12V 배터리 (-)단자를 분리한다(체결 토크 : 0.8~1.0kgf·m).

④ 배터리 센서 커넥터를 분리한다.

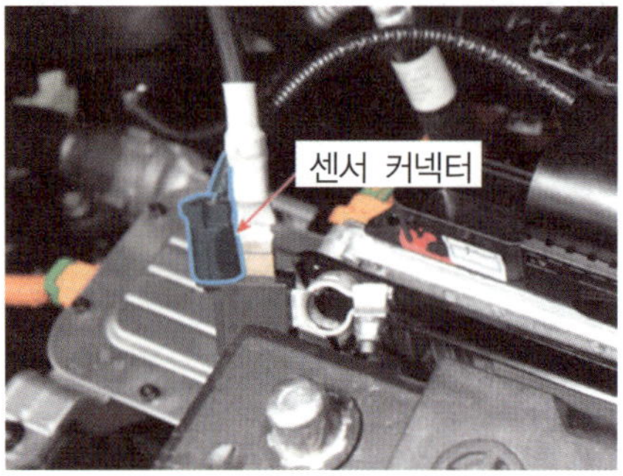

그림 4-128 배터리 센서 커넥터 분리

⑤ 배터리 센서를 탈거한다(체결 토크 : 2.7~3.3kgf·m).

그림 4-129 배터리 센서 탈거

⑥ 탈거의 역순으로 장착한다.

주의사항

배터리 센서가 장착된 차량의 경우 배터리를 교체하거나 재충전할 때 배터리 센서가 손상되지 않도록 주의한다.

1. 배터리를 교체할 때는 이전에 설치한 배터리와 동일한 유형, 용량 및 브랜드를 사용해야 한다. 차량을 다른 유형의 배터리로 교체하는 경우 배터리 센서가 비정상적인 것으로 인식할 수 있다.
2. 배터리의 음극 기둥에 접지 케이블을 설치할 때 클램프를 지정된 토크로 조여야 한다. 과도한 체결은 PCB 내부 회로와 배터리 단자를 손상시킬 수 있다.
3. 배터리를 재충전할 때 부스터 배터리의 음극 단자를 차체에 접지한다.

4.3 배터리 검사

4.3.1. 차량 암전류 검사

① 전기장치를 OFF하고, 점화 스위치를 OFF한다.

② 후드를 제외한 모든 문을 닫고 잠근다.

㉮ 후드 스위치 커넥터를 분리한다.

㉯ 트렁크 뚜껑을 닫는다.

㉰ 문을 닫거나 문 스위치를 탈거한다.

③ 차량의 전기 시스템이 슬립 모드로 전환될 때까지 몇 분 동안 기다린다. 차량의 암전류를 정확하게 측정하려면 모든 전기 시스템이 슬립 모드에 있어야 한다. 최소 1시간 또는 최대 하루 정도 걸린다. 그러나 대략적인 값은 10~20분 후에 측정할 수 있다.

④ 배터리 (−)단자와 접지 케이블 사이에 전류계를 직렬로 연결한 다음, 배터리 (−)단자로부터 클램프를 천천히 분리한다.

주의사항

전류계의 리드선은 배터리 (–)단자와 접지 케이블로부터 떨어져 나가지 않도록 주의하여 배터리가 리셋되는 것을 방지한다. 배터리가 재설정된 경우 배터리 케이블을 다시 연결한 다음 시동하거나 점화 스위치를 10초 이상 ON으로 끈다. 1번부터 절차를 반복하여 검사 중에 배터리가 재설정되는 것을 방지하려면 다음과 같이 작업을 한다.

1. 배터리 (–)단자와 접지 케이블 사이에 점프 케이블을 연결한다.
2. 배터리 (–)단자로부터 접지 케이블을 분리한다.
3. 배터리 (–)단자와 접지 케이블 사이에 전류계를 연결한다.
4. 점프 케이블을 분리한 후 전류계의 전류값을 읽는다.

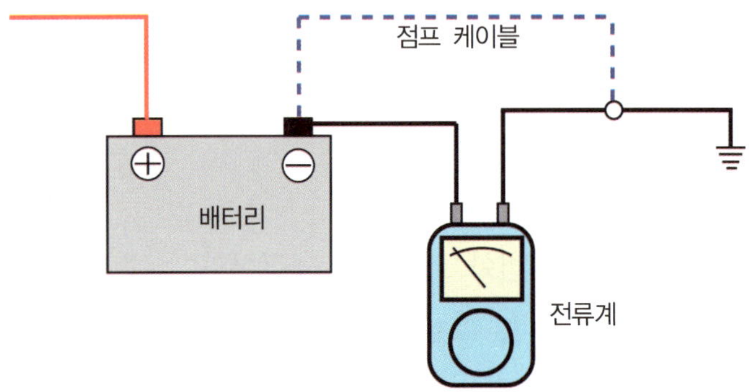

그림 4-130 전류계 연결 방법

⑤ 전류계의 전류값을 읽는다. 암전류가 한계값을 초과하면 퓨즈를 하나씩 제거하고 암전류를 확인하여 비정상 회로를 찾는다. 의심되는 전류 요구량 회로 퓨즈만 다시 연결하고 암전류 요구량이 한계값 아래로 떨어질 때까지 회로에 연결된 구성 요소를 하나씩 제거하여 의심되는 장치를 찾는다(한계값(10~20분 후) : 50mA).

4.3.2. 저전압(보조배터리) 진단기기 이용하여 점검

진단장비의 VCU-LDC 시스템에서 부가 기능을 선택하여 LDC 활성화 테스트를 통해 13.5V가 출력되는지 확인한다. 센서 출력 전압과 입력 전압(13.5V)이 비슷하여야 하며 만약 출력 전압과 입력 전에 차이가 많다면 보조배터리 관련 배선을 점검해야 한다.

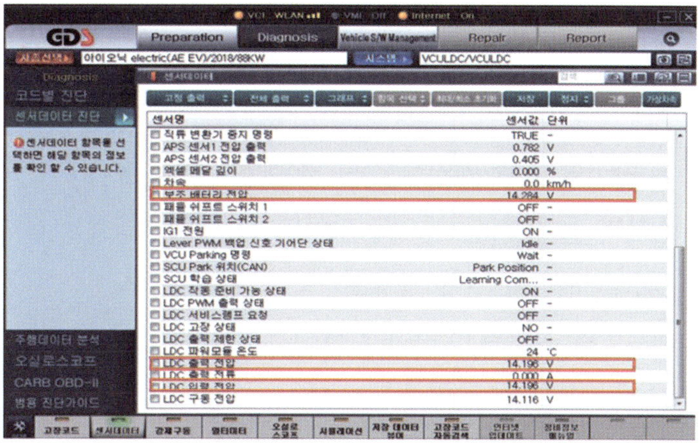

그림 4-131 진단기기 이용하여 점검

4.4 배터리 센서 재보정 절차 및 세척

4.4.1. 배터리 센서 재보정 절차

배터리 음극 케이블을 다시 연결한 후 AMS 기능은 시스템이 안정화될 때까지 약 4시간 동안 작동하지 않는다. AMS 기능이 장착된 차량을 수리하는 동안 음극(–) 배터리 케이블이 분리된 경우 수리를 완료한 후 배터리 센서 재보정 절차를 수행해야 한다.

① 점화스위치를 ON 또는 OFF한다.

② 후드와 모든 도어를 닫은 상태에서 약 4시간 동안 차량을 주차한다.

4.4.2. 세척

① 점화스위치와 모든 액세서리를 "OFF"한다.

② 배터리 센서 커넥터를 탈거한다(음극 먼저).

③ 차량에서 배터리를 탈거한다. 전해액으로부터 피부를 보호하기 위해 배터리 케이스에 금이 가거나 누출이 발생할 경우 주의해야 하며, 배터리를 제거할 때는 가정용 장갑이 아닌 두꺼운 고무장갑을 착용해야 한다.

④ 배터리 트레이에서 전해액 손실로 인한 손상이 있는지 검사하고, 산성 손상이 있을 경우 깨끗한 따뜻한 물과 베이킹 소다 용액으로 주변을 청소한다. 굳은 솔로 문지르고 베이킹 소다와 물을 적신 천으로 닦아낸다.

⑤ 배터리 상부를 베이킹 소다 수용액으로 세척한다.

⑥ 배터리 케이스를 검사하고 커버에 균열이 없는지 확인한다. 균열이 있으면 배터리를 교체한다.

⑦ 적절한 도구를 이용하여 배터리 포스트 부분을 청소한다.

⑧ 적절한 도구를 이용하여 배터리 터미널 클램프 안쪽 면을 청소하고 손상된 케이블이나 파손된 터미널 클램프는 교환한다.

⑨ 차량에 배터리를 장착한다.

⑩ 연결하고 단자 상단이 포스트의 상단과 같은 높이에 있는지 확인한다.

⑪ 터미널 너트를 견고하게 체결한다.

⑫ 체결 후 접촉 부분에 광물질 그리스를 도포한다.

5 커패시터(Capacitor)

5.1 개요

커패시터(Capacitor)는 일명 축전기, 콘덴서 등으로 표기되며 도체에 다량의 전하를 일시적으로 저장하는 전기 부품으로 보통 2장의 서로 절연된 금속 또는 전기 전도도가 큰 도체를 전극으로 하고, 그 사이에 절연체를 넣어 이 사이에서 생긴 정전 용량을 이용한다. 사용하는 유전체의 종류에 따라 공기 콘덴서, 진공 콘덴서, 가스입 콘덴서, 액체 콘덴서, 운모 콘덴서, 종이 콘덴서, 금속화 종이 콘덴서, 자기 콘덴서, 유기막 콘덴서, 전해 콘덴서 등으로 나눈다.

전기자동차에서는 EPCU 내부에 장착되어 내부 회로 보호 및 VDC에 의해 작동되는 전동기의 작동이 원활하게 작동되기 위해 장착되었으며, 고전압이 PRA에 의해 차단되더라도 고전압배터리의 전압이 수분에서 수십 초 동안 잔류되고 있으며, 제작회사의 특성에 따라 상이하지만 대략 5분에서~20분 사이에 전압이 자가 방전되도록 설계되어 있다(국내 현대, 기아자동차의 경우 커패시터 전압을 기동전동기로 방출하므로 1분 이내에 방전이 가능하다. 현대자동차 고전압 정비 매뉴얼에는 5분 후 커패시터 전압을 측정한 후 완전방전(30V 이하)이 확인된 후 고전압에 관련된 작업을 실시해야 한다).

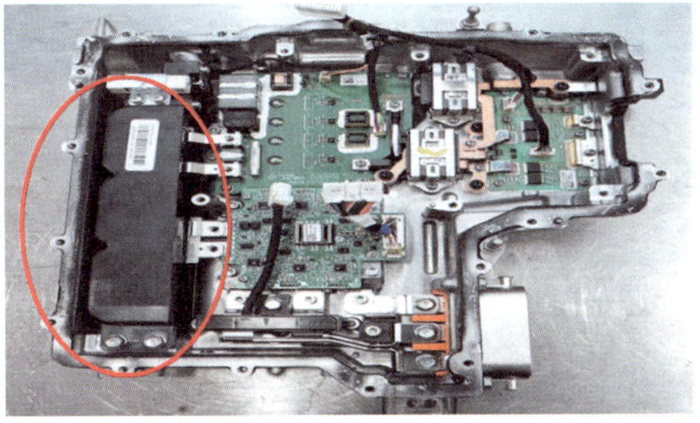

그림 4-132 EPCU 내의 커패시터

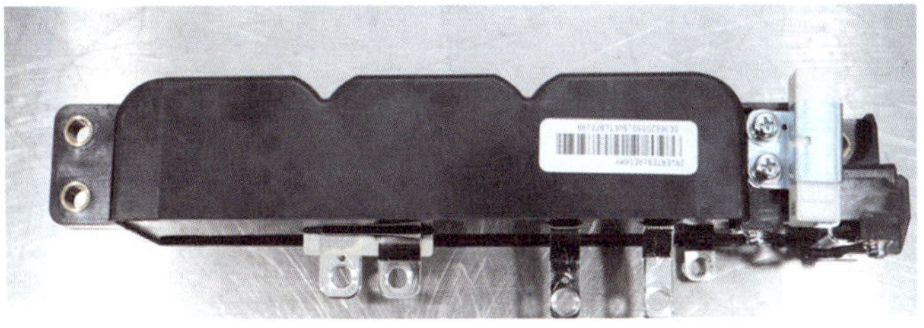

그림 4-133 커패시터

5.2 고전압 및 커패시터 전압차단을 진단기기를 활용하여 진단

진단기기를 활용하여 커패시터 전압을 측정할 수 있는데 커패시터 전압을 측정하면 고전압이 차단되는 것을 알 수 있다. 진단 장비를 활용하여 진단하고자 하는 경우 커패시터는 EPCU 내부에 설치되어 있으므로 커패시터 전압을 활성화한 후 강제 구동모드에서 메인 릴레이 ON/OFF를 실시하면서 커패시터 전압을 측정하여 커패시터 전압을 확인한다. 하지만 진단기기를 활용하여 고전압 및 커패시터 전압을 측정한 경우라 할지라도 고전압 작업 전에는 반드시 멀티테스터기를 활용하여 고전압 및 커패시터 전압이 30V 이하인지를 확인한 후 고전압 작업을 실시한다. 진단기기에서 커패시터 전압 측정방법은 시스템 선택에서 배터리 제어를 선택하고 인버터 커패시터 전압을 확인한다.

그림 4-134 시스템 선택

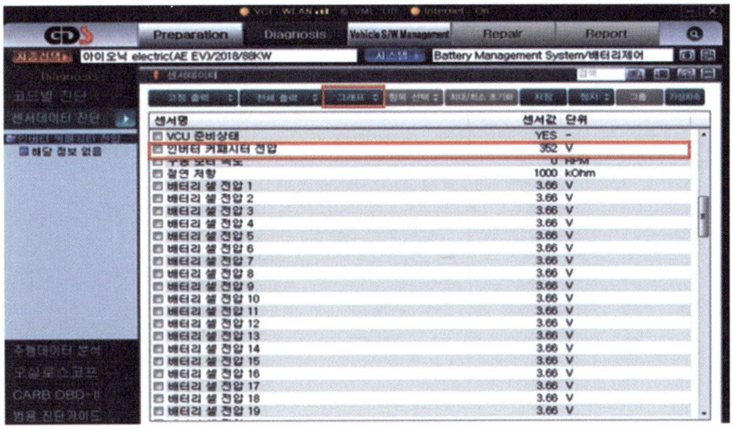

그림 4-135 인버터 커패시터 전압 확인

전기자동차 냉각시스템

05

CHAPTER 05

전기자동차 냉각시스템

1 전기자동차 냉각장치의 개요

1.1 전기자동차 냉각장치의 역할

전기자동차 냉각장치는 차량의 안정성과 성능에 매우 중요한 역할을 담당한다. 전기자동차 모터와 배터리의 열을 효율적으로 관리하기 위해서는 따뜻한 냉각수와 차가운 냉각수가 모두 필요하다. 따뜻한 냉각수는 모터와 배터리팩의 온도를 올릴 때 필요하고, 차가운 냉각수는 발열된 모터와 배터리팩의 냉각을 위해 사용되기 때문이다.

전기자동차의 냉각시스템은 전기모터, 배터리팩 및 충전기와 같은 핵심 구성 요소의 온도를 효과적으로 조절하여 성능과 수명을 향상시켜 준다. 적절한 냉각은 전기모터와 배터리팩의 성능을 최적화하고 과열을 방지할 수 있다.

1.2 전기자동차 냉각장치의 기능

1.2.1. 열 관리

전기모터와 배터리팩은 운전 및 충전 과정에서 열이 발생한다. 전기자동차의 냉각시스템은 전기모터와 배터리팩에서 발생하는 열을 효과적으로 제거하여 구성 요소의 온도를 안정화시켜 과열을 방지하고 성능을 최적화할 수 있다. 만약에 이러한 열이 적절하게 관리되지 않는다면 전기모터나 배터리팩의 수명이 단축될 수밖에 없기 때문에 전기자동차의 온도를 적절히 유지시킴으로써 전기자동차의 성능과 효율성을 향상시키는 데 중요한 기능을 하게 되는 것이다.

1.2.2. 성능 최적화

전기모터는 고속 회전을 함에 따라 열이 발생하므로, 적절한 냉각시스템이 반드시 필요하다. 충분하고 적절한 냉각은 전기모터의 성능을 유지하고, 오버히팅을 방지하여 향상된 가속력과 주행 거리를 제공할 수 있다.

1.2.3. 배터리 수명 연장

배터리팩은 충전 및 방전 과정에서 열을 발생시키게 되는데, 과열은 배터리 수명을 단축시키는 경우가 많이 있다. 이때 전기자동차의 냉각시스템은 적절한 온도를 유지하여 배터리의 성능과 수명을 연장하는 기능을 한다.

1.2.4. 안정성 확보

적절한 냉각은 전기자동차의 안정성을 확보하는 데 중요한 역할을 담당한다. 과열이나 냉각 부족은 전기 시스템 동작에 심각한 문제를 일으킬 수 있으며, 불안정한 주행이나 잠재적인 화재의 위험을 초래할 수 있다.

1.2.5. 환경친화적

전기자동차의 냉각시스템은 열을 효과적으로 제거하여 에너지 손실을 최소화하고, 배출되는 온실가스와 오염물질을 감소시킨다. 이것은 운전자에게 환경친화적인 운전 경험을 제공하고, 지속가능한 이동수단으로서 전기자동차의 가치를 높인다고 볼 수 있다.

1.3 전기자동차 냉각시스템 구성 요소

1.3.1. 냉각 유체

전기자동차의 냉각시스템은 냉각 유체(일반적으로 에틸렌글리콜 성분)를 사용하여 열을 흡수하고 전도한다. 이 냉각 유체는 열 교환기를 통하여 전기모터와 배터리팩의 열을 흡수한 다음 냉각 탱크 또는 냉각기로 이동하게 된다.

1.3.2. 열 교환기

전기자동차의 열 교환기는 전기모터와 배터리팩에서 발생하는 열을 냉각 유체에 전달하는 장치이다. 이러한 과정에서 냉각 유체는 열을 흡수한 후 다시 냉각 탱크로 이동하게 된다.

1.3.3. 리저버 탱크

전기자동차의 리저버 탱크는 냉각 유체를 저장하고, 분배하는 역할을 한다. 이 리저버 탱크는 냉각 유체의 유속과 온도를 적절히 조절하여 전기자동차의 열 관리를 제어한다.

1.4 전기자동차 냉각시스템 종류

전기자동차의 냉각시스템은 열을 효과적으로 제어하는 기능을 한다. 이 중 일반적인 작동 원리에는 공기 냉각, 액체 냉각 및 히트 펌프 냉각 등이 있다. 각각의 작동 원리는 특정 상황에 맞게 선택되며 효율적인 냉각을 위해 선택된다.

1.4.1. 공기 냉각(공랭식)

공기 냉각(공랭식)은 바람으로 모터를 냉각시키는 방법으로 방열 핀(Fin)을 통해 열전달을 하는 방식이다. 외부의 공기 흐름을 모터에 전달하기 위한 차량 레이아웃이 중요하다. 전기자동차의 공기 냉각의 주요 구성 부품은 쿨링 팬, 쿨링 덕트, 인렛 온도 센서로 주로 전기 모터와 배터리팩을 냉각하는 데 사용된다. 전기 모터와 배터리팩 주위에 설치된 팬이나 송풍기를 통하여 외부 공기를 유입하고, 열을 흡수한 후 냉각되어 다시 방출하는 방식이다. 이 방식은 비교적 간단하고 경제적인 방법이지만, 주변 온도에 따라 냉각 효율이 변할 수 있는 단점이 있다. 시스템의 온도는 1~12번 모듈에 장착된 12개의 온도 센서 신호를 바탕으로 BMS ECU에 의해 계산되며, 고전압배터리 시스템이 항상 정상 작동 온도를 유지할 수 있도록 제어된다. 또한 쿨링 팬은 차량의 상태와 소음/진동의 상태에 따라 BLDC 모터를 9단으로 제어된다.

① 쿨링 팬 : 고전압배터리의 냉각 상태에 따라 BMS ECU의 PWM 신호에 의해 BLDC 모터를 9단으로 속도 제어를 한다.

② 쿨링 덕트 : 쿨링 팬 작동 시 공기 흐름 통로의 역할을 한다.

③ 인렛 온도 센서 : 고전압배터리 1번 모듈 상단에 장착되어 있으며, 배터리시스템 어셈블리 내부의 공기 온도를 감지하는 역할을 한다. 인렛 온도 센서값에 따라 쿨링 팬의 작동 유무가 결정된다.

1.4.2. 액체 냉각

전기자동차의 액체 냉각은 냉각 유체를 사용하여 열을 흡수하고, 전도하는 방식이다. 액체 냉각은 모터 하우징에 냉각수가 전달될 수 있는 길을 만들어 모터 하우징을 냉각하는 방식으로 코나 전기차, 니로 전기차, 쏘울 전기차, 닛산 리프 등이 수냉 방식을 사용한다. 액체 냉각은 전기 모터와 배터리팩 주위에 설치된 열 교환기를 통하여 냉각 유체가 순환되는 작동 원리이다. 열 교환기는 전기 모터와 배터리팩에서 발생하는 열을 냉각 유체에 전달하고, 냉각 유체는 열을 흡수한 후 냉각 탱크나 냉각기로 이동하게 되는 방식이다. 통합전력제어장치(EPCU)는 각 부품 중의 작동 온도를 모니터링하여 필요시 전자식 워터 펌프를 작동시킴으로써 냉각수가 순환하게 된다. 칠러(Chiller)는 에어컨・난방 시스템에서 난방 시 실외기에서 1차 열 교환하고, 모터의 폐열을 이용하여 2차 열 교환을 한다. 전기자동차의 액체 냉각은 공기 냉각에 비해 효율적인 열 전달을 제공하는 장점이 있으며, 외부 온도에 영향을 덜 받는 편이다. 그러나 하우징을 냉각하는 방식이기 때문에 모터의 고정자는 냉각시키기 쉬우나, 회전자는 냉각하기가 어렵다는 문제가 있다.

[1] 액체 시스템 장점

① 액체 냉각시스템은 열 전달이 더 우수하다. 많은 양의 열을 빠르게 제거할 수 있다.

② 액체 냉각시스템은 보다 균일한 온도 분포를 달성하여 국부적인 과열을 방지하고 전반적인 시스템 안정성을 향상시킬 수 있다.

③ 액체 냉각시스템은 더 유연하다. 특정 요구 사항을 충족하도록 맞춤 설정할 수 있다. 반면 팬과 공기 경로는 공랭식 시스템의 냉각을 제한한다.

[2] 냉각 유체 선택

냉각수는 일반적으로 열 전달에 사용되는 시스템을 둘러싸거나 시스템을 통해 흐르는 유체를 말한다. 가장 좋은 냉각수는 열 용량이 높으며, 점도가 낮고 저렴하며 무독성, 화학적 불활성, 비부식성, 전기 절연성이 있어야 한다.

[3] 냉각유체의 특성

(1) 물

물은 열전도율과 용량이 높다. 직접적인 전기 절연이 필요하지 않은 시스템에서 자주 사용된다. 예를 들어, HVAC 시스템과 일부 산업에서 물은 잘 냉각되지만 일반적으로 전기 부품에서 멀리 떨어져 있다.

(2) 물/글리콜 혼합물

이 냉각수는 전기자동차를 포함한 자동차 분야에 널리 사용된다. 혼합물은 끓는점이 높고, 부동액 특성도 있다. 따라서 극한의 온도를 가진 장소에 이상적이다. 예를 들어, 많은 전기자동차 제조업체는 물/글리콜 혼합물을 사용한다. 이들은 급속충전 및 고성능 주행 시 배터리 온도를 잘 관리하기 위해 이 혼합물을 사용한다.

(3) 미네랄 오일

미네랄 오일은 절연 특성으로 유명하다. 냉각 및 절연을 위해 전기 변압기에 자주 사용된다. 광유는 열전도율과 안정성이 우수하지만 고온에서 연소 위험이 있고 일부 데이터 센터에서는 서버에서 발생하는 열을 관리하기 위해 침수 냉각시스템에 미네랄 오일을 사용하기도 한다.

(4) 불소화 유체

처음에는 회로 기판을 청소하는 데 사용되었다. 그러나 고급 냉각용으로 확산되었는데, 그 이유는 독성이 강하지 않고 단열 효과가 뛰어나기 때문이다. 또한 고온에서도 매우 안정적이다. 대형 수중 냉각시스템에서 흔히 볼 수 있고, 효율적이고 안전한 열 관리 방법을 제공하기 때문에 데이터 센터에서 서버 냉각을 위해 사용된다.

표 5-1 다양한 냉각유채의 특성

냉각수 유형	열 전도성	점성	비용	독성	절연	특징
물	높음	낮음	매우 낮음	무독성	비절연	우수한 열 전도성 및 열 용량, 단열성 없음
물/글리콜 혼합물	보통	보통	낮음	무독성	비절연	높은 끓는점, 부동액 특성, 냉각성 성능 향상
미네랄 오일	보통	낮음	보통	낮은 독성	절연	우수한 열전도율, 윤활 성능, 안정성, 연소 위험성
불소화 유체	보통	낮음	높음	낮은 독성	높은 절연성	낮은 독성, 높은 전기 절연성, 우수한 열 안정성 및 화학적 비활성성

[4] 액체 냉각시스템의 원리

① 열 흡수 : 냉각수는 배터리 셀에 부착된 액체 냉각판을 통해 흐르고, 배터리가 작동하면 열이 발생하므로 냉각수는 배터리 셀에서 이 열을 흡수한다.

② 열 전달 : 가열된 냉각수는 콘덴서로 흘러 들어가고, 콘덴서에서 냉각수는 냉각 팬의 도움을 받아 흡수된 열을 주변 공기로 방출한다. 이 과정을 통해 냉각수가 냉각된다.

③ 가압 : 콘덴서에서 냉각된 냉각수는 전자식 워터 펌프로 들어가고, 펌프는 냉각수가 시스템을 통해 효율적으로 순환할 수 있도록 압력을 가한다.

④ 열 교환 : 냉각수가 가압되면 냉각수는 전기 제어 및 구동 시스템을 통해 흐르면서 부품에서 여분의 열을 흡수한다. 이를 통해 시스템의 온도를 최적의 범위 내로 유지한다.

⑤ 온도 조절 : 냉각수의 흐름은 3방향 솔레노이드 밸브에 의해 조절된다. 냉각 필요에 따라 밸브는 냉각수를 배터리팩 또는 보조 냉각시스템으로 다시 보낸다.

⑥ 냉각수 순환 : 냉각된 냉각수는 다시 액체 냉각판으로 재순환되어 배터리 셀에서 더 많은 열을 흡수하고 이 사이클이 반복된다.

1.4.3. 유냉식

유냉식은 오일을 이용한 냉각으로 감속기의 윤활오일과 겸용으로 사용할 수 있다. 그리고 모터의 고정자와 회전자에 직접 오일을 분사하여 냉각하기 때문에 냉각 효과가 뛰어나다. 대표적으로 현대자동차의 아이오닉5, 기아 EV6, 제네시스 G80전기차, GV60 등이 모터 유냉방식이 적용되었다.

구체적으로 살펴보면 냉각수 회로와 오일 회로 2가지로 구성되어 있으며, 냉각수 회로는 전력변환부품을 냉각시키고, 오일쿨러에서 열 교환을 하는 것이다. 그리고 오일 회로에서는 구동모터만 직접 냉각을 시킨다.

1.4.4. 히트 펌프 냉각

일반적으로 전기자동차의 동력 전달 과정에서 전기에너지 중 약 20%가 열에너지로 사라진다. 따라서 전기자동차의 가장 큰 숙제는 낭비되는 열에너지를 최소화해 전력 효율을 높이는 것이다. 뿐만 아니라 모든 에너지를 배터리로부터 공급받는 전기자동차의 특성상, 인포테인먼트나 공조장치와 같은 편의 기능을 더 많이 사용할수록 주행거리가 줄어들 수밖에 없다.

또한, 겨울철에는 배터리의 효율이 낮아져 평소보다 주행거리가 줄어들고 충전 속도가 늦어지기도 한다. 이러한 문제를 해결하기 위해 히트 펌프 시스템을 통해 에너지 소모를 줄일 수 있다.

전기자동차의 히트 펌프 냉각은 액체 냉각과 비슷한 원리를 사용하지만, 전기자동차의 각종 전장 부품에서 발생하는 폐열을 실내 난방에 활용하는 히트 펌프는 열 교환기를 통해 열을 흡수한 후 압축기를 사용하여 열을 냉각 유체로 이동시켜 열을 효과적으로 이동시킨다. 이 방식은 전기모터와 배터리팩에서 발생하는 열을 효율적으로 제거하고, 외부 환경에 상관없이 에너지 소모를 줄이고 안정적인 냉각 효과를 제공하는 장점이 있다.

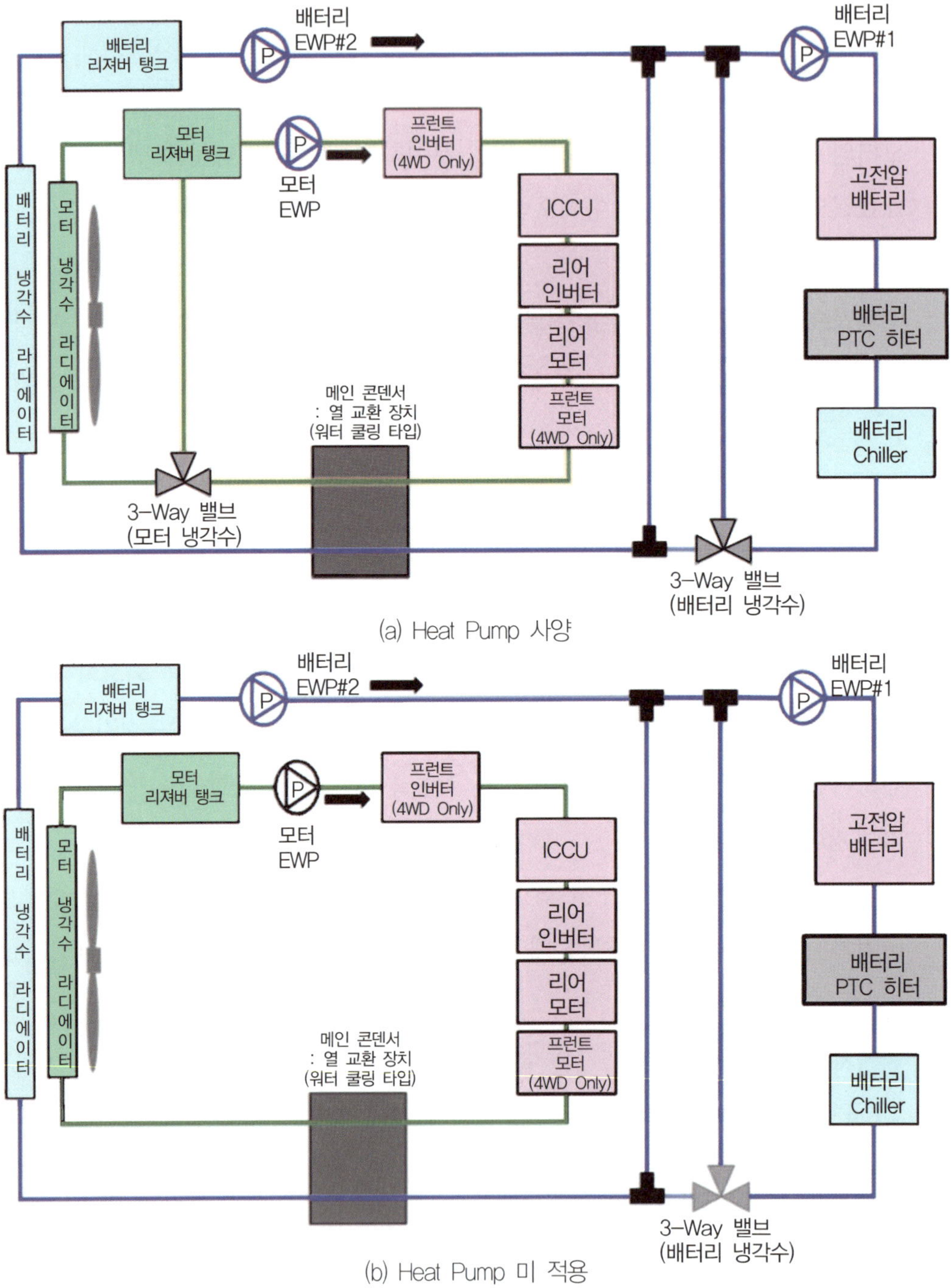

그림 5-1 Heat Pump의 냉각수 흐름도

1.5 전기자동차 구동모터에 냉각이 필요한 이유

① 허용 전류를 조금 더 상승시킬 수 있다. 모터의 권선이나 전력변환부품에서 발생하는 열은 대부분 저항 성분에 의해 발생한다. 열이 너무 많이 발생하면 부품의 한계치를 벗어날 수 있기 때문에 허용 전류라는 것이 존재한다. 따라서 냉각을 하게 되면 허용치보다 많은 전류를 흐르게 하여 출력을 높일 수 있다. 조금 더 어려운 말로는 전력 밀도를 높일 수 있다고 표현할 수 있다.

② 냉각으로 부품의 내구성을 높일 수 있다. 모터 및 전력변환부품 그리고 베어링과 같은 구동 부품들은 높은 열에 지속적으로 노출이 되면 수명이 줄어들 수 있다.

③ 영구자석형 모터의 경우 희토류 자석은 온도에 취약한 특성이 있어 불가역 감자(demagnetization)가 발생할 수 있다. 여기서 감자 현상은 온도가 높아지면 자석의 세기가 약해지는 것을 말한다. 그리고 온도가 낮아지면 다시 자석의 세기가 돌아와야 한다. 하지만 온도가 너무 높아지게 되면 자석의 세기가 약해진 상태로 고착되어 버리는 것이 불가역 감자이다.

④ 효율을 증가시킬 수 있다. 어떤 부품이든 적정한 온도에서 최상의 성능을 발휘한다. 따라서 냉각장치로 부품의 적정 온도를 유지시켜 최상의 성능을 발휘할 수 있게 하기에 높은 효율점에서 구동이 가능하다.

2 전기자동차 냉각장치 구성품

2.1 쿨링 팬

2.1.1. 개요

기존 내연기관의 경우 일반적으로 전면 라디에이터에 1개의 BLDC 엔진 냉각 팬이 장착되며, 더 큰 엔진이 장착된 일부 모델에는 2개가 장착되어 있다.

전기자동차에는 최대 3개의 라디에이터 팬이 장착된다. 이는 엔진 냉각에 사용되는 대신 고전압배터리팩과 구동 모터, 인버터, 전자제어장치를 냉각시킨다. 전기자동차 시동이 꺼지거나 고전압배터리팩을 충전하는 경우 이러한 팬이 계속 돌아가는 소리를 들을 수 있다.

쿨링 팬은 고전압배터리의 냉각 상태에 따라 BMS ECU의 PWM 신호에 의해 BLDC 모터를 9단으로 속도 제어를 한다. 쿨링 덕트는 쿨링 팬 작동 시 공기 흐름 통로의 역할을 한다. 인렛 온도 센서는 고전압배터리 1번 모듈 상단에 장착되어 있으며, 배터리시스템 어셈블리 내부의 공기 온도를 감지하는 역할을 한다. 인렛 온도 센서값에 따라 쿨링 팬의 작동 유무가 결정된다.

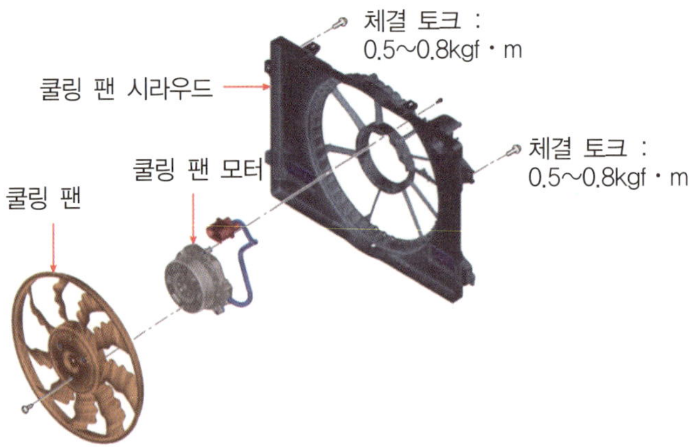

그림 5-2 쿨랭 팬

2.1.2. 탈거 및 장착

① 배터리 (−)터미널을 분리하고, 고전압을 차단한다.

② 프런트 트렁크를 탈거한다.

③ 배터리 (+)터미널을 분리한다.

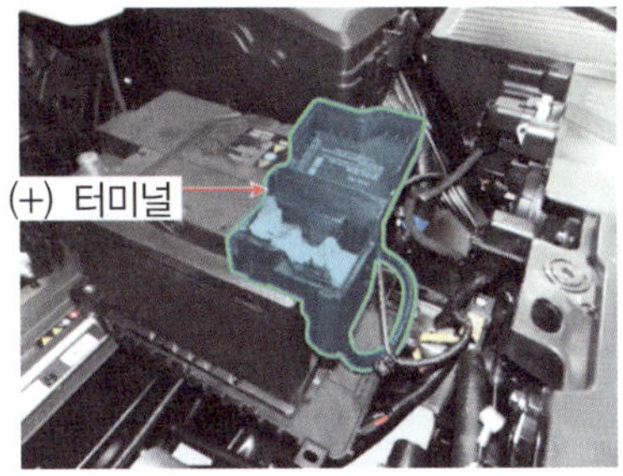

그림 5-3 (+)터미널 분리

④ 쿨링 팬 커넥터를 분리한다.

그림 5-4 쿨링 팬 커넥터를 분리

⑤ 쿨링 팬 시라우드에서 쿨링 팬 커넥터를 분리한다.

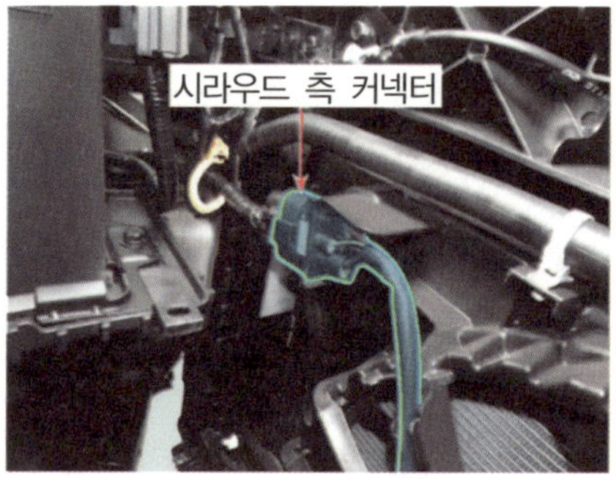

그림 5-5 시라우드에서 쿨링 팬 커넥터 분리

⑥ 쿨링 팬에서 라디에이터 상부 호스를 분리한다.

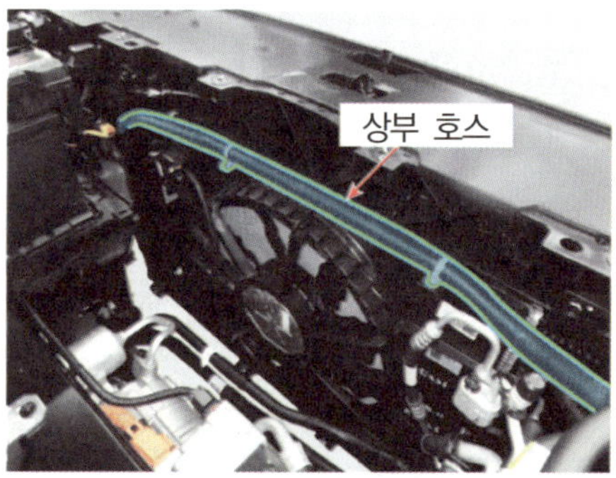

그림 5-6 라디에이터 상부 호스 분리

⑦ 쿨링 팬 고정 볼트를 풀고, 쿨링 팬 어셈블리를 탈거한다(체결 토크 : 0.5~0.8kgf · m).

그림 5-7 쿨링 팬 어셈블리 탈거

⑧ 장착은 탈거의 역순으로 진행한다.

2.1.3. 팬 모터 점검

① 점화스위치 "OFF", 자기진단 커넥터에 진단기기를 연결한다.

② 변속단 P위치 및 점화스위치 "ON"(Power 버튼 LED "Red"), "강제구동" 기능을 선택한다.

③ 쿨링 팬 모터를 강제구동시킨다. 팬 모터 강제구동에는 저속 및 고속 2가지 기능이 있다.

④ 팬 모터 저속 점검

㉮ 강제구동 기능의 "팬 모터 저속" 항목을 수행한다.

그림 5-8 "팬 모터 저속" 항목 수행

㉯ 시작 버튼을 눌러 강제구동을 실시한다.

㉰ 쿨링 팬의 작동을 육안으로 확인한다.

㉱ 정지 버튼을 눌러 강제구동을 정지시킨다.

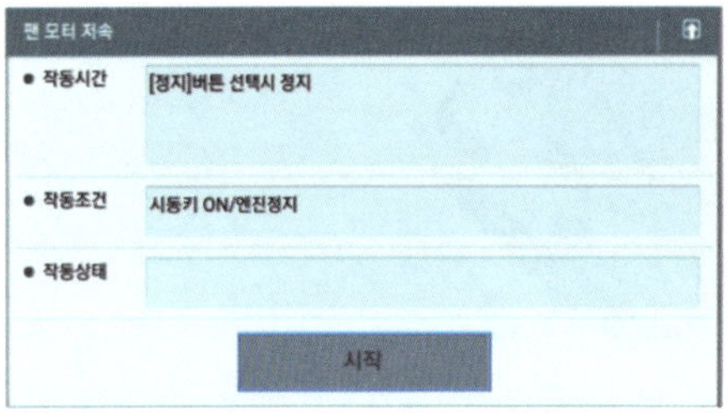

그림 5-9 강제구동 실시

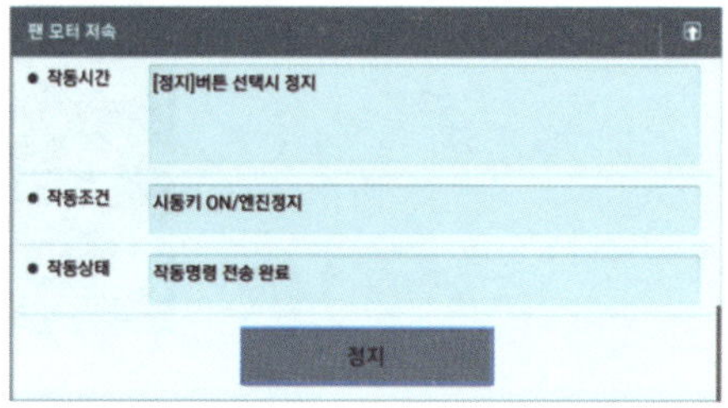

그림 5-10 강제구동 정지

⑤ 팬 모터 고속 점검

㉮ 강제구동 기능의 "팬 모터 고속" 항목을 수행한다.

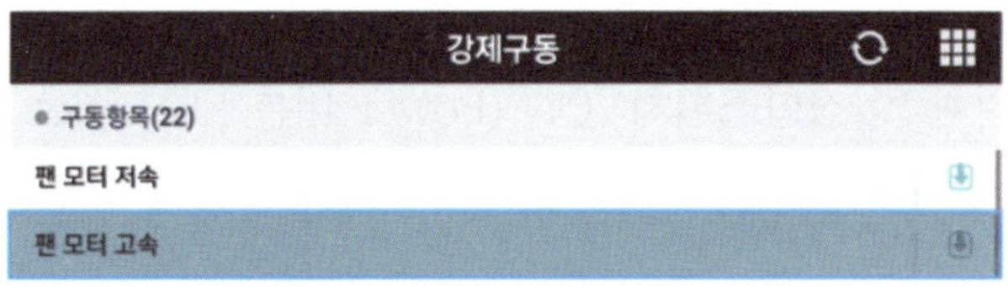

그림 5-11 "팬 모터 고속" 항목 수행

㉯ 시작 버튼을 눌러 강제구동을 실시한다.

㉰ 쿨링 팬의 작동을 육안으로 확인한다.

㉱ 정지 버튼을 눌러 강제구동을 정지시킨다.

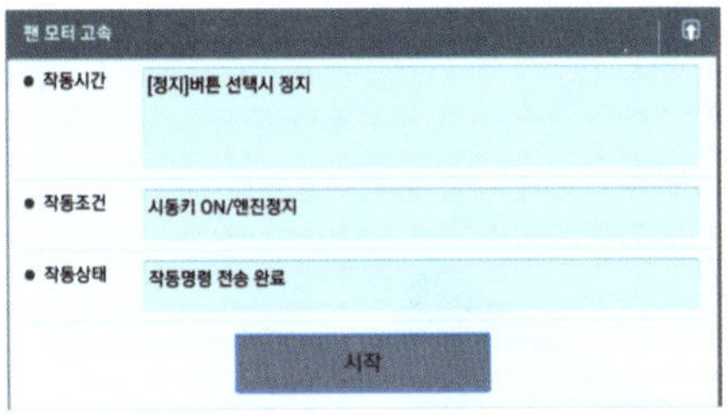

그림 5-12 강제구동 실시

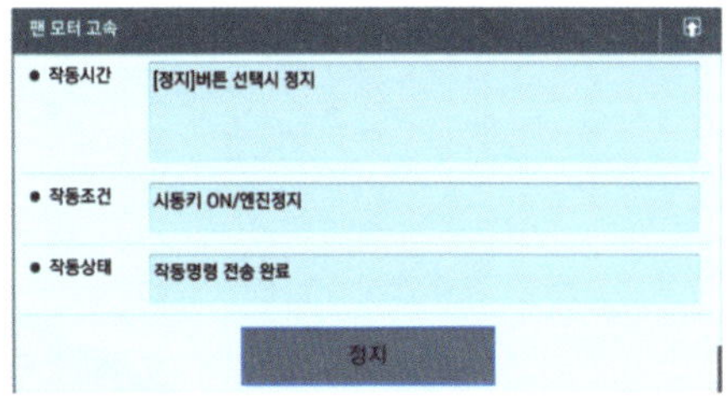

그림 5-13 강제구동 정지

2.2 라디에이터

2.2.1. 개요

현재 전기자동차 라디에이터는 일반적으로 수도관과 방열판은 대부분 알루미늄으로 만들어져 있으며, 알루미늄 수도관은 물결 모양의 방열판으로 평평한 모양으로 만들어져 방열 성능이 강조된다. 설치 방향은 바람의 저항을 가능한 작게 하고 냉각 효율이 높아야 하기 때문에 공기 흐름 방향과 수직이다. 냉각수는 라디에이터 코어로 흐르고 공기는 라디에이터 코어 외부를 통과하여 뜨거운 냉각수는 공기로 열을 방출하여 차가워지고, 차가운 공기는 냉각수가 방출하는 열을 흡수하여 가열되며 전체 순환을 통해 방열이 이루어진다.

전기자동차 라디에이터는 수냉식 냉각시스템의 중요한 구성 요소로서 경량화, 가성비, 편의성이 요구되며 현재 우리나라의 전기자동차 라디에이터는 크게 DC형과 직교류형 두 가지로 나뉜다. 열 교환기의 코어 구조에는 튜브 시트 유형과 튜브 밴드 유형의 두 가지 유형이 있으며, 핀형 라디에이터의 핵심은 많은 얇은 냉각 튜브와 핀으로 구성되어 있다. 냉각 튜브는 공기 저항을 줄이고 열 전달 영역을 증가시키기 위해 편평한 단면을 채택하고 있다.

2.2.2. 탈거 및 장착

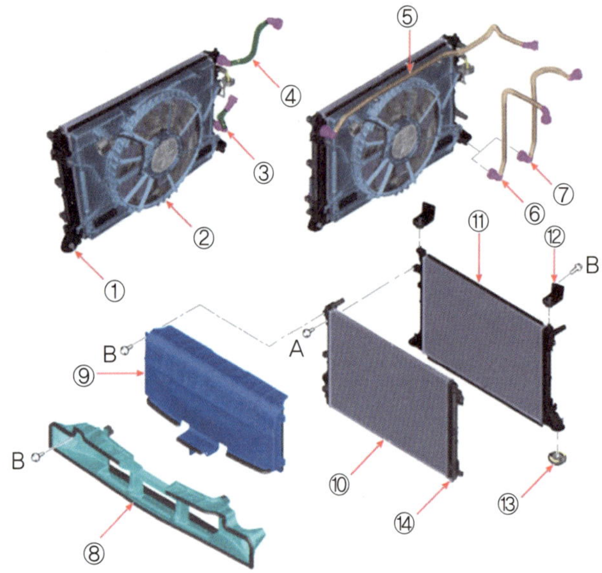

1. 전장 및 모터 라디에이터 드레인 플러그
2. 쿨링 팬
3. 고전압배터리 라디에이터 하부 호스
4. 고전압배터리 라디에이터 상부 호스
5. 전장 모터 라디에이터 상부 호스
6. 전장 및 모터 라디에이터 하부호스(히트펌프 미적용)
7. 전장 및 모터 라디에이터 하부호스(히트펌프 적용)
8. 라디에이터 하부 에어가드
9. 라디에이터 상부 에어가드
10. 고전압배터리 라디에이터
11. 전장 및 모터 라디에이터
12. 라디에이터 상부 마운팅 브라켓
13. 라디에이터 하부 마운팅
14. 고전압배터리 라디에이터 드레인 플러그

체결토크(kgf · m) – A : 0.5~0.8,
B : 0.8~1.2

그림 5-14 라디에이터 구성

① 쿨링 팬 어셈블리를 탈거한다.

② 모터 라디에이터 드레인 플러그를 열어 냉각수를 배출한다.

③ 고전압배터리 라디에이터 드레인 플러그를 열어 냉각수를 배출한다.

④ 프런트 범퍼 빔을 탈거한다.

⑤ 후드 랫치 어셈블리를 탈거한다.

⑥ 라디에이터 상부 에어가드를 탈거한다(체결토크 : 0.8~1.2kgf · m).

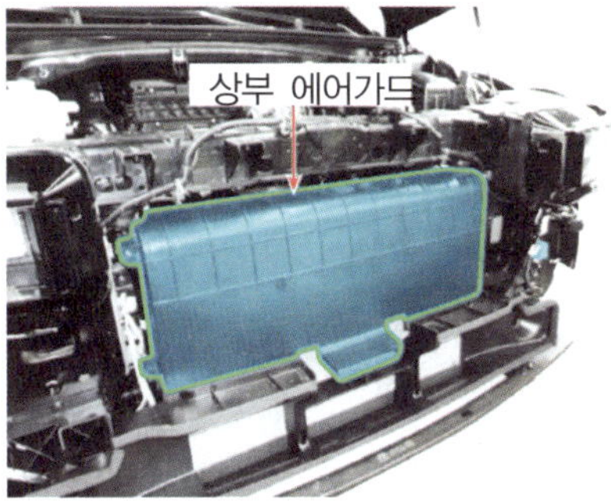

그림 5-15 라디에이터 상부 에어가드 탈거

⑦ 라디에이터 하부 에어가드를 탈거한다(체결토크 : 0.8~1.2kgf · m).

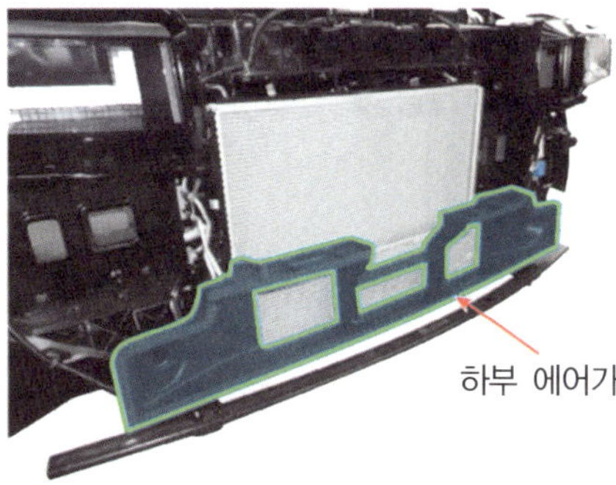

그림 5-16 라디에이터 하부 에어가드 탈거

⑧ 에어컨 냉매 파이프 마운팅 볼트를 탈거한다(체결토크 : 0.5~0.8kgf · m).

그림 5-17 에어컨 냉매 파이프 마운팅 볼트 탈거

⑨ 라디에이터에서 콘덴서를 분리한다(체결토크 : 0.5~0.8kgf·m).

그림 5-18 콘덴서 분리

⑩ 모터 라디에이터 상부 호스를 분리한다.

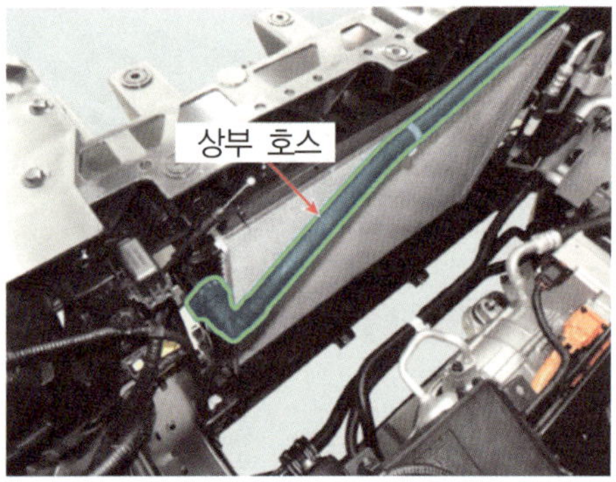

그림 5-19 모터 라디에이터 상부 호스 분리

⑪ 모터 라디에이터 하부 호스를 분리한다.

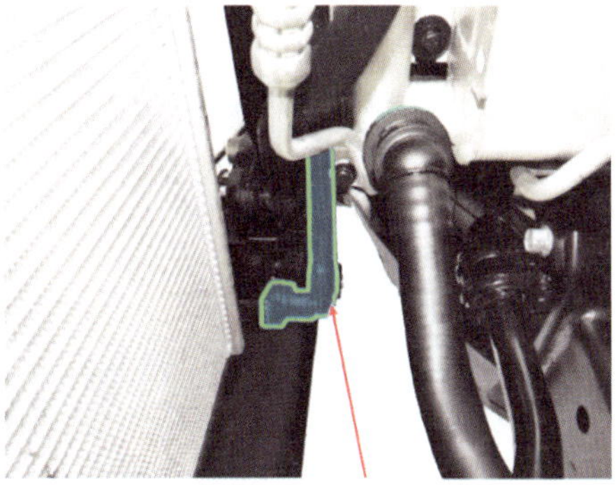

그림 5-20 모터 라디에이터 하부 호스 분리

⑫ 고전압배터리 라디에이터 상부 호스를 분리한다.

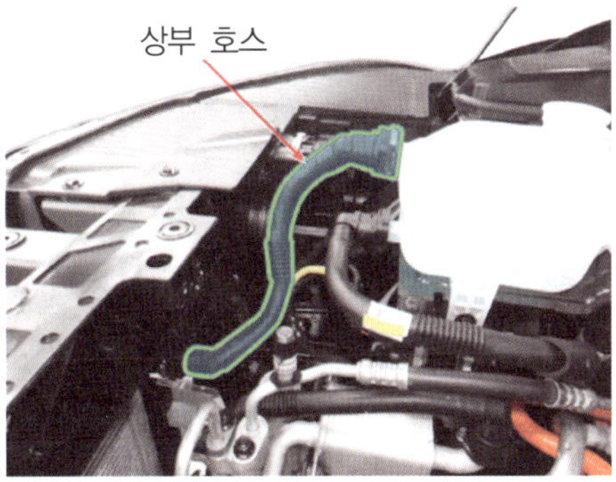

그림 5-21 고전압배터리 라디에이터 상부 호스 분리

⑬ 고전압배터리 라디에이터 하부 호스를 분리한다.

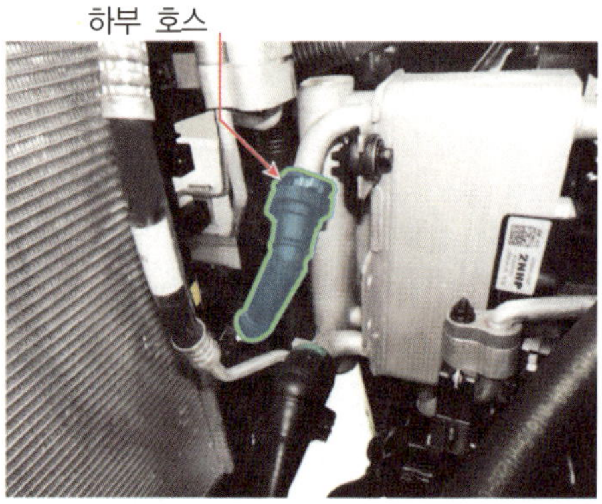

그림 5-22 고전압배터리 라디에이터 하부 호스 분리

⑭ 라디에이터 상부 마운팅 브라켓을 탈거한다(체결토크 : 0.8~1.2kgf · m).

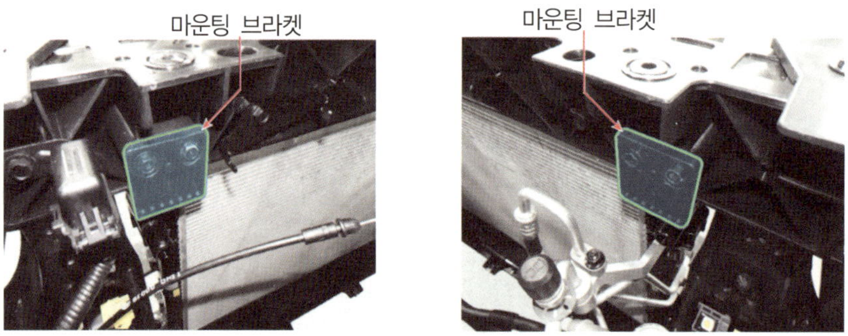

(a) LH (b) RH

그림 5-23 마운팅 브라켓 탈거

⑮ 모터 라디에이터와 고전압배터리 라디에이터를 같이 탈거한다.

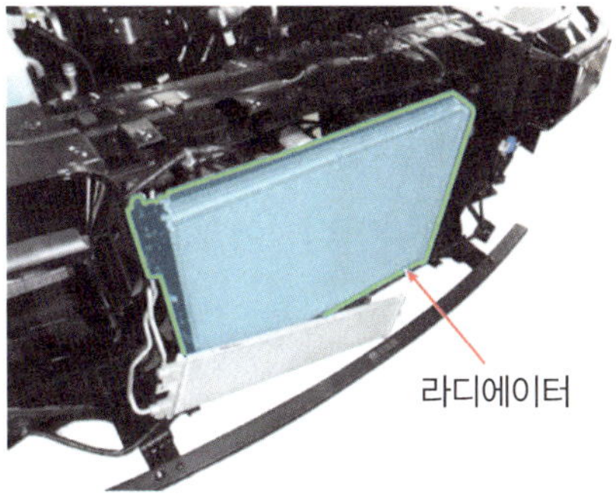

그림 5-24 모터 라디에이터와 고전압배터리 라디에이터 탈거

⑯ 라디에이터 마운팅 볼트를 풀고, 고전압배터리 라디에이터를 탈거한다(체결토크 : 0.5~0.8kgf · m).

⑰ 모터 라디에이터를 탈거한다.

그림 5-25 고전압배터리 라디에이터 및 모터 라디에이터 탈거

⑱ 장착은 탈거의 역순으로 진행한다.

⑲ 모터 냉각수를 주입한다.

⑳ 고전압배터리 냉각수를 주입한다.

2.3 액티브 에어플랩(AAF, Active Air Flap)

2.3.1. 개요

액티브 에어 플랩은 라디에이터 그릴 후면에 개폐가 가능한 에어 플랩을 설치하여 모터의 냉각을 위한 공기의 유입량을 제어한다. 이 시스템은 고속 주행 시 플랩을 닫아 공기 저항을 감소시켜 연비의 향상 및 주행 안정성을 향상시킨다. 또한 모터의 고온 시에는 플랩을 열어 모터를 냉각시킨다. 에어컨 컴프레서가 작동하는 동안에는 플랩을 열어 냉매의 압력을 보호하고 냉간 시동 시에는 플랩을 닫아 모터의 웜업 시간을 단축시키는 역할을 한다. 액티브 에어플랩 제어기가 P-CAN을 통해 EMS, DATE/FATC로부터 각종 차량의 조건을 입력받아 제어 조건을 판단하고 모터를 통하여 제어한다.

2.3.2. 작동원리

액티브 에어플랩(AAF)은 시동에 준하는 차량 조건을 만족할 때 작동된다.

표 5-2 AAF 작동원리

시동 조건	차량 상태	AAF 작동
시동 버튼 1회	ACC ON	×
시동 버튼 2회	IG 1	×
브레이크 + 시동버튼	IG 2	O
메인 배터리 충전	IG 3	O
보조배터리 충전	IG 3	O
솔라루프 작동	IG 3	O
원격 시동	IG 2	O

주행 중 작동 조건은 PE 시스템 주요 부품의 온도 조건을 우선으로 차속에 맞춰 작동된다.

① 주요 시스템 : 인버터, 히트 싱크, IGBT, 모터, LDC, 배터리, OBC, A/C, HEAT PUMP

② 다단 제어 : 차량 조건에 따라 플랩의 열림량을 조절한다.

㉮ CLOSE

㉯ 1st OPEN : 25%

㉰ 2nd OPEN : 50%

㉱ F/OPEN : 100%

표 5-3 AAF 제원

항목	제원
작동 온도	-40~85℃
작동 전압	DC 9~16V
정격 전압	DC 12V
정격 전류(무부하)	600mA 이하

2.3.3. 액티브 에어플랩(AAF) 탈거 및 장착

① 배터리 (-)터미널을 분리하고, 고전압을 차단한다.

② 프런트 범퍼를 탈거한다.

③ 액티브 에어플랩(AAF) 컨트롤 유닛 커넥터를 분리한다.

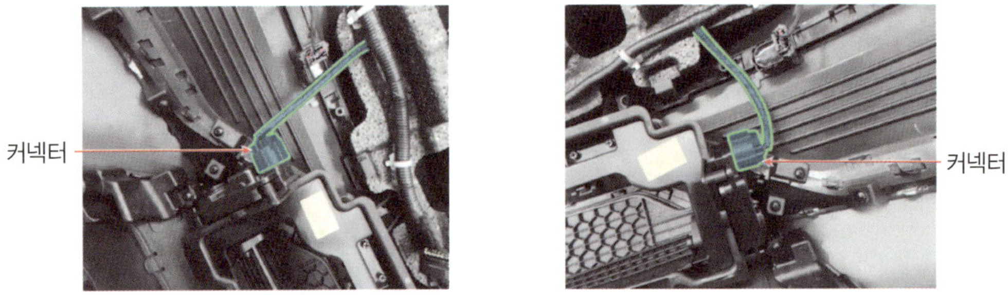

(a) LH (b) RH

그림 5-26 AAF 컨트롤 유닛 커넥터 분리

④ 액티브 에어플랩(AAF)을 탈거한다(체결토크 : 0.8~1.0kgf·m). 외부 이물질이 플랩 사이에 끼어 있는지 점검한다.

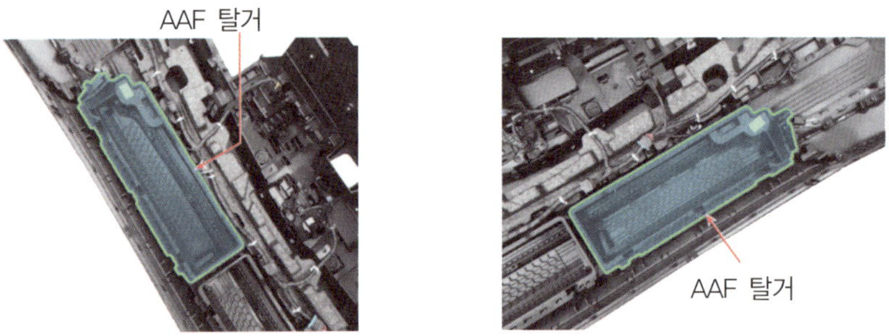

(a) LH (b) RH

그림 5-27 액티브 에어플랩(AAF) 탈거

⑤ 장착은 탈거의 역순으로 진행한다.

2.3.4. 액티브 에어플랩(AAF) 액추에이터 탈거 및 장착

① 액티브 에어플랩(AAF) 액추에이터를 탈거한다.

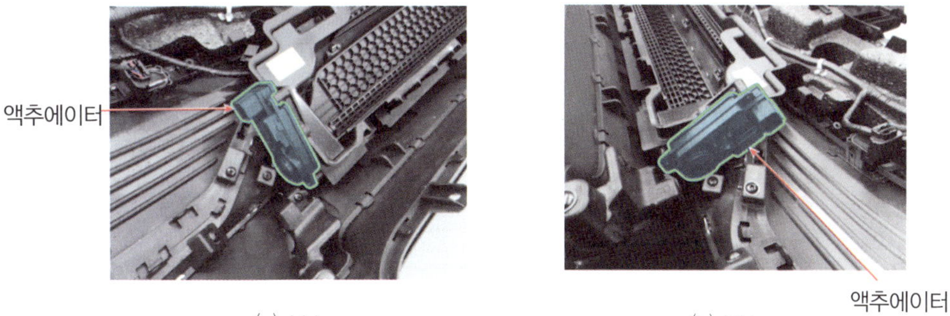

(a) LH (b) RH

그림 5-28 액티브 에어플랩(AAF) 액추에이터 탈거

② 장착은 탈거의 역순으로 진행한다.

2.4 모터 냉각시스템

2.4.1. 냉각수 교환 및 공기빼기

전기자동차 관련 냉각시스템과 라디에이터가 뜨거울 때는 고온, 고압의 냉각수가 분출되어 화상을 입을 수 있으니 압력 캡을 절대로 열지 않으며, 관련 장치들이 충분히 냉각된 상태일 때 개방한다.

주의사항

1. 냉각수 교환 시 냉각수가 전기 장치 등에 묻지 않도록 주의한다.
2. 서로 다른 상표의 냉각수를 혼합하여 사용하지 않는다.
3. 냉각수를 보충하거나 교환 시 압력 캡 라벨과 리저버 탱크의 냉각수 색깔을 확인하고, 순정 냉각수를 사용한다.
4. 저전도 냉각수 압력 캡은 정비사만 탈거하도록 한다.
5. 저전도 냉각수는 물과 희석하여 사용하지 않는다. 물과 섞이지 않도록 주의한다.
6. 녹 방지제를 첨가하여 사용하지 않는다.

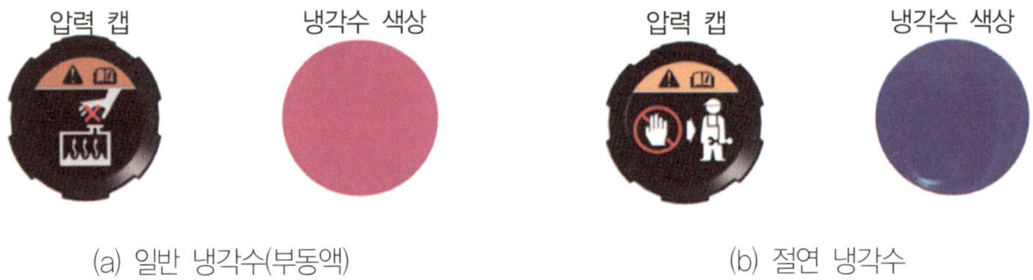

그림 5-29 일반 냉각수(부동액)와 절연 냉각수 비교

① 모터와 모터 라디에이터의 열이 식었는지 확인한다.

② 리저버 탱크 압력 캡을 연다.

그림 5-30 리저버 탱크 압력 캡 개방

③ 프런트 언더 커버를 탈거한다.

④ 드레인 플러그를 풀고 냉각수를 배출한다.

⑤ 냉각수 배출이 완료되면 라디에이터 드레인 플러그를 잠근다.

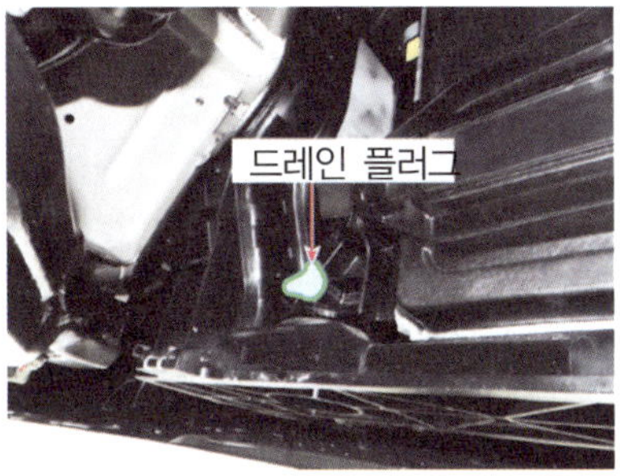

그림 5-31 드레인 플러그

⑥ 부동액과 물 혼합액(45~50%)을 모터 리저버 탱크에 천천히 채운다. 냉각수의 농도가 60% 이상인 경우 냉각 효과를 감소시킬 수 있으므로 권장하지 않는다.

표 5-4 모터 냉각수 용량

냉각수		제원	
		160kW(2WD)	70kW+160kW(4WD)
일반형	히트 펌프 미적용 사양	약 6.4L	약 6.8L
	히트 펌프 적용 사양		
항속형	히트 펌프 미적용 사양		
	히트 펌프 적용 사양		

⑦ 진단기기 부가기능의 "전자식 워터 펌프 구동" 항목을 다음 순서대로 수행한다. 전자식 워터 펌프(EWP, Electric Water Pump) 강제 구동 시, 배터리 방전을 막기 위해 12V 배터리를 충전시키면서 작업한다.

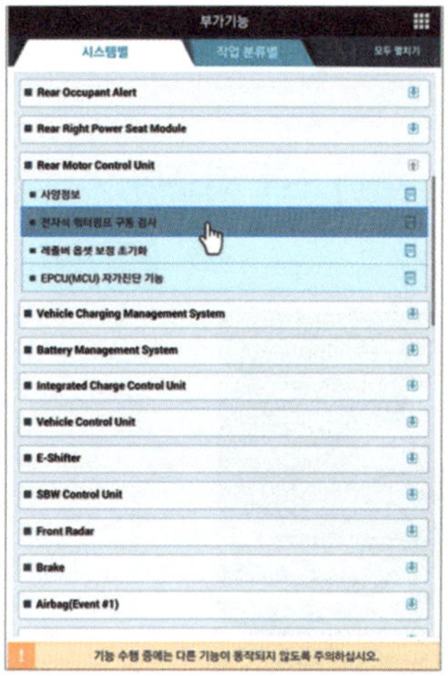
부가기능
시스템별
작업 분류별
Rear Occupant Alert
Rear Right Power Seat Module
Rear Motor Control Unit
사양정보
전자식 워터펌프 구동 검사
EPCU(MCU) 자가진단 기능
Vehicle Charging Management System
Battery Management System
Integrated Charge Control Unit
Vehicle Control Unit
E-Shifter
SBW Control Unit
Front Radar
Brake
Airbag(Event #1)
기능 수행 중에는 다른 기능이 동작되지 않도록 주의하십시오.

(a)

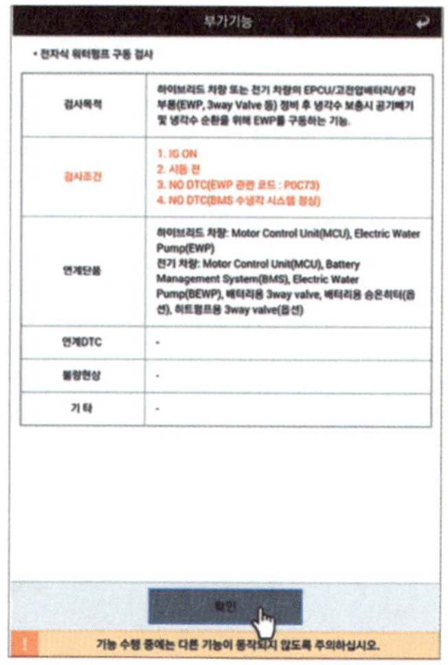
부가기능
전자식 워터펌프 구동 검사
검사목적
검사조건
1. IG ON
2. 시동 전
3. NO DTC(EWP 관련 코드 : P0C73)
4. NO DTC(BMS 수냉각 시스템 정상)
연계단품
연계DTC
불량현상
기 타
확인
기능 수행 중에는 다른 기능이 동작되지 않도록 주의하십시오.

(b)

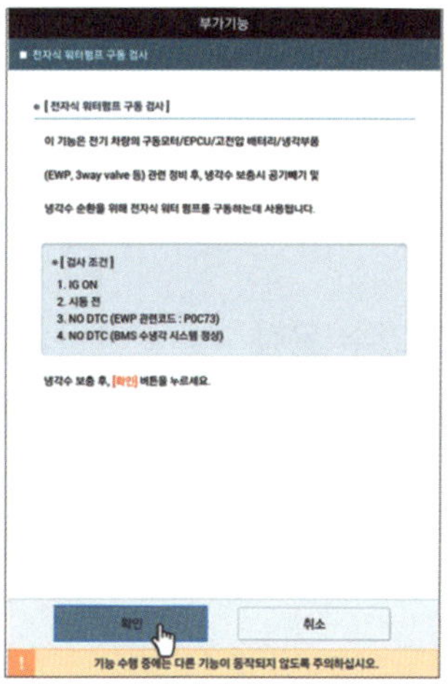
부가기능
전자식 워터펌프 구동 검사
[검사 조건]
1. IG ON
2. 시동 전
3. NO DTC (EWP 관련코드 : P0C73)
4. NO DTC (BMS 수냉각 시스템 정상)
확인
취소
기능 수행 중에는 다른 기능이 동작되지 않도록 주의하십시오.

(c)

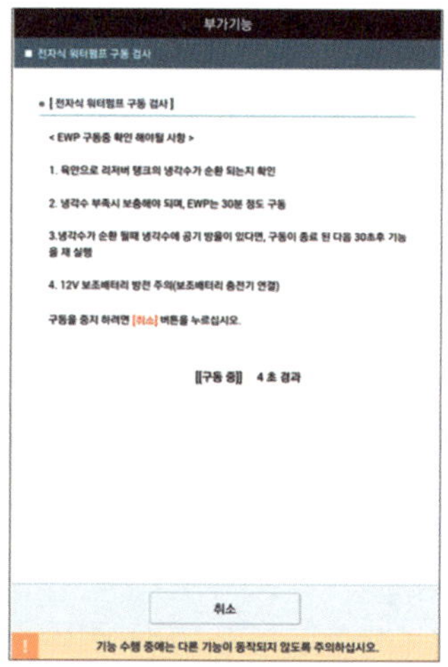
부가기능
전자식 워터펌프 구동 검사
취소
기능 수행 중에는 다른 기능이 동작되지 않도록 주의하십시오.

(d)

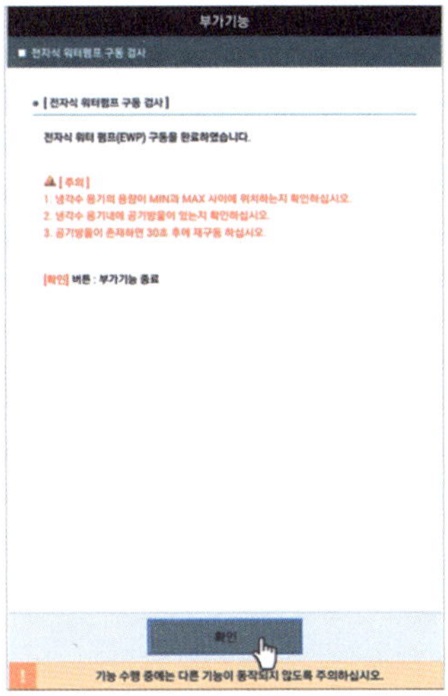

(e)

그림 5-32 전자식 워터 펌프 구동

⑧ 전자식 워터 펌프(EWP)가 작동하고 냉각수가 순환하면 모터 냉각수 리저버 탱크를 통해 냉각수를 보충한다. 전자식 워터 펌프(EWP)가 냉각수 없는 상태에서 작동되면 베어링 마찰로 인해 손상될 수 있으므로 주의한다.

⑨ 전자식 워터 펌프(EWP) 작동 중 소음이 적어지고 리저버 탱크에서 더 이상 공기방울이 발생하지 않으면 냉각시스템의 공기빼기는 완료된 것이다.

주의사항

1. 전자식 워터 펌프(EWP)는 1회 강제구동으로 약 30분간 작동되나 필요시 공기빼기가 완료될 때까지 수회 반복하여 작동시켜야 한다.
2. 공기빼기가 완료된 후 전자식 워터 펌프(EWP)가 작동하는 동안 리저버 탱크의 냉각수가 공기방울 발생 없이 잘 순환되는지 육안으로 리저버 탱크 내부를 확인한다. 만일 냉각수 흐름이 원활하지 않거나 공기방울이 여전히 발생되면 6~8항을 반복한다.

⑩ 공기빼기가 완료되면 전자식 워터 펌프(EWP)의 작동을 멈추고, 리저버 탱크의 "MAX" 선까지 냉각수를 채운 후 압력 캡을 잠근다. 냉각수가 완전히 식었을 때, 냉각 시스템 내부공기 배출 및 냉각수 보충이 가장 용이하게 이루어지므로, 냉각수 교환 후 2~3일 정도는 리저버 탱크의 냉각수 용량을 재확인한다.

⑪ 차량시동 후 냉각 호수 및 파이프 연결부위 누수 여부를 점검한다.

⑫ 프런트 언더 커버를 장착한다.

2.4.2. 리저버 탱크 탈거 및 장착

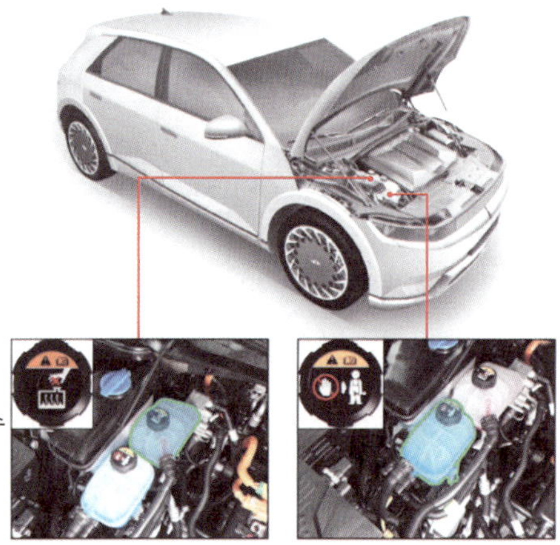

그림 5-33 리저버 탱크 설치 위치

① 프런트 트렁크를 탈거한다.

② 고전압배터리 리저버 탱크를 탈거한다.

③ 모터 리저버 탱크에서 인렛 호스를 분리한다.

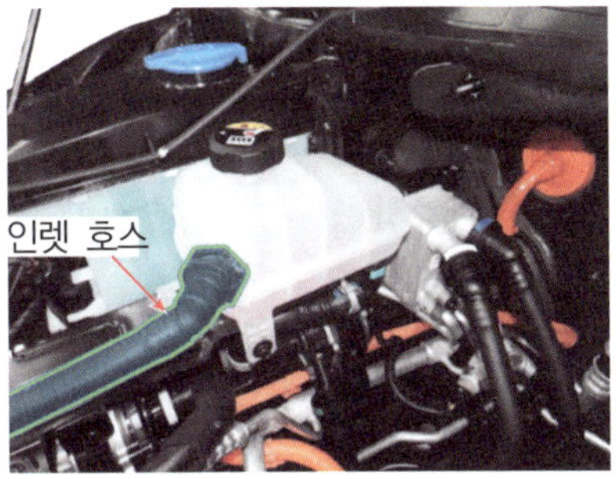

그림 5-34 인렛 호스 분리

주의사항

1. 퀵 커넥터 호스 탈거 시, 퀵 커넥터 클램프를 위로 잡아당기고 분리한다.

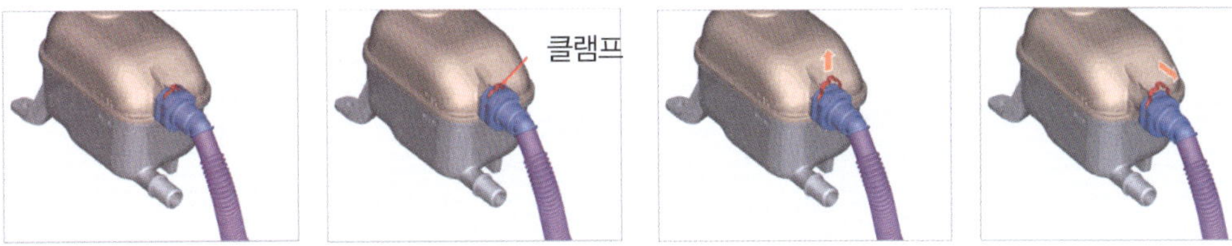

그림 5-35 퀵 커넥터 호스 탈거 순서

2. 퀵 커넥터 타입 호스 작업 시 커넥터 내부의 고무 씰을 만지거나 탈거하지 않는다.
3. 퀵 커넥터 장착 시 "클릭" 니플 음이 들릴 때까지 장착한다.

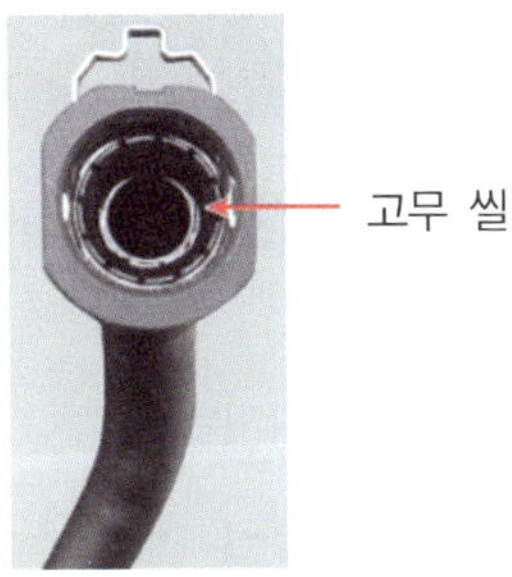

그림 5-36 고무 씰 위치

④ 모터 리저버 탱크를 탈거한다.

㉮ 모터 리저버 탱크 아웃렛 호스를 분리한다.

㉯ 모터 리저버 탱크를 탈거한다(체결토크 : 0.8~1.2kgf · m).

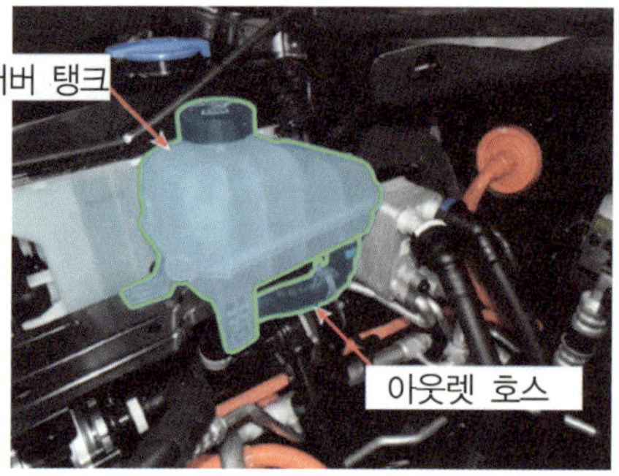

그림 5-37 모터 리저버 탱크 탈거

⑤ 리저버 탱크 브라켓을 탈거한다(체결토크 : 0.8~1.2kgf · m).

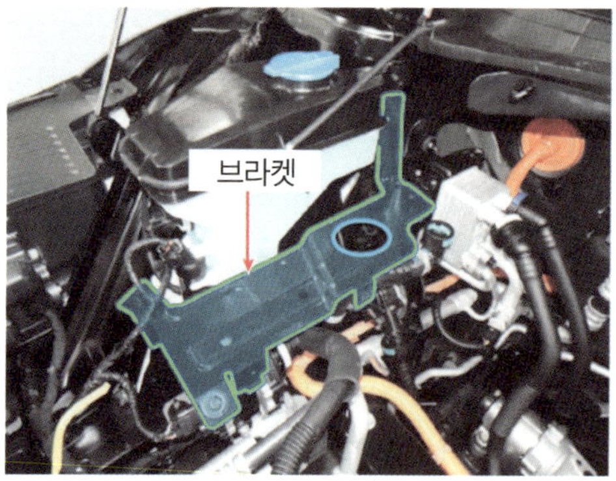

그림 5-38 리저버 탱크 브라켓 탈거

⑥ 장착은 탈거의 역순으로 진행한다.

⑦ 전장 및 모터 냉각수를 주입한다. 냉각수 주입 시 진단기기를 이용하여 공기빼기 작업을 진행한다.

2.5 전자식 워터 펌프(EWP, Electric Water Pump)

2.5.1. 개요

전자식 워터 펌프(EWP)는 통합전력제어장치(EPCU), 모터, 완속충전기(OBC), 감속기어 오일 쿨러 등의 냉각 회로에 냉각수를 순환시키는 역할을 한다. 작동은 모터 시스템의 냉각수 온도가 한계점(통합전력제어장치(EPCU)에 설정) 이상으로 오르면 통합전력제어장치(EPCU)는 전자식 워터 펌프(EWP)를 작동하기 위해 CAN 통신을 통해 전자식 워터 펌프(EWP)로 명령을 보낸다. 전자식 워터 펌프(EWP)는 작동 유무를 CAN 통신을 통해 통합전력제어장치(EPCU)로 보낸다(작동 전압 13.5~14.5V, 냉각수 온도 75℃ 이하).

2.5.2. 탈거 및 장착

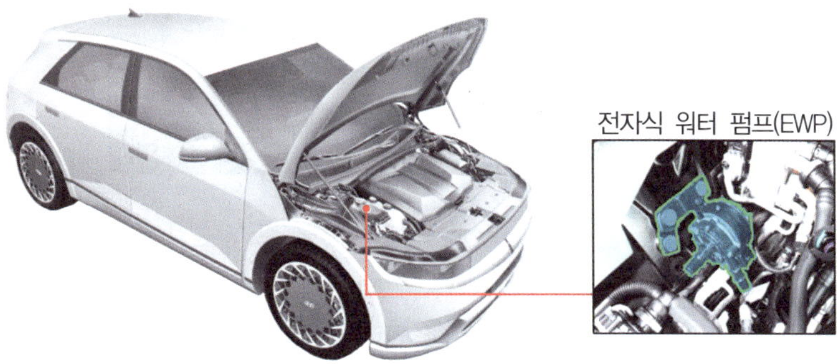

그림 5-39 전자식 워터 펌프(EWP) 설치 위치

표 5-5 전자식 워터 펌프(EWP) 제원

항목	제원	비고
형식	워터 펌프	전기식(BLDC)
작동 전압	9~16V	–
작동 조건	LIN control	–
용량	1.43kgf/cm^2 / 14LPM(분당 리터)/13.5~14.5V	–
정격 전류	Max 10A	–
최대 전류	Max 15A	
작동 온도 조건	-40~135℃	-40~275℉

① 리저버 탱크 브라켓을 탈거한다.

② 전자식 워터 펌프(EWP) 인렛 호스를 분리한다.

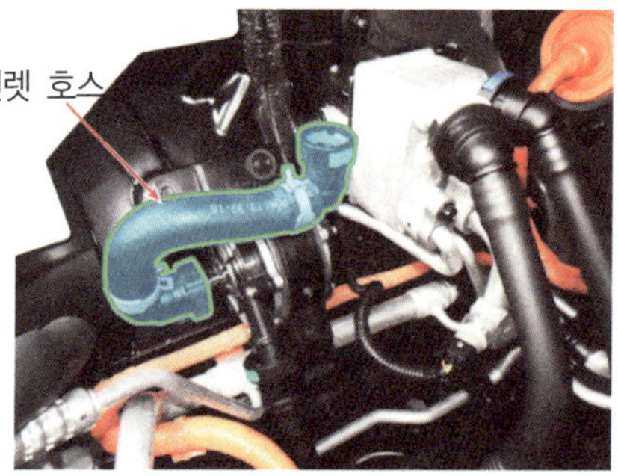

그림 5-40 인렛 호스 분리

③ 전자식 워터 펌프(EWP) 아웃렛 호스를 분리한다.

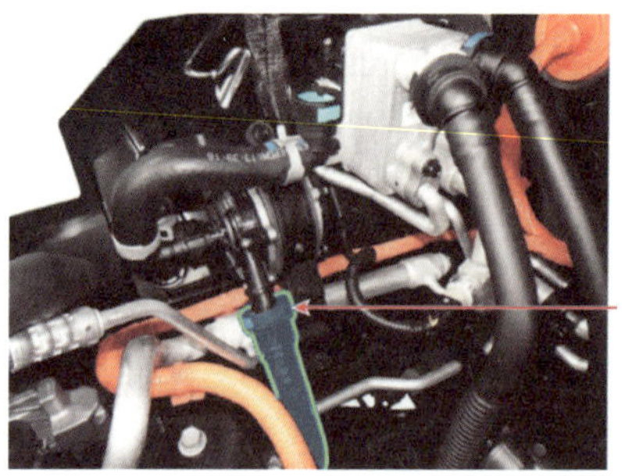

그림 5-41 아웃렛 호스 분리

④ 전자식 워터 펌프(EWP) 커넥터를 분리한다.

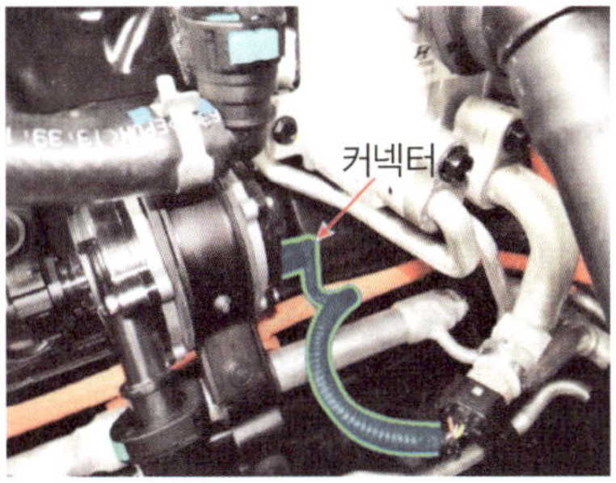

그림 5-42 커넥터 분리

⑤ 전자식 워터 펌프(EWP)를 탈거한다(체결토크 : 0.8~1.2kgf·m).

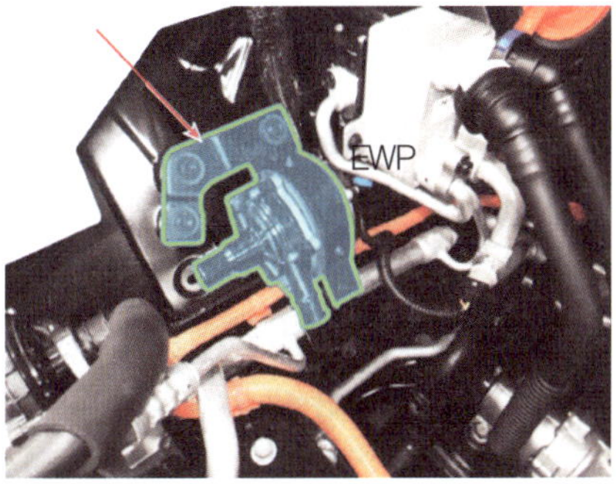

그림 5-43 전자식 워터 펌프(EWP) 탈거

⑥ 장착은 탈거의 역순으로 진행한다.

⑦ 전장 및 모터 냉각수를 주입한다. 냉각수 주입 시 진단기기를 이용하여 공기빼기 작업을 진행한다.

2.6 리어 모터 및 감속기 오일 쿨러 탈거 및 장착

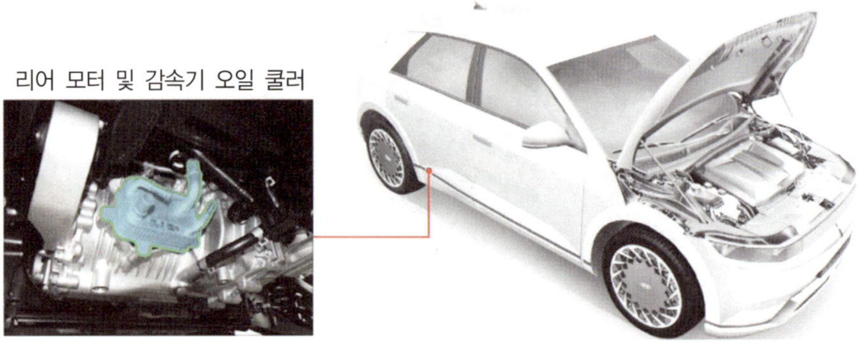

그림 5-44 리어 모터 및 감속기 오일 쿨러 설치 위치

① 리어 언더 커버를 탈거한다.

② 리어 모터오일 쿨러 냉각수 인렛 호스를 분리하고, 냉각수를 배출한다.

그림 5-45 인렛 호스 분리

주의사항

1. 호스 탈거 시 퀵 커넥터의 클램프를 누른 상태에서 탈거한다.
2. 퀵 커넥터 타입 호스 작업 시 커넥터 내부의 고무 씰을 만지거나 탈거하지 않는다.
3. 퀵 커넥터 장착 시 “클릭” 니플 음이 들릴 때까지 장착한다.

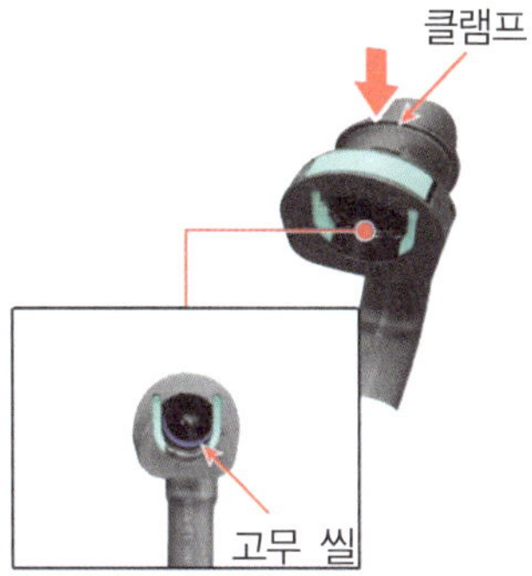

그림 5-46 퀵 커넥터 탈거

③ 오일 쿨러에서 오일 호스를 분리한다.

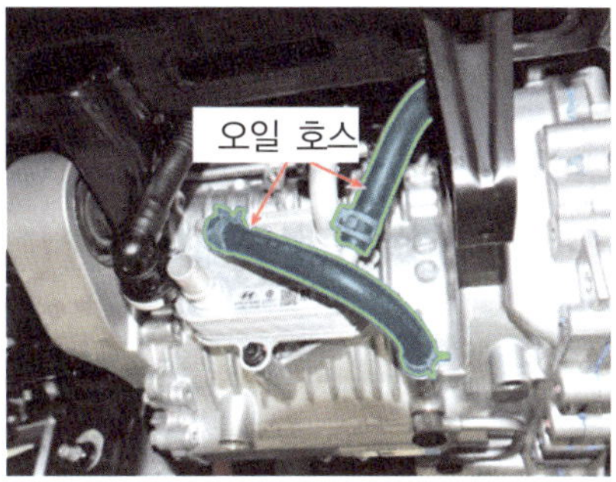

그림 5-47 오일 호스 분리

④ 리어 모터 오일 쿨러 냉각수 아웃렛 호스를 분리한다.

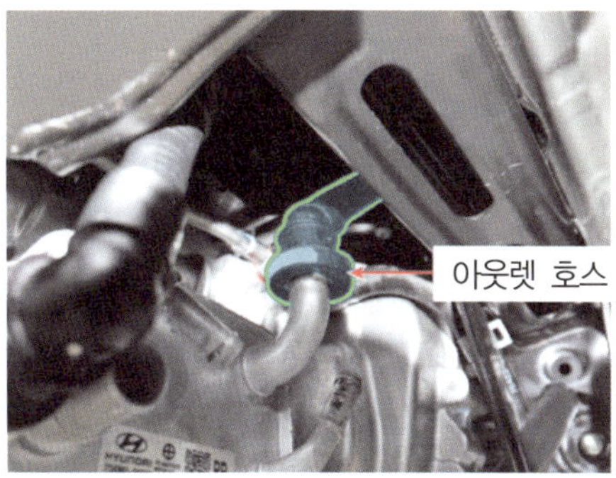

그림 5-48 아웃렛 호스 분리

⑤ 장착 볼트 및 너트를 풀고, 리어 오일 쿨러를 탈거한다(체결토크 : 0.7~1.0kgf · m).

그림 5-49 리어 오일 쿨러 탈거

⑥ 장착은 탈거의 역순으로 진행한다.

2.7 3웨이 밸브

2.7.1. 개요

3웨이 밸브는 전압 인가 시 전류를 제어하는 전자식 액추에이터, 냉각수를 보내는 밸브 하우징, 실제 냉각수 유동을 제어하는 밸브로 구성되어 있다. 히트 펌프 작동 시 라디에이터로 가는 냉각수를 바이패스시켜 히트 펌프의 난방성능을 향상시킨다. 히트 펌프 작동 시 Chiller(냉간) 쪽으로 추가 열원이 되는 데워진 냉각수를 공급하여 히트 펌프의 난방 성능을 향상시킨다. 모터가 정지하고 밸브 고장으로 인해 정상적으로 작동하지 않을 경우 토션 스프링의 자동 안전 기능이 밸브를 히트 펌프의 OFF 방향으로 회전시킨다. 이때는 라디에이터 쪽으로 냉각수의 유로가 설치되어 냉각수의 온도가 상승하지 않는다.

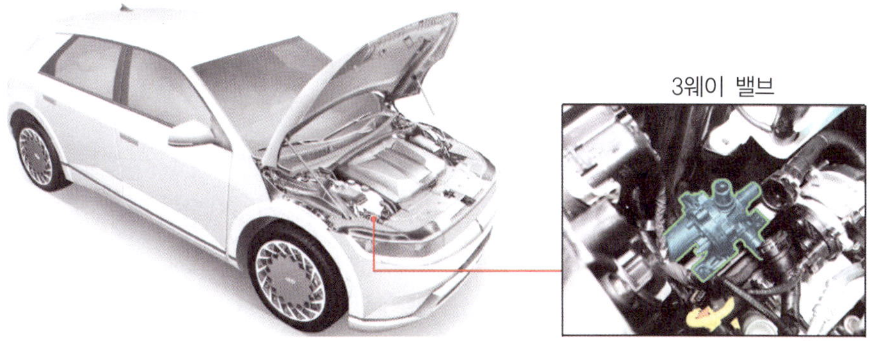

그림 5-50 3웨이 밸브 설치 위치

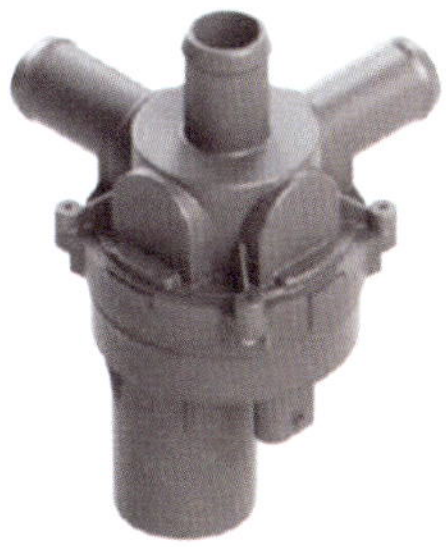

그림 5-51 3웨이 밸브

2.7.2. 작동원리

히트 펌프용 3웨이 밸브는 전압인가 시 전자식 액추에이터가 볼 밸브를 회전시키고 볼의 각도에 따라 냉각수의 출입구가 결정된다.

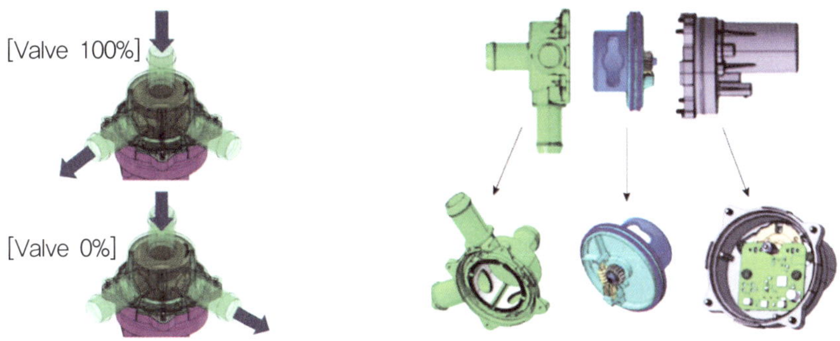

그림 5-52 3웨이 밸브 작동원리

2.7.3. 탈거 및 장착

① 리저버 탱크 브라켓을 탈거한다.

② 3웨이 밸브 호스를 분리한다. 3웨이 밸브 호스 탈거 시 퀵 커넥터의 클램프를 누른 상태에서 탈거한다. 퀵 커넥터 타입 호스 작업 시 커넥터 내부의 고무 씰을 만지거나 탈거하지 않는다.

그림 5-53 3웨이 밸브 호스 분리(1)

③ 3웨이 밸브 호스를 분리한다.

그림 5-54 3웨이 밸브 호스 분리(2)

④ 3웨이 밸브 커넥터를 분리한다.

그림 5-55 3웨이 밸브 커넥터 분리

⑤ 장착 너트를 풀고, 3웨이 밸브를 탈거한다(체결토크 : 0.9~1.4kgf·m).

그림 5-56 3웨이 밸브 탈거

⑥ 장착은 탈거의 역순으로 진행한다.

⑦ 전장 및 모터 냉각수를 주입한다. 냉각수 주입 시 진단기기를 이용하여 공기빼기 작업을 진행한다.

3 고전압배터리 냉각시스템

3.1 개요

급속충전 및 기타 관련 기술은 빠르게 변화하고 있으며, 이러한 기술은 배터리 열 관리의 큰 과제이다. 공랭식 냉각과 같은 수동적인 방법으로는 배터리 방열에 대한 새로운 요구를 충족할 수 없기 때문에 액체 냉각이 채택되어 가고 있으며 열을 제거하기 위한 좋은 방법이다.

액체 냉각 기술은 더 나은 열 방출을 제공하고, 액체 냉각시스템을 통해 균일한 온도를 제공하기 때문에 이를 통해 배터리 성능과 사이클 수명을 보장한다. 구체적인 기술적 장점으로는 높은 냉각 효율, 균일한 온도 분포, 유연한 설계, 저소음 등이 있다. 액체 냉각시스템은 배터리팩 전체에 균일한 온도를 제공하므로 국부적인 과열을 방지해서 배터리 수명이 연장되고 성능이 안정화된다. 수냉식 시스템은 공랭식 시스템의 팬보다 더 조용해 전기자동차의 편안함을 더한다.

3.2 배터리 액체 냉각시스템

전기자동차에는 더 많은 모터, 배터리, 제어 시스템이 있기 때문에 열 설계가 내연기관 자동차보다 더 복잡하다. 따라서 고전압배터리의 열은 열 설계의 핵심이다. 배터리의 열 성능은 새로운 에너지 차량의 효율과 성능에 직접적인 영향을 미치며, 일반적으로 사용되는 리튬 배터리는 차량의 전원으로 사용되며 직렬 및 병렬로 연결된다. 배터리 모듈, 리튬 배터리는 전기 화학 반응 중 온도 변화에 매우 민감해서 일반적으로 15℃에서 35℃ 사이를 유지해야 한다. 온도가 너무 높거나 낮으면 안전과 성능에 영향을 미친다.

3.2.1. 액체 냉각 장점

① 전원 배터리의 온도 요구 사항을 충족한다.

② 냉각과 가열을 위한 두 개의 회로가 있다.

③ 액체 냉각시스템은 공랭식보다 열 용량이 더 크다.

④ 흐름 저항이 낮고 열 전달 효율이 높다.

⑤ 에너지 밀도가 높아지고 있다.

⑥ 충전 및 방전 속도가 빨라지고 있다.

⑦ 배터리 온도를 잘 제어할 수 있다.

⑧ 과열을 방지하고 시스템이 장시간 안정적으로 작동하도록 보장한다.

⑨ 에너지 저장 시스템의 수명과 안전성을 향상시킨다.

3.2.2. 배터리 액체 냉각시스템의 구성 요소

① 액체 냉각판 : 액체 냉각판은 열 관리의 핵심 부품으로 일반적으로 알루미늄과 구리 등 열전도율이 뛰어난 재질로 만들어지며, 방열 부품은 냉각판의 표면에 있다. 냉각판의 내부 채널을 통과하는 냉각수가 그곳에서 열을 흡수하는데, 이 설계는 열 전달을 극대화하기 때문에 온도가 균일하게 유지되며, 이는 다양한 조건에서 배터리 안정성과 성능을 유지하는 데 매우 중요하다.

② 액체 냉각 순환 시스템 : 이 시스템에는 냉각 채널과 전기 펌프가 포함되며 냉각수 및 기타 관련 부품의 경로도 포함된다. 냉각 채널은 열을 효율적으로 전달하고 발산하도록 설계되어 있으며, 전기 펌프는 냉각수를 추진한다. 이 펌프는 배터리에서 열을 지속적이고 효과적으로 제거한다.

③ 냉각 유체 : 열 전달 유체라고도 하는 냉각 유체는 냉각해야 하는 구성 요소의 열을 시스템의 다른 부분으로 전달하는 데 사용된다. 최고의 냉각 유체는 열 용량이 높기 때문에 점도가 낮고 무독성이며, 화학적으로 불활성이고 전기적으로 절연성이 있다.

일반적인 냉각 유체에는 물, 물/글리콜 혼합물, 미네랄 오일, 불소화 유체 등이 있다. 각 냉각유는 특성에 따라 다양한 용도에 적합하다.

④ 제어 시스템 : 제어 시스템은 일반적으로 온도 센서, 제어장치, 액추에이터로 구성되며 이 시스템은 배터리 온도를 모니터링하고 조절하여 안전한 범위 내에 유지되도록 한다. 온도 센서는 실시간 데이터를 제공하며, 제어장치는 이를 통해 냉각수의 흐름과 온도를 조정한다. 그러면 액추에이터는 제어장치의 지시에 따라 필요한 작업을 실행한다.

⑤ 냉각 팬 : 냉각 팬은 남은 잔열을 외부 환경으로 배출하여 열을 제거하는 데 도움을 준다. 냉각수는 대부분의 열을 제거하지만 냉각 팬은 필요할 때 추가 냉각을 제공한다. 이는 부하가 높거나 극한의 조건에서 매우 중요한 역할을 하여 시스템이 안정적으로 작동하도록 한다.

3.2.3. 냉각수 교환 및 공기빼기

① 배터리와 배터리 라디에이터가 식었는지 확인한다.

② 리저버 탱크 압력 캡을 연다.

그림 5-57 리저버 탱크 압력 캡 개방

③ 프런트 언더 커버를 탈거한다.

④ 프런트 범퍼 어셈블리를 탈거한다.

⑤ 라디에이터 하부 에어가드를 탈거한다(체결토크 : 0.8~1.2kgf · m).

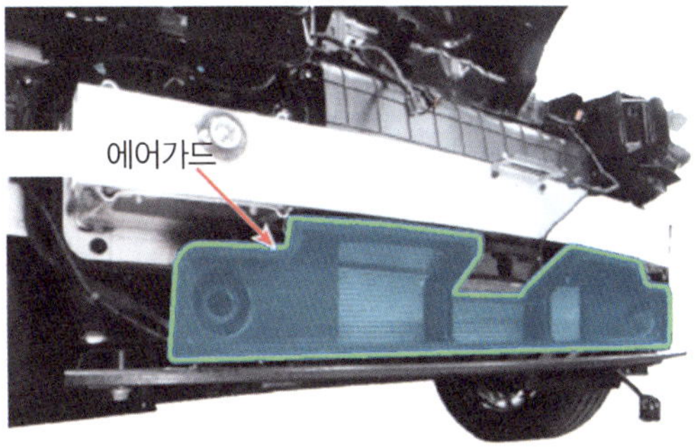

그림 5-58 에어가드 탈거

⑥ 드레인 플러그를 풀고 냉각수를 배출한다.

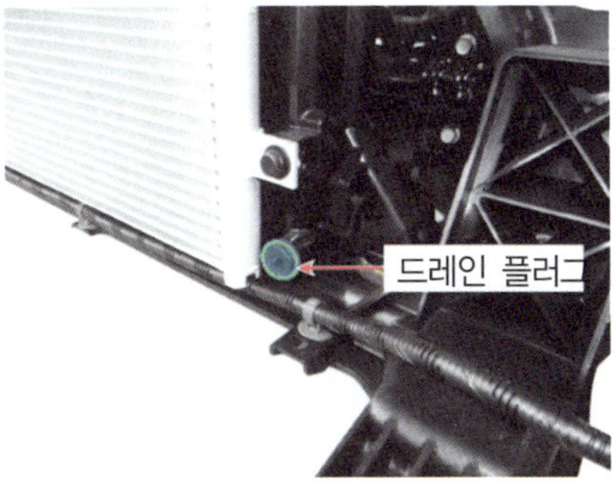

그림 5-59 드레인 플러그 탈거

⑦ 냉각수 배출이 완료되면 라디에이터 드레인 플러그를 잠근다.

⑧ 고전압배터리 냉각수 리저버 탱크를 통해 저전도 냉각수를 채워준다.

표 5-6 고전압배터리 냉각수 용량

저전도 냉각수		제원	
		160kW(2WD)	70kW+160kW(4WD)
일반형	히트 펌프 미적용 사양	약 8.8L	약 8.8L
	히트 펌프 적용 사양	약 9.4L	약 9.4L
항속형	히트 펌프 미적용 사양	약 11.2L	약 11.7L
	히트 펌프 적용 사양	약 11.6L	약 11.9L

⑨ 진단기기 강제구동의 “배터리 EWP구동”을 수행한다. 전자식 워터 펌프(EWP) 강제 구동 시 배터리 방전을 막기 위해 12V 배터리를 충전시키면서 작업한다.

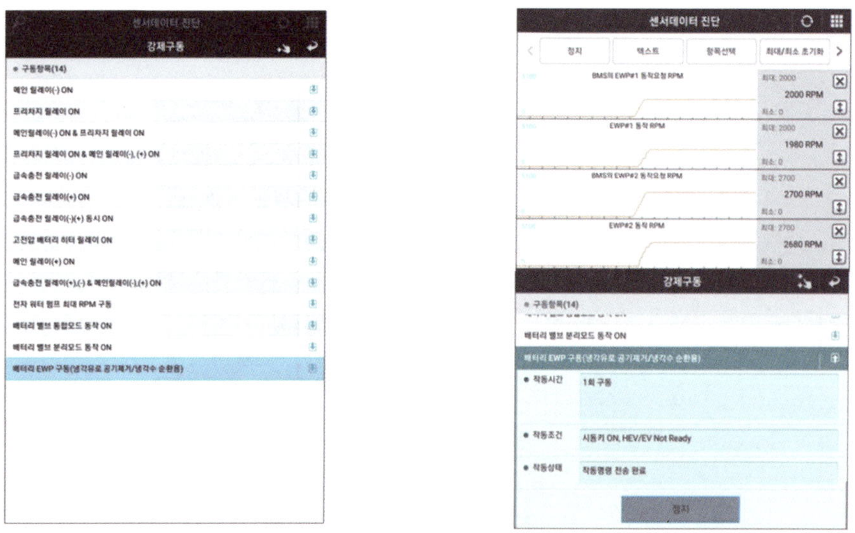

그림 5-60 배터리 EWP 구동

⑩ 전자식 워터 펌프(EWP)가 작동하고 냉각수가 순환하면 고전압배터리 냉각수 리저버 탱크를 통해 냉각수를 보충한다. 전자식 워터 펌프가 냉각수 없는 상태에서 작동되면 베어링 마찰로 인해 손상될 수 있으므로 주의한다.

⑪ 전자식 워터 펌프(EWP) 작동 중 소음이 적어지고 리저버 탱크에서 더 이상 공기 방울이 발생하지 않으면 냉각시스템의 공기빼기는 완료된 것이다.

주의사항

1. 전자식 워터 펌프(EWP)는 1회 강제구동으로 약 30분간 작동되나 필요시 공기빼기가 완료될 때까지 수회 반복하여 작동시켜야 한다.
2. 공기빼기가 완료된 후 전자식 워터 펌프(EWP)가 작동하는 동안 리저버 탱크의 냉각수가 공기 방울 발생 없이 잘 순환되는지 육안으로 리저버 탱크 내부를 확인한다. 만일 냉각수 흐름이 원활하지 않거나 공기방울이 여전히 발생되면 6~8항을 반복한다.

⑫ 공기빼기가 완료되면 전자식 워터 펌프(EWP)의 작동을 멈추고, 리저버 탱크의 "MAX" 선까지 냉각수를 채운 후 압력 캡을 잠근다. 냉각수가 완전히 식었을 때 냉각 시스템 내부공기 배출 및 냉각수 보충이 가장 용이하게 이루어지므로, 냉각수 교환 후 2~3일 정도는 리저버 탱크의 냉각수 용량을 재확인한다.

⑬ 차량시동 후 냉각 호수 및 파이프 연결부위 누수여부를 점검한다.

⑭ 장착은 탈거의 역순으로 진행한다.

3.4 리저버 탱크 탈거 및 장착

① 프런트 트렁크를 탈거한다.

② 고전압배터리 냉각수를 배출한다.

③ 고전압배터리 리저버 탱크 호스를 분리한다.

㉮ 고전압배터리 리저버 탱크 인렛 호스를 리저버 탱크로부터 분리한다.

㉯ 고전압배터리 리저버 탱크 아웃렛 호스를 리저버 탱크로부터 분리한다.

그림 5-61 리저버 탱크 인렛 호스 및 아웃렛 호스 분리

④ 고전압배터리 리저버 탱크를 탈거한다(체결토크 : 0.8~1.2kgf · m).

그림 5-62 리저버 탱크 탈거

⑤ 장착은 탈거의 역순이다.

⑥ 고전압배터리 냉각수를 주입한다. 냉각수 주입 시 진단기기를 이용하여 전자식 워터 펌프를(EWP)를 강제 구동시켜 공기빼기 작업을 진행한다.

3.5 전자식 워터 펌프(EWP) 탈거 및 장착

그림 5-63 전자식 워터 펌프(EWP) #1 설치 위치

표 5-7 전자식 워터 펌프(EWP) 제원

항목	제원	비고
형식	원심 펌프	전자식(BLDC)
작동 전압	9~16V	–
작동 조건	LIN control	1000~4000RPM
용량	0.663kgf/cm^2	0.663kgf/cm^2
정격 전류	Max 6.5A	–
작동 온도 조건	-40~135℃	-40~275℉

3.5.1. 고전압배터리 EWP #1 탈거 및 장착

① 고전압을 차단한다.

② 프런트 트렁크를 탈거한다.

③ 프런트 언더 커버를 탈거한다.

④ 모터 냉각수를 배출한다.

⑤ 고전압배터리 냉각수를 배출한다.

⑥ 모터 리저버 탱크를 탈거한다.

⑦ 고전압배터리 리저버 탱크를 탈거한다.

⑧ 전자식 워터 펌프(EWP) 인렛 호스를 분리한다.

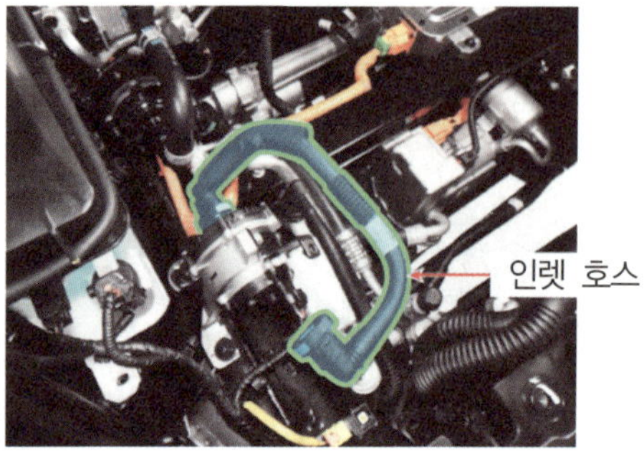

그림 5-64 인렛 호스 분리

⑨ 전자식 워터 펌프(EWP) 커넥터를 분리한다.

그림 5-65 커넥터 분리

⑩ 칠러 브라켓 체결 볼트를 탈거한다.

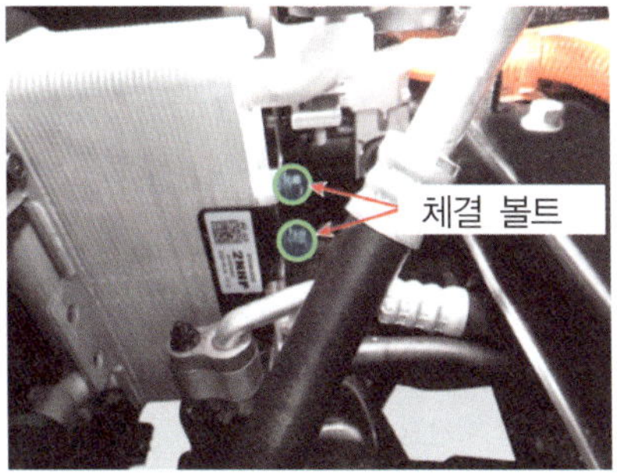

그림 5-66 칠러 브라켓 체결 볼트 탈거

⑪ 전자식 워터 펌프(EWP) 아웃렛 호스를 분리한다.

그림 5-67 아웃렛 호스 분리

⑫ 전자식 워터 펌프 고정 볼트를 탈거하고 전자식 워터 펌프(EWP)를 탈거한다.

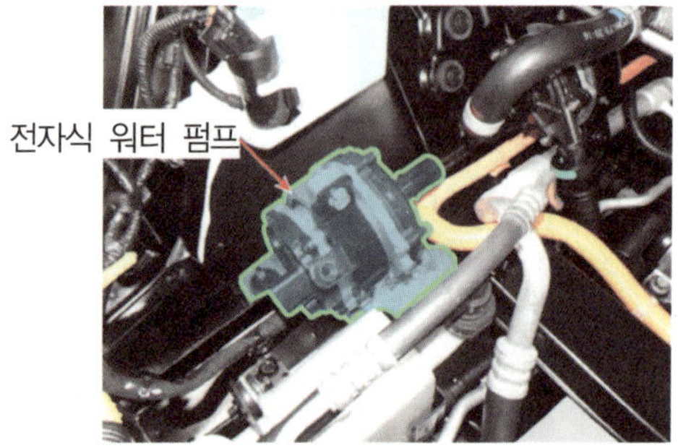

그림 5-68 전자식 워터 펌프(EWP) 탈거

⑬ 전자식 워터 펌프(EWP) 브라켓을 탈거한다.

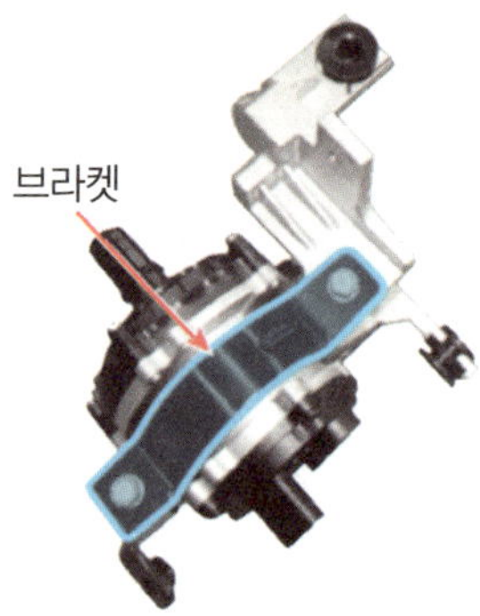

그림 5-69 전자식 워터 펌프(EWP) 브라켓 탈거

⑭ 장착은 탈거의 역순이다.

⑮ 모터 냉각수를 주입한다. 냉각수 주입 시 진단기기를 이용하여 전자식 워터 펌프(EWP)를 강제 구동시켜 공기빼기 작업을 진행한다.

⑯ 고전압배터리 냉각수를 주입한다. 냉각수 주입 시 진단기기를 이용하여 전자식 워터 펌프(EWP)를 강제 구동시켜 공기빼기 작업을 진행한다.

3.5.2. 고전압배터리 EWP #2 탈거 및 장착

① 고전압을 차단한다.

② 프런트 트렁크를 탈거한다.

③ 고전압배터리 냉각수를 배출한다.

④ 고전압배터리 전자식 워터 펌프(EWP) 인렛 호스를 분리한다.

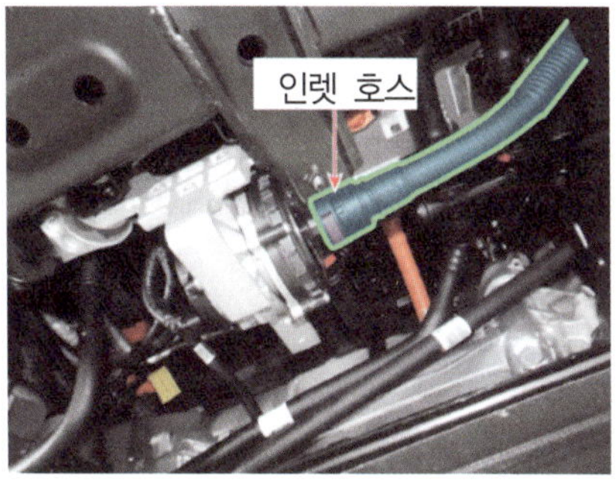

그림 5-70 인렛 호스 분리

⑤ 고전압배터리 전자식 워터 펌프(EWP) 커넥터를 분리한다.

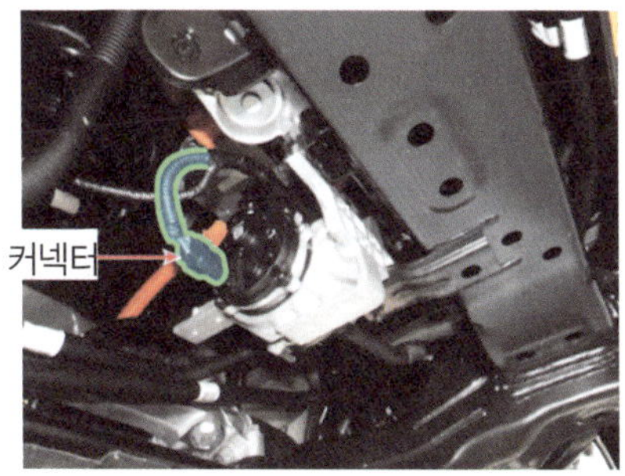

그림 5-71 커넥터 분리

⑥ 고전압배터리 전자식 워터 펌프 고정 볼트를 탈거하고 고전압배터리 전자식 워터 펌프(EWP)를 탈거한다(체결토크 : 1.8~2.2kgf·m).

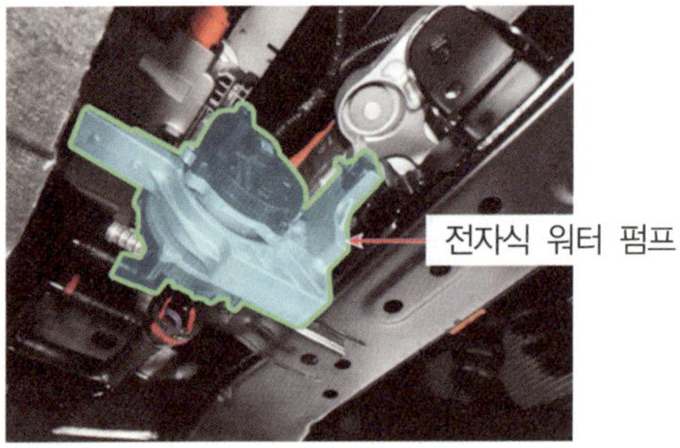

그림 5-72 전자식 워터 펌프(EWP) 탈거

⑦ 장착은 탈거의 역순으로 한다.

⑧ 고전압배터리 냉각수를 주입한다. 냉각수 주입 시 진단기기를 이용하여 전자식 워터 펌프(EWP)를 강제 구동시켜 공기빼기 작업을 진행한다.

3.6 3웨이 밸브 탈거 및 장착

그림 5-73 3웨이 밸브 설치 위치

① 고전압을 차단한다.

② 프런트 언더 커버를 탈거한다.

③ 고전압배터리 냉각수를 배출한다.

④ 3웨이 밸브 커넥터를 분리한다.

그림 5-74 커넥터 분리

⑤ 3웨이 밸브 인렛 호스를 분리한다.

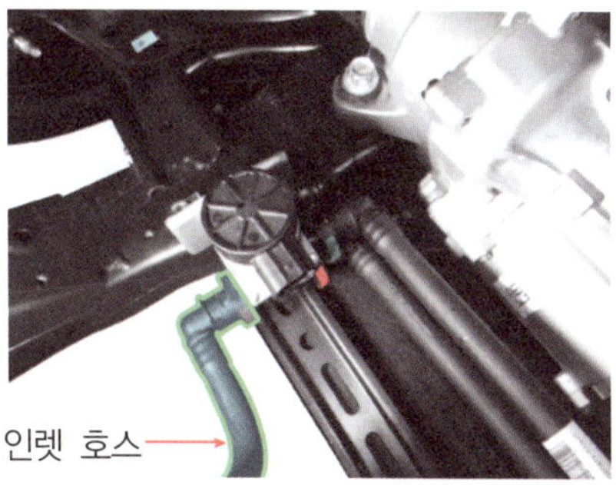

그림 5-75 인렛 호스 분리

⑥ 3웨이 밸브 아웃렛 호스를 분리한다.

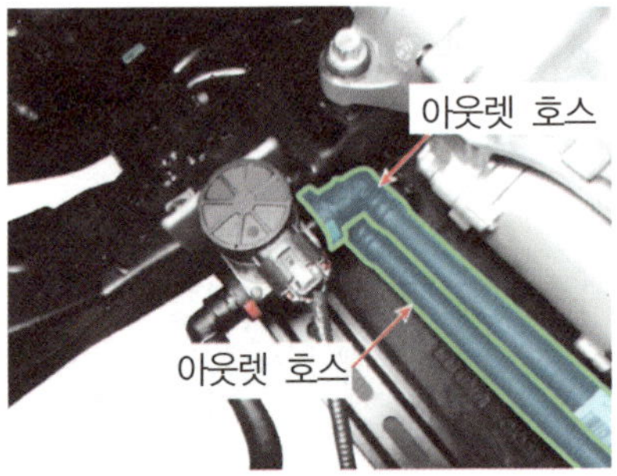

그림 5-76 아웃렛 호스 분리

⑦ 고전압배터리 3웨이 밸브를 탈거한다.

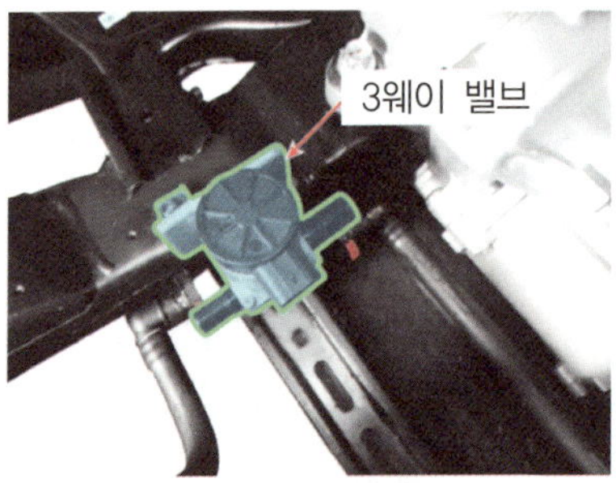

그림 5-77 3웨이 밸브 탈거

⑧ 장착은 탈거의 역순이다.

⑨ 고전압배터리 냉각수를 주입한다. 냉각수 주입 시 진단기기를 이용하여 전자식 워터 펌프(EWP)를 강제 구동시켜 공기빼기 작업을 진행한다.

3.7 냉각수 분배 파이프 탈거 및 장착

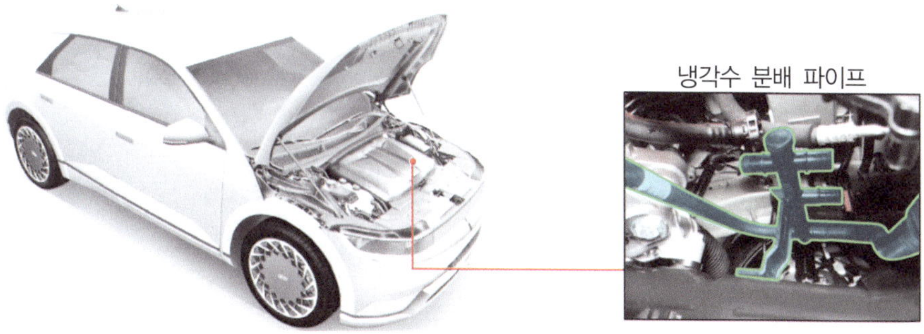

그림 5-78 냉각수 분배 파이프 설치 위치

① 프런트 언더 커버를 탈거한다.

② 고전압배터리 냉각수를 배출한다.

③ 고전압배터리 냉각수 인렛 호스를 분리한다.

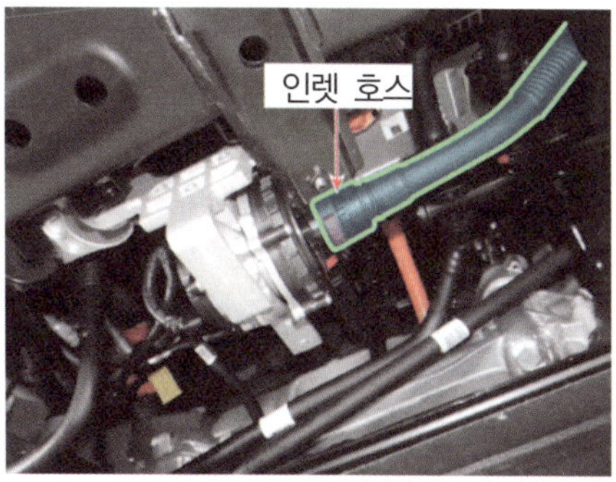

그림 5-79 고전압배터리 냉각수 인렛 호스 분리

④ 3웨이 밸브 아웃렛 호스를 분리한다.

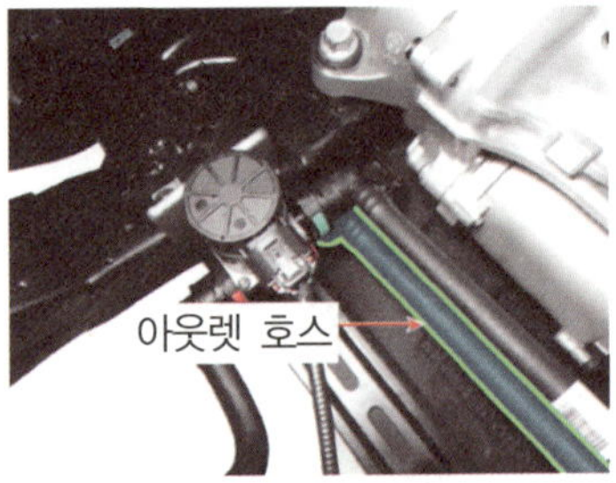

그림 5-80 3웨이 밸브 아웃렛 호스 분리

⑤ 고전압배터리 냉각수 호스를 분리한다.

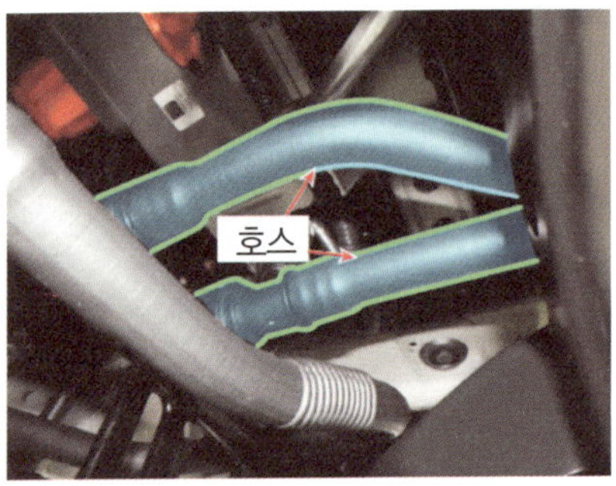

그림 5-81 고전압배터리 냉각수 호스 분리

⑥ 고전압배터리 냉각수 파이프를 탈거한다.

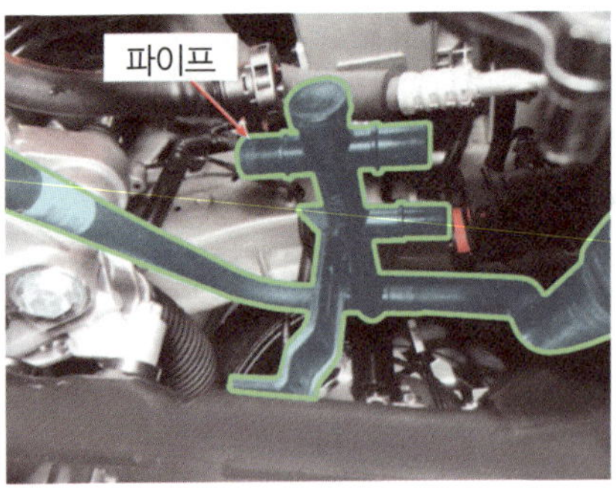

그림 5-82 고전압배터리 냉각수 파이프 탈거

⑦ 장착은 탈거의 역순으로 한다.

⑧ 고전압배터리 냉각수를 주입한다. 냉각수 주입 시 진단기기를 이용하여 전자식 워터 펌프(EWP)를 강제 구동시켜 공기빼기 작업을 진행한다.

4 냉각수 온도 센서

4.1 인렛 온도 센서 개요

인렛 온도 센서는 고전압배터리 모듈, 배터리 승온 히터, 냉각수 호스에 장착되어 있으며, 배터리 및 전장 시스템 내부의 냉각수 온도를 감지하는 역할을 한다. 인렛 온도 센서값에 따라 EWP RPM 및 3웨이 밸브의 방향 변환이 결정된다.

4.2 냉각수 인렛 온도 센서 #1

① 프런트 언더 커버를 탈거한다.

② 고전압배터리 라디에이터 드레인 플러그를 열어 냉각수를 배출한다.

③ 고전압배터리 냉각수 인렛 온도 센서 커넥터를 분리한다.

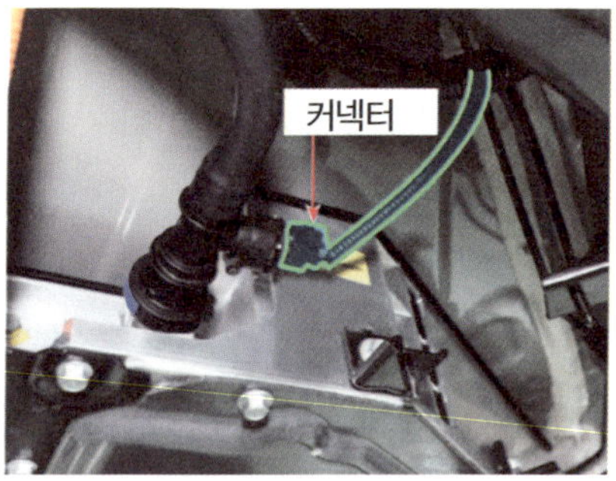

그림 5-83 커넥터 분리

④ 고전압배터리 냉각수 온도 센서를 탈거한다.

㉮ 고전압배터리 냉각수 인렛 온도 센서 고정 핀을 탈거한다.

㉯ 고전압배터리 냉각수 인렛 온도 센서를 탈거한다.

⑤ 장착은 탈거의 역순으로 한다.

⑥ 고전압배터리 냉각수를 주입한다. 냉각수 주입 시 진단기기를 이용하여 전자식 워터 펌프(EWP)를 강제 구동시켜 공기빼기 작업을 진행한다.

전기자동차 충전시스템

06

CHAPTER 06

전기자동차 충전시스템

1 전기자동차 배터리의 충전

1.1 전기자동차의 충전방법

전기자동차를 충전하는 방법은 크게 AC(교류) 충전과 DC(직류) 충전으로 나눌 수 있다. 전기자동차에 탑재되는 배터리는 고전압 DC 배터리로 실제 배터리에 충전되는 전류는 직류이어야 한다. 그러나 보통 국가 전력망은 장거리 전송이 유리한 교류 전류를 사용하는데, 이 교류 전류를 직류 전류로 바꾸어야만 배터리를 충전할 수 있게 된다.

주행모드	출발/가속	감속	완속충전	급속충전
	모터	회생 제동	배터리충전(4~8시간)	배터리충전(1시간 내외)
작동원리	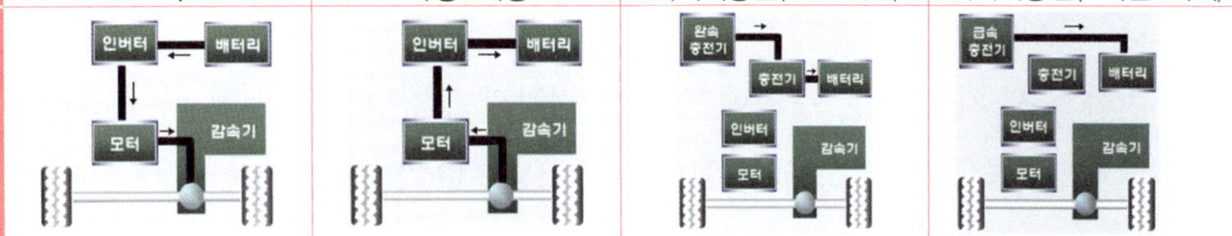			
	배터리에 저장된 전기에너지를 이용하여 구동모터에서 구동력을 발생	감속 시에 발생하는 운동에너지를 버리지 않고 구동모터를 발전기로 사용하여 배터리를 재충전	220V의 전압을 이용하여 배터리 충전(0~100%). 충전까지 완속충전	외부에 별도로 설치된 급속충전기를 이용하여 충전(0~80%). 충전까지 급속충전

그림 6-1 전기자동차 구동원리 및 충전 방식

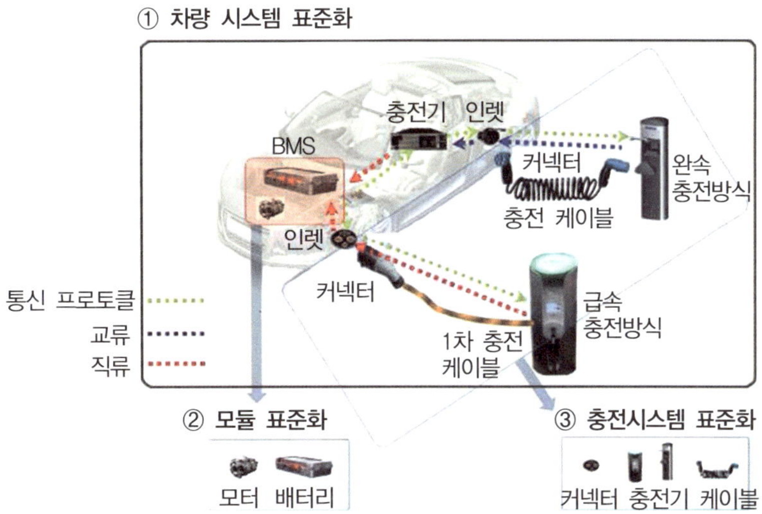

그림 6-2 전기자동차의 충전방법

AC 충전이란 차량이 AC 전류를 입력받아 배터리 충전에 필요한 고전압 DC 전류를 직접 만들어서 충전하는 방식을 얘기한다. 이를 위해서 차량에는 OBC(On-Board Charger)라고 하는 전류 변환장치가 탑재된다. 보통 3~7kW 수준의 충전 용량을 갖춘 OBC가 차량에 탑재된다. 따라서 7kW OBC로 60kW 배터리를 0%에서부터 100%까지 충전하기 위해서는 60/7 = 8.57로 8~9시간 정도의 충전 시간이 소요된다.

DC 충전은 충전기 쪽에서 전력망으로부터 공급받은 380V 3상 교류 전류를 직접 직류로 변환하고, 차량 쪽은 충전에 필요한 전압과 전류량을 충전기 쪽에 요청하여 고전압 DC 전류를 입력받는 방식이다. 차량에 내장된 OBC는 용량에 한계가 있지만 충전기의 경우 50~150kW까지 차량 1대당 충전 용량을 증가시킬 수 있다. 따라서 보통 급속충전은 DC 충전으로 진행되기 때문에 일반적으로 DC 충전기를 급속충전기라고 얘기한다.

1.2 충전 접속형식에 의한 분류

① 인덕티브 충전방식(Inductive Charging) : 변압기 원리를 응용한 전자유도에 의해 에너지를 전달하는 방법

② 컨덕티브 충전방식(Conductive Charging) : 일반적인 전기접속방법에 따라 단자 간 접촉으로 에너지를 전달하는 방법

1.3 충전시간에 의한 분류

① 급속충전 : 큰 전력으로 단시간에 충전하는 방식으로 1시간 내외에 약 80% 정도까지 충전한다. 단, 급속충전의 경우만 완전 충전은 불가능하다.

② 보통충전 : 야간에 교류 220V를 사용하여 적은 전력으로만 충전시키는 방법으로 전기자동차의 기본이 되는 충전방식이다. 심야전력제도를 이용하면 경제적으로 충전할 수 있다.

③ 균등충전 : 전지의 충전상태를 초기 조건으로 되돌리기 위해 정기적으로 충전하는 방식이다.

1.4 충전기의 설치장소에 따른 분류

① 별치형 충전기 : 충전기를 차량 외부인 주차장이나 주유소 등에 설치하는 방식으로 인덕티브 충전과 급속충전 등이 이러한 방식에 해당된다.

② 휴대형 충전기 : 별치형을 개량하여 휴대할 수 있도록 사용 편의성을 높인 형태이다.

③ 탑재형 충전기 : 충전기를 차량에 탑재하고 이동하다가 교류전원이 있으면 충전이 가능한 형태로 충전기를 설치할 필요 없이 전원만 있으면 충전이 가능하므로 편리하다.

구분	차데모	DC 콤보	AC 3상
커넥터 형상			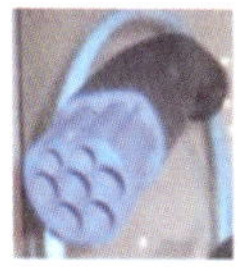
개발 시기 및 주체	10년 도쿄 전력	11년 10월 GM 등 독일, 미국의 7개 기업	12년 12월 르노
특징	–완속·급속 소켓이 구분 –전파 간섭의 우려가 적음	–충전구가 하나로 효율적(완속·급속이 위아래로 위치) –비상급속 충전이 가능(15분 소요)	–배터리와 전력망을 전기 교란으로부터 보호하는 기술(갈바닉) 적용
단점	–충전기 부피가 큼 –충전시간 다소 김(80% 충전하는데 30분 소요)	–급속충전 시간에 비해 완속충전 시간이 김	–충전기 출력을 20kW 이상 올리기 어려움 –충전기 설치비용 높음

그림 6-3 전기차 충전 3가지 방식

2017년 말부터 국내 규격도 DC 콤보로 통일되어서 최근 대부분의 차종이 DC 콤보 방식이다(볼트 EV, 코나 일레트릭, 아이오닉 일렉트릭, 니로 EV, 쏘울 EV 등).

구분	종류			국내 통일
전기자동차 충전구 (Inlet)				
	차데모	AC 3상	콤보 1	콤보 1
급속충전기 커넥터 (Connector)		커넥터(Connector) 		
	멀티형 충전기	차데모+AC 3상+콤보 1		콤보 1

그림 6-4 충전구 및 커넥터 종류

1.5 콤보 1 충전구 각 단자 구성

구분	콤보 1 충전구
이미지	 
특징	단상(5핀+2핀), 내수/북미 적용

그림 6-5 콤보 1 충전구

표 6-1 콤보 1 충전구 단자 역할

구분	콤보1
1	AC 220V
2	AC 220V
3	PD 신호선(Proximity–Detection)
4	CP 신호선(control pilot)
5	접지
6	DC(+) 370V(급속 전용)
7	DC(–) 370V(급속 전용)

① CP 규정 전압 : 0V(충전기 연결 안됨), 6V(충전기 연결/충전 중), 9V(충전기 연결/충전 준비)

② CP 규정 듀티 : 0%(충전기 연결 전), 20%(충전 중), 100%(케이블 언락 버튼 누름)

③ PD 규정 전압 : 1.5V(케이블 연결), 4.5V(케이블 탈거), 2.5V(케이블 언락 버튼 누름)

1.6 전기자동차 충전 옵션

다양한 옵션을 통해 전기자동차 충전이 가능해 소유자에게 유연성과 편의성을 제공한다. 사용가능한 몇 가지 일반적인 충전 옵션은 다음과 같다.

① 가정 충전 : 전기자동차를 충전하는 가장 편리한 방법 중 하나는 집에서 표준 전원 콘센트를 사용하는 것이다. 레벨 1 충전으로 알려진 이 방법은 일반적으로 차량을 완전히 충전하는데 오랜 시간이 필요하여 야간 충전에 적합하다.

② 가정용 전용 충전소 : 레벨 2 충전이라고도 하는 가정용 전용 충전소를 설치하면 표준 전원 콘센트를 사용할 때보다 충전 시간이 더 빨라진다. 이러한 스테이션은 전문적인 설치가 필요하며, 더 높은 전압과 전류량을 제공하므로 더 빠른 재충전이 가능하다.

③ 공공 충전소 : 공공 충전소는 많은 지역에서 점점 더 보편화되고 있다. 이들 충전소는

레벨 2 또는 레벨 3 고속 충전 옵션을 제공하므로 운전자는 이동 중에도 차량을 신속하게 충전할 수 있다.

④ 고속 충전 네트워크 : 고속 충전 네트워크는 빠른 충전 속도를 제공할 수 있는 고전력 충전기를 제공한다. 이러한 네트워크는 주요 고속도로나 도시 지역에서 흔히 발견되며, 충전소를 더 짧게 하여 장거리 여행을 가능하게 한다.

상기에 언급한 것처럼, 사용자는 다양한 충전 옵션을 이용할 수 있으며 전기자동차 소유자는 특정 요구 사항과 상황에 따라 차량을 충전하는 방법을 유연하게 선택할 수 있다.

1.7 충전 인프라

① 전기자동차의 핵심 충전 인프라는 배터리관리시스템(BMS, Battery Management System)을 꼽을 수 있다. 이 시스템은 배터리 충전 시 안전한 충전이 가능하도록 배터리 상태를 지속적으로 모니터링한 정보를 충전기 및 외부 충전 스탠드와 주고받음으로써 안정적인 충전 동작이 수행되도록 하는 시스템을 가리킨다. 배터리관리시스템은 배터리의 전압, 온도, 전류를 실시간으로 측정한 데이터를 기반으로 배터리 충전잔량(SOC, State of Charge)을 산출하며, 충전기에 해당 정보를 전송하여야 한다. 충전 인프라와 연계 시에는 전기자동차가 안전하게 충전될 수 있는 상황인지를 차량 내부 네트워크에서 정보공유를 통해 판단하고, 이를 통신 인터페이스 장치를 통해 외부 충전스탠드 및 중앙관리시스템에 전송함으로써 안전한 충전동작이 수행되도록 해야 한다.

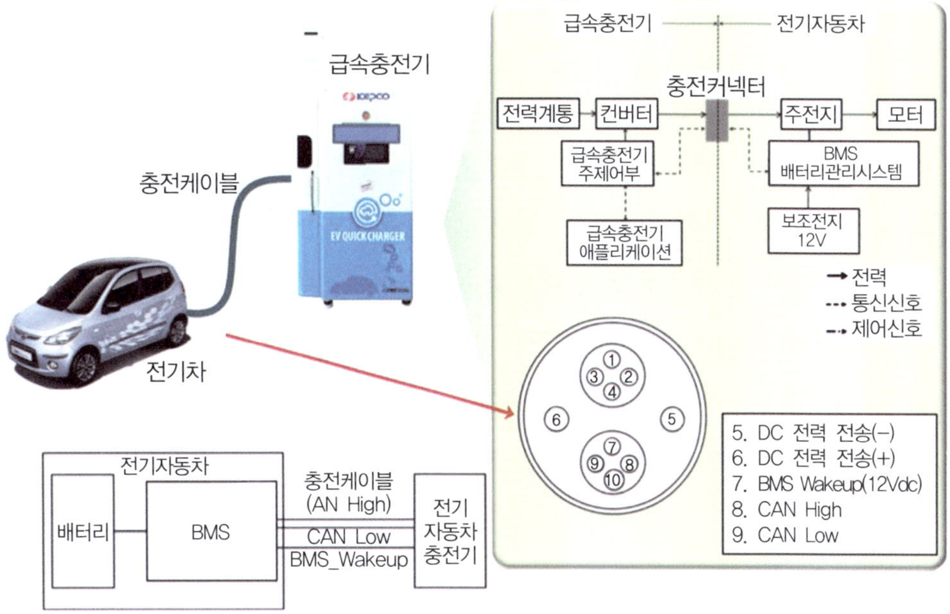

그림 6-6 전기자동차의 핵심 충전 인프라

② 충전 인터페이스 장치 역시 전기차 사용에 필수적인 충전 인프라에 해당한다. 충전 인터페이스는 전기차와 외부 충전시스템 간의 정보교환을 위한 통신 인터페이스 장치와 충전 전기에너지를 공급하기 위해 차량과 외부 설비 혹은 장치와 연결하는 커넥터, 포트 등의 부품과 전선 등을 지칭하는 것으로 충전시스템 구성에 필수적인 장치이다.

③ 충전 스탠드는 친환경 자동차와 상용 교류 전력 계통을 연계하기 위한 충전 인프라의 주요 구성요소로 충전 인터페이스 장치 및 충전 모니터링 장치 등이 설치되는 시설물에 해당한다. 계통 연계 및 전력공급 제어, 충전 정보 표시, 사용자 조작 스위치 내포 등의 기능을 하며, 비탑재형 충전기 및 급속충전기 등이 내부에 설치되기도 한다. 충전 스탠드는 상용 교류 전력계통과 충전 인터페이스 장치를 연결하고, 사용자 조작 스위치 및 충전 모니터링 정보표시 장치 등이 포함되어 있어야 한다. 충전시스템을 사용하기 위한 사용자가 충전 스탠드에 장착된 충전 인터페이스 장치를 차량과 연결하고 충전 시작을 가능하도록 하는 스위치를 조작하게 되면, 차량이 정지 상태에 있는지 충전시스템 동작에 안

전성은 확보되었는지 등을 점검하고, 이상이 없을 시에는 충전 스탠드 내에 인입된 상용 교류 전력계통과 충전 인터페이스 장치가 연계되도록 제어하는 기능을 지닌다.

이 밖에도 차량에 공급되는 순시 전력량, 누적 전력량, 충전 상태, 충전 시간 등을 측정하고 사용자에게 표시할 수 있도록 정보를 제공하며, 정상적인 충전 시작 및 정지 동작제어, 위험상황 인지 및 보호동작, 단락보호 등의 기능을 수행하는 충전 모니터링 장치가 있다. 충전시스템을 이용하기 위해 연결된 차량의 고유정보를 식별하기 위한 차량식별 장치가 있다. 이러한 모든 충전 인프라는 중앙관리시스템에서 직간접적으로 제어하며, 전력 계통 관리자와의 연계를 통해 정보 교환 및 충전량 제어기능을 수행한다.

1.8 집에서 전기자동차 충전의 이점

집에서 전기자동차를 충전하는 것은 소유자에게 일상생활의 편리함과 유연성을 제공하는 등 다양한 이점을 제공한다. 다음은 가정용 전기차 충전의 장점이다.

① 편의성 : 집에서 전기자동차를 충전할 수 있으면 공공 충전소를 자주 방문할 필요가 없다. 밤 또는 집에 주차할 때마다 차량을 편리하게 연결할 수 있다. 이를 통해 충전에 추가 노력이나 시간을 소비하지 않고도 차량을 항상 사용할 수 있다.

② 유연성 : 가정용 충전 설정을 사용하면 일정과 필요에 따라 전기자동차를 충전할 수 있는 유연성이 있다. 전기요금이 저렴할 수 있는 사용량이 적은 시간에 충전하는 것을 선호하든, 태양광 발전과 같은 재생 에너지원을 활용하든, 가정 충전을 사용하면 자신에게 가장 적합한 충전 습관을 맞춤화할 수 있다.

③ 비용 절감 : 집에서 전기자동차를 충전하면 공공 충전소에만 의존하는 것에 비해 비용을 절감할 수도 있다. 많은 경우 주거용 전기 요금은 공공 고속충전 네트워크와 관련된 비용보다 낮다. 더 저렴한 전기 요금을 활용하고 잠재적으로 재생 가능 에너지원을 사

용함으로써 전체 충전 비용을 더욱 줄일 수 있다.

④ 마음의 평화 : 집에 전용 충전소가 있으면 전기자동차에 안정적이고 접근 가능한 전원이 있다는 사실을 알고 마음의 평화를 얻을 수 있다. 사용 가능한 공용 충전기를 찾거나 피크 사용 기간 동안 대기 시간이 발생할 가능성에 대해 걱정할 필요가 없다.

주거용 충전 솔루션에 투자함으로써 집에 레벨 2 충전기(가정용 전용 충전시설)를 설치하여 쉽게 접근할 수 있고 신뢰할 수 있는 전기자동차용 전원을 확보하는 편리함과 이점을 누릴 수 있다.

2 충전 케이블

2.1 완속충전 케이블

① 일부 스탠드 타입의 완속충전기의 경우 개인 케이블을 사용하여 충전한다.

그림 6-7 완속충전 케이블

② 충전 타입(AC 5핀〈현대/기아 등〉 또는 7핀〈르노 삼성, 테슬라〉)에 맞도록 개인 케이블을 사용한다

2.2 휴대용 충전 케이블(ICCB)

① 220V 콘센트용 충전 케이블, 케이블 연결 시 결재 없이 바로 충전 가능

② ICCB 충전 시간(내수 220V, SOC 0 → 100% 충전, 상온 기준) : 기본형 31시간/경제형 19시간

③ 충전소까지 이동이 어려운 경우 가정용 220V를 이용해 충전

④ 후면 스위치 : 차량 연결 전 누르면 전류 조절/충전 중 누르면 충전 중지(케이블 잠금 자동 해제)

⑤ 레이 EV의 ICCB 타 차량과 혼용 불가, 이외의 모든 ICCB 혼용 가능

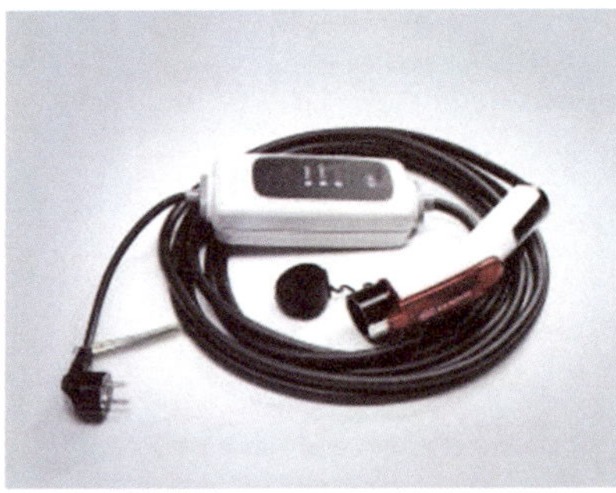

(a) 휴대용 충전케이블(1세대) 쏘울/레이EV 적용

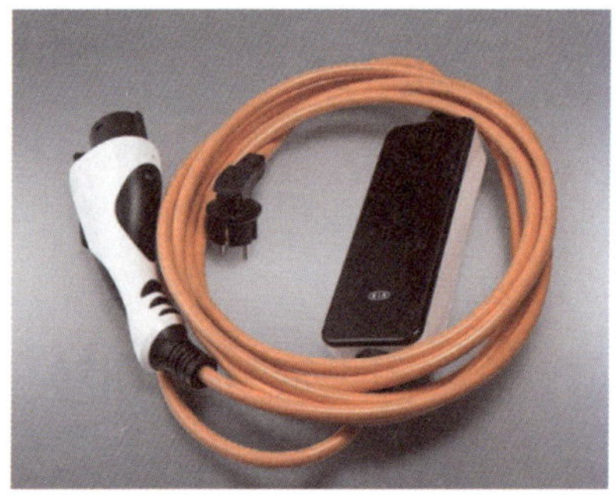

(b) 휴대용 충전 케이블(2세대)

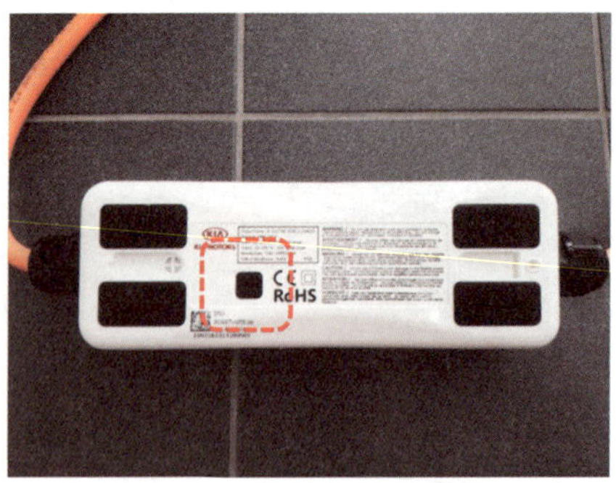

(c) 전류 조절 및 충전 중지 스위치(후면 스위치)

그림 6-8 휴대용 충전 케이블(ICCB)

2.3 충전 커넥터 잠금(완속만 해당)

① LOCK(LED OFF) : 개인 소유의 ICCB 또는 완속 충전 케이블 도난 방지 기능(도어 언락 시에만 케이블 분리 가능)/도어 언락 후 15초 이내에 분리하지 않으면 다시 잠긴다.

② AUTO(LED ON) : 공용 충전기를 사용하여 충전 시 사용(충전 완료 시 케이블 분리 가능)

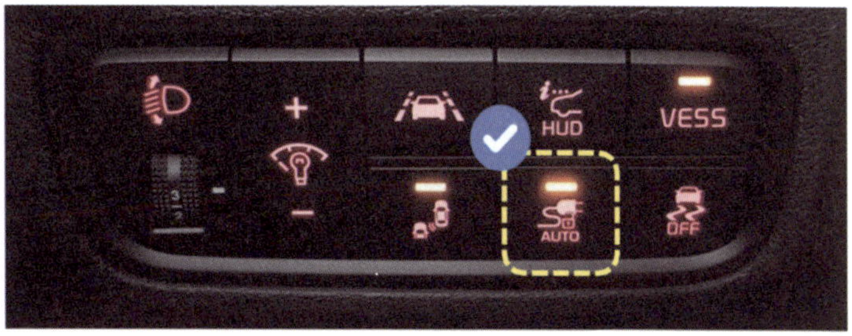

그림 6-9 스위치를 눌러 LED 점등 시 AUTO 모드

표 6-2 커넥터 잠금 동작

구분	Lock 모드	Auto 모드
충전 전	○	×
충전 중	○	○
충전 완료 후	○	×

3 충전 시 안전 유의사항

3.1 안전한 충전을 위한 점검 사항

① 반드시 지정된 국가 표준 인증 충전기와 어댑터를 사용하고, 커넥터 연결 상태를 확인한다.

② 젖은 손으로 충전기를 사용하지 않고, 우천 시 충전 장치에 수분이 유입되지 않도록 주의한다.

③ 비가 올 때는 가급적 실외 충전소보다는 실내 충전소를 이용한다.

④ 충전구와 커넥터가 정확히 연결되었는지 확인하고 충전한다.

⑤ 충전 중 충전 커넥터를 임의로 분리하지 않고 충전 종료 버튼으로 종료한다.

⑥ 충전 케이블 피복 손상, 커넥터 파손 등 안전 상태를 주기적으로 점검한다.

⑦ 휴대용 충전기를 이용하여 충전할 경우 멀티탭이나 연장선을 사용하지 않는다.

⑧ 충전소 근처에서는 절대 금연한다.

3.2 전기차 충전 시 주의사항

3.2.1. 급속충전/완속충전 구분하기

그림 6-10 전기자동차 충전

① 전기차 충전기는 충전 속도에 따라 급속과 완속으로 분류된다.

② 급속충전은 미리 전기를 축적한 충전기에서 차량 배터리를 직접 1시간 내외로 단시간에 충전하는 방법이다. 완속충전은 휴대폰처럼 자동차 충전기를 교류에 직접 연결해 전기를 충전하는 방식으로 급속충전과 달리 시간이 많이 소요된다.

③ 차량 제조사마다 완속, 급속충전 소켓이 다르지만 대부분의 충전소에서 차종만 알면 쉽게 구분할 수 있도록 안내되어 있다.

표 6-3 급속충전기/완속충전기 비교

	급속충전기	완속충전기
충전 시간	80% 충전까지 약 1시간 소요	완전 충전까지 4~8시간 소요
설치 장소	고속도로 휴게소, 공공기관	주택, 아파트
공급 용량	50kW	6~7kW
사용 요금	100km당 2,700원	100km당 1,100원

3.2.2. 완전충전/완전방전 주의하기

① 충전 속도도 중요하지만 전기자동차 배터리에 좋지 않은 영향을 주는 것이 바로 완전방전되는 것과 완전충전되는 것이다.

② 일반적으로 배터리의 수명을 생각할 때 완전방전과 완전충전을 몇 번 거듭했는지에 따라서 수명이 달라지므로 주의해야 한다.

3.2.3. 충전 시 물기 조심하기

절연 특성이 잘 되어 있어도 언제든지 감전 위험성 등 사고 가능성이 있기 때문에 우천 시 야외 충전에 주의해야 한다. 또한 젖은 손으로 전기자동차 충전기는 절대 사용 금지이니 전기차 충전 시 물기 관리에 철저히 신경써야 한다.

그림 6-11 충전 시 물기 조심

3.2.4. 충전기 종료 버튼 누르기

① 전기차 충전 케이블을 차량에서 분리할 때도 그냥 뽑으면 고장의 원인이 될 수 있다.

② 대부분의 전기차 급속충전 시 80~90% 충전이 목표 수치인데, 목표 수치에 도달하기 전에 케이블을 분리해야 하는 경우에는 꼭 충전 중지 버튼을 누른 후 케이블을 분리해야 한다.

③ 충전단자 오토락 기능이 작동한 경우 전기차 충전 케이블이 물리적으로 분리가 되지 않을 수도 있으니 당황하지 말고 차량 문 잠금장치를 풀고 문을 열면 충전 단자를 분리할 수 있다.

그림 6-12 충전기 종료 버튼 누르기

4 회생제동

전기자동차는 엑셀 페달의 밟는 양에 따라 모터에 의한 토크를 비례적으로 발생시켜 주행하고 있다. 감속 또는 제동 시 모터를 발전기로 작동시켜 주행 시의 운동에너지를 전기에너지로 변환시켜 줌으로써 이 에너지를 전지에 충전할 수 있다.

이는 제한적인 배터리 가용 시간을 보완해주는 시스템으로 전기자동차에 있어서 중요한 기술이라고 할 수 있다. 특히 회생 브레이크 시스템은 엑셀 페달을 밟지 않을 때 발생하는 엔진 브레이크의 상당분과 브레이크 페달을 밟을 때 발생하는 감속 시 에너지를 회생시키는데, 이 경우 구동 바퀴만 브레이크가 강하게 작용하기 때문에 회생 브레이크 에너지가 너무 강하면 차의 안정성에 영향을 미치게 된다.

이러한 안전문제를 해결하기 위해 ABS 등을 함께 설치하여 제어하는 회생 브레이크 시스템이 주로 탑재되고 있으며, 주행 중 감속 시 바퀴가 모터를 회전해서 구동모터의 제어를 발전기로 바꿔 배터리 충전을 수행한다.

MEMO

전기자동차 공조시스템

07

CHAPTER 07

전기자동차 공조시스템

1 에어컨

1.1 에어컨 개요 및 작동원리

에어컨의 구성은 기본적으로 냉각 모드(에어컨 모드), 냉각 모드(배터리 냉각 모드), 냉각 모드(A/C+배터리 냉각 모드)로 되어 있다. 냉매가 각 부품 사이를 순환하면서 액체→기체→액체로 연속적으로 상변화하여 냉방효과를 발휘할 수 있도록 해준다.

1.1.1. 냉각 모드(에어컨 모드)

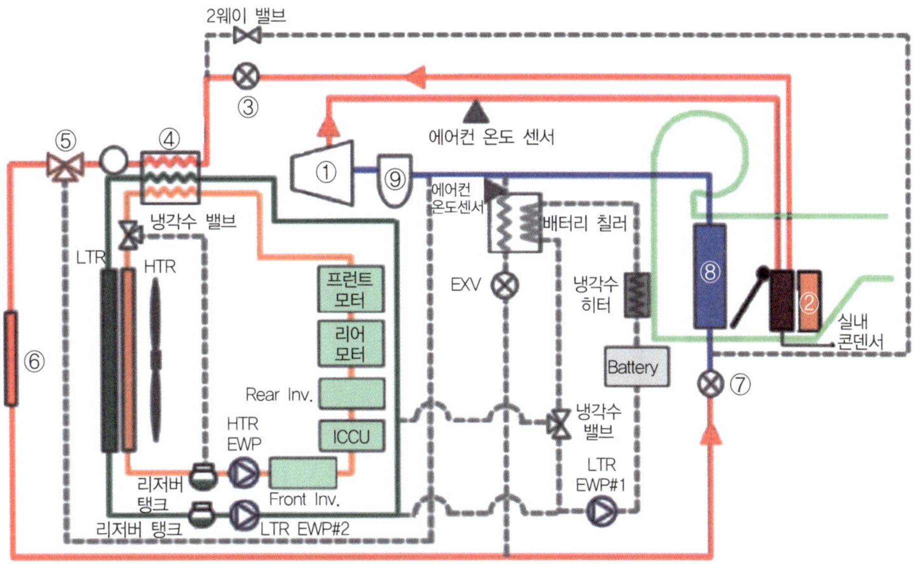

그림 7-1 냉각 모드(에어컨 모드)

① 전동식 에어컨 컴프레서 : 전동 모터로 구동되면 저온 저압가스 냉매를 고온 고압가스로 만들어 실내 콘덴서로 보내진다.

② PTC 히터 : 실내 난방을 위한 고전압 전기히터

③ EXV : 냉방 모드에서는 냉매를 바이패스시킨다.

④ R/D 수냉 콘덴서 : 고온 고압가스 냉매를 응축시켜 고온 고압의 액상 냉매로 만든다.

⑤ 3웨이 밸브 : 냉매를 콘덴서로 이동하게 제어한다.

⑥ 콘덴서 : R/D 수냉 콘덴서에서 응축한 냉매를 한 번 더 응축시켜 준다.

⑦ SOL-TXV : 고온 고압의 액상 냉매를 저온 저압으로 바꾸어 주어 상변화에 용이하도록 한다.

⑧ 이베퍼레이터 : 냉매의 증발되는 효과를 이용하여 공기를 냉각한다.

⑨ 어큐뮬레이터 : 컴프레서로 기체 냉매만 유입될 수 있게 냉매의 기체/액체를 분리한다.

1.1.2. 냉각 모드(배터리 냉각 모드)

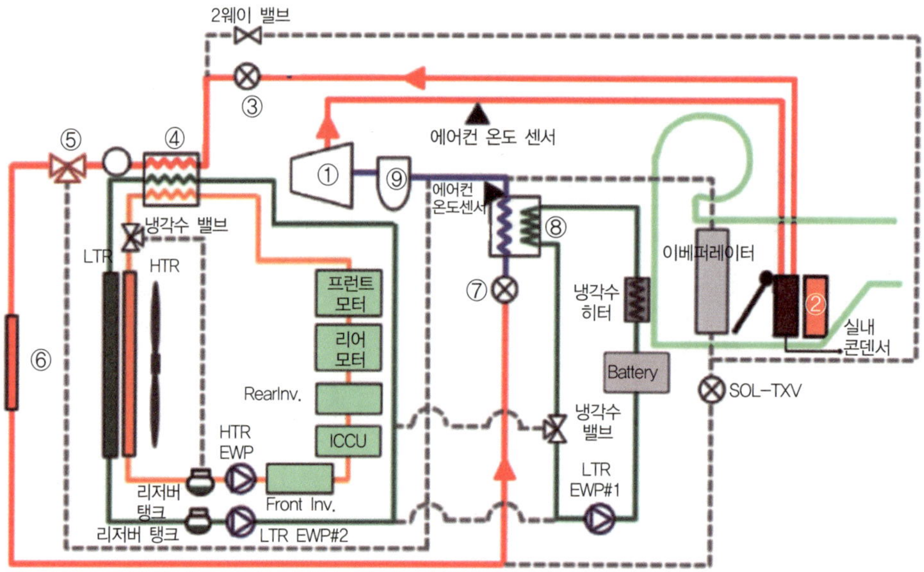

그림 7-2 냉각 모드(배터리 냉각 모드)

① 전동식 에어컨 컴프레서 : 전동 모터로 구동되면 저온 저압가스 냉매를 고온 고압가스로 만들어 실내 콘덴서로 보내진다.

② PTC 히터 : 실내 난방을 위한 고전압 전기히터

③ EXV : 냉방 모드에서는 냉매를 바이패스시킨다.

④ R/D 수냉 콘덴서 : 고온 고압가스 냉매를 응축시켜 고온 고압의 액상 냉매로 만든다.

⑤ 3웨이 밸브 : 냉매를 콘덴서로 이동하게 제어한다.

⑥ 콘덴서 : R/D 수냉 콘덴서에서 응축한 냉매를 한 번 더 응축시켜 준다.

⑦ EXV : 고온 고압의 액상 냉매를 열 교환하여 냉각수 온도를 낮춘다.

⑧ 칠러 : 배터리 냉각수와 냉매가 열 교환하여 냉각수 온도를 낮춘다.

⑨ 어큐뮬레이터 : 컴프레서로 기체 냉매만 유입될 수 있게 냉매의 기체/액체를 분리한다.

1.1.3. 냉각 모드(A/C+배터리 냉각 모드)

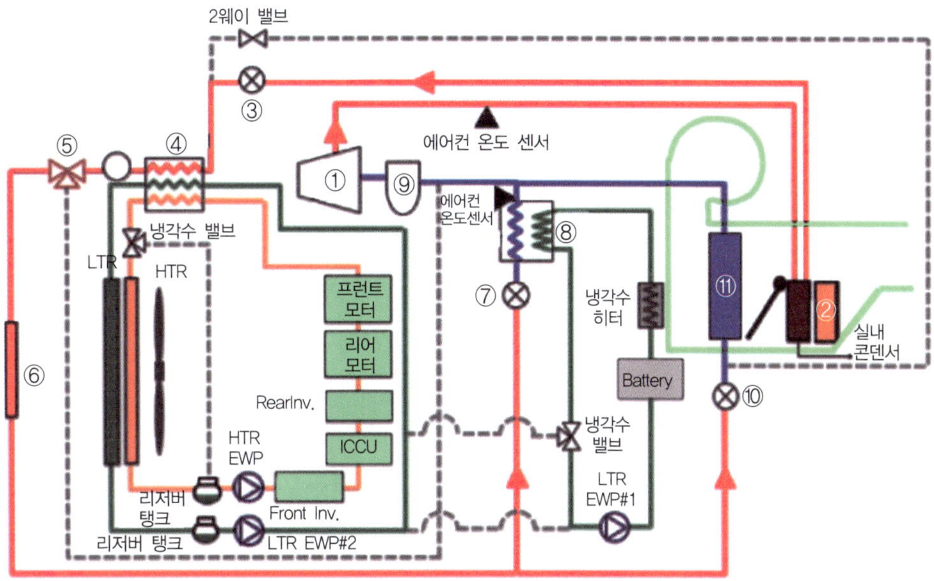

그림 7-3 냉각 모드(A/C+배터리 냉각 모드)

① 전동식 에어컨 컴프레서 : 전동 모터로 구동되면 저온 저압가스 냉매를 고온 고압가스로 만들어 실내 콘덴서로 보내진다.

② PTC 히터 : 실내 난방을 위한 고전압 전기히터

③ EXV : 냉방 모드에서는 냉매를 바이패스시킨다.

④ R/D 수냉 콘덴서 : 고온 고압가스 냉매를 응축시켜 고온 고압의 액상 냉매로 만든다.

⑤ 3웨이 밸브 : 냉매를 콘덴서로 이동하게 제어한다.

⑥ 콘덴서 : R/D 수냉 콘덴서에서 응축한 냉매를 한 번 더 응축시켜 준다.

⑦ EXV : 고온 고압의 액상 냉매를 열 교환하여 냉각수 온도를 낮춘다.

⑧ 칠러 : 배터리 냉각수와 냉매가 열 교환하여 냉각수 온도를 낮춘다.

⑨ 어큐뮬레이터 : 컴프레서로 기체 냉매만 유입될 수 있게 냉매의 기체/액체를 분리한다.

⑩ SOL-TXV : 고온 고압의 액상 냉매를 저온 저압으로 바꾸어 주어 상변화에 용이하도록 한다.

⑪ 이베퍼레이터 : 냉매의 증발되는 효과를 이용하여 공기를 냉각한다.

1.2 냉매의 누설 점검

냉매의 누설이 의심스럽거나 연결부위를 분해 또는 탈거 작업을 했을 때에는 전자 누설 감지기로 누설시험을 시행한다.

① 연결 부위의 토크를 점검하여 너무 느슨하면 체결 토크로 조인 후에 누설 감지기로 가스의 누설을 점검한다.

② 연결 부위를 다시 조인 후에도 누설이 계속되면 냉매를 배출시키고 연결 부위를 분리시켜 접촉면의 손상을 점검하여 조금이라도 손상이 되었으면 신품으로 교환한다.

③ 컴프레서 오일을 점검하여 필요시에는 오일을 보충한다.

④ 계통을 충전시키고 가스 누설을 점검하여 이상이 없으면 계통을 진공시킨 후 충전한다.

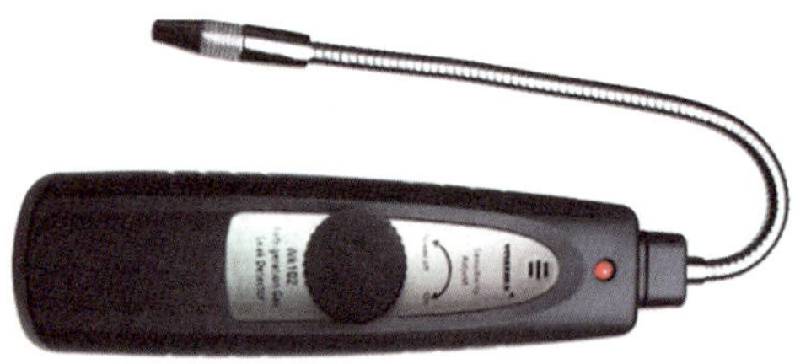

그림 7-4 전자 누설 감지기

1.3 냉매 회수/재생/충전/진공

1.3.1. R-1234yf 회수/재생/충전기 장착

① 프런트 트렁크를 탈거한다.

② 냉매 충전 장비는 평평한 곳에 설치한다. 평평한 곳에 설치해야 냉매 회수가 용이하고 특히 냉매를 정확하게 주입할 수 있다. R-1234yf 회수/재생/충전기를 고압 서비스 포트와 저압 서비스 포트에 장비 제조업자의 지시에 따라 연결한다.

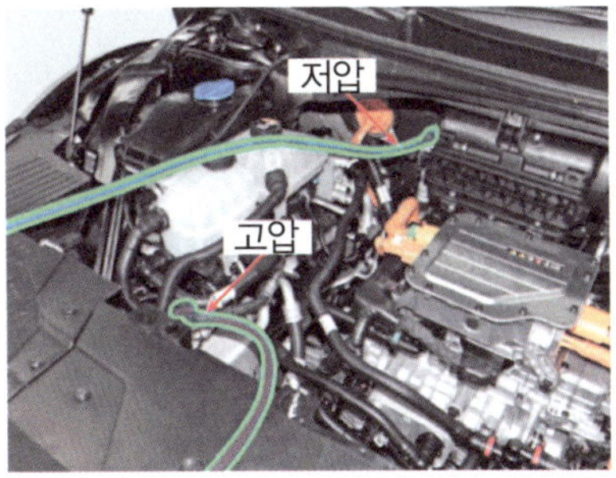

그림 7-5 고·저압 서비스 포트에 연결

1.3.2. 냉매 회수 작업

① 고압 및 저압 밸브를 개방한 상태에서 R-1234yf 회수/재생/충전기를 이용하여 냉매를 회수한다. 냉매를 너무 빨리 회수하면 컴프레서 오일이 계통으로 빠져나온다.

② 냉매를 완전히 회수하기 전에는 절대로 에어컨 시스템을 분리해서는 안 된다. 만약 냉매 회수 완료 전에 분리하게 되면 에어컨 시스템 내 압력에 의해 차량 내부로 냉매와 오일이 방출되어 오염시키므로 주의해야 한다.

③ 회수 작업 완료 후 에어컨 고압 및 저압 밸브를 개방한 상태에서 실시한다. 만약 밸브를 하나만 개방할 경우에는 냉매 회수 시간이 길어진다.

④ 회수 작업 완료 후 에어컨 계통에서 배출된 컴프레서 오일량을 측정한다. 에어컨 냉매 충전 시 배출된 컴프레서 오일을 보충한다.

1.3.3. 냉방 계통 진공 작업

① 고압 및 저압 밸브를 개방한 상태에서 R-1234yf 회수/재생/충전기를 이용하여 진공을 실시한다. 냉매를 충전할 경우에는 필히 에어컨 계통을 진공시켜야 한다. 이 진공 작업은 유닛에 유입된 모든 공기와 습기를 제거하기 위해서 행하는 것이며, 각 부품을 장착한 후 계통은 10분 이상 진공 작업을 한다.

② 10분 후에 고압 및 저압 밸브를 닫은 상태에서 게이지가 진공 영역에서 변함없이 유지하면 진공이 정상적으로 실시된 것이다. 압력이 상승하면 계통 내에서 누설이 되는 것이므로 다음 순서에 의해 누설을 수리한다.

㉮ 냉매 용기로 계통을 충전시킨다.

㉯ 누설 감지기로 냉매의 누설을 점검하여 누설되는 곳이 발견되면 수리한다.

㉰ 냉매를 다시 배출시키고 계통을 진공시킨다.

③ 10분 이상 진공 작업을 실시한 후 진공을 확인 후 양쪽 고압 및 저압 밸브를 닫는다. 이 상태가 충전을 위한 준비 상태이다.

1.3.4. 냉매의 충전

① 계통을 진공시킨 후에 고압 밸브를 개방한 상태에서 R-1234yf 회수/재생/충전기를 이용하여 배출된 컴프레서 오일량만큼을 보충한다. 냉매 충전 시 오일을 배출된 오일량만큼 추가로 주입하지 않을 경우에는 계통 내부의 오일 부족으로 윤활성이 나빠져 컴프레서 고착 등의 문제를 일으킨다.

② 고압 밸브를 개방한 상태에서 R-1234yf 회수/재생/충전기를 이용하여 냉매를 규정량만큼 충전시킨 후 고압 밸브를 닫는다. 냉매를 과충전시키면 컴프레서가 손상을 입을 우려가 있다.

③ 누설 감지기로 계통에서 냉매가 누설되지 않는가를 점검한다.

1.3.5. 전기자동차의 에어컨 냉매 회수/충전 시 주의사항

① 고전압을 이용하는 EV의 전동식 컴프레서는 냉매(R-1234yf)와 절연성능이 높은 “POE 오일”을 사용한다.

② 냉매 회수/충전 시, 일반 차량의 PAG 오일이 혼입되지 않도록 전기자동차 정비를 위한 별도 전용장비(에어컨 냉매회수/충전기)를 사용한다. 일반 차량의 냉동유(PAG)가 혼입될 경우 전동식 컴프레서 손상 및 안전사고가 발생할 수 있다.

1.4 컴프레서 오일 점검

오일은 컴프레서를 윤활시키기 위해 사용된다. 오일은 컴프레서가 작동 중에 계통 내로 순환하기 때문에 계통 내의 부품을 교환하거나 많은 양의 가스가 누설되었을 때는 필히 오일을 보충해 주어 본래 오일의 총량을 유지해야 한다(계통 내 오일의 총량 – 일반 사양 : POE 150±10g, 히트펌프 사양 : POE 180±10g). 오일의 취급 요령은 다음과 같다.

① 오일에 습기, 먼지, 금속편이 유입되지 않도록 한다.

② 오일을 혼합하지 않는다.

③ 오일을 사용한 후에 대기에 장시간 방치해 두면 오일 내에 수분이 흡수되므로 사용 후에는 반드시 용기를 즉시 막아 놓는다.

1.5 냉매 라인 교환

① 만약 컴프레서 사용이 가능하다면 에어컨을 몇 분 동안 작동시킨 후 정지시킨다.

② 배터리의 (–)케이블을 분리한다.

③ 회수/재생/충전기로 냉매를 회수한다.

④ 모터가 냉각되었을 때 냉각수를 라디에이터에서 배출시킨다.

⑤ 블로어 유닛 어셈블리를 탈거한다.

⑥ 장착 볼트 및 너트를 풀고 석션 & 리퀴드 라인과 디스차지 라인을 분리한다(체결 토크 : 0.9~1.4kgf·m).

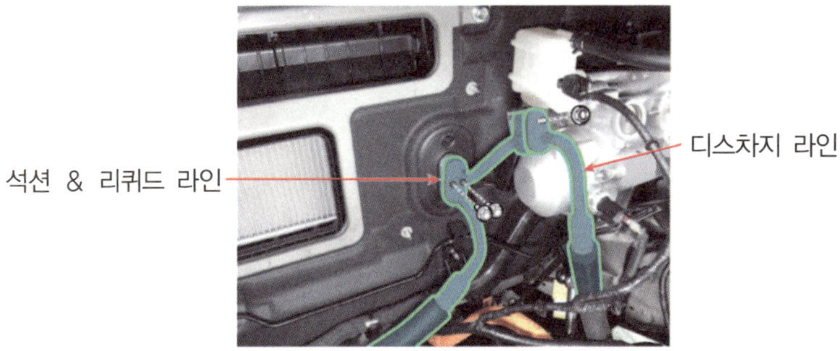

그림 7-6 석션 & 리퀴드 라인과 디스차지 라인 분리

⑦ 팽창 밸브 커넥터를 분리한 후, 장착 볼트를 풀고 팽창 밸브를 이베퍼레이터 코어로부터 분리한다(체결 토크 : 0.9~1.4kgf·m).

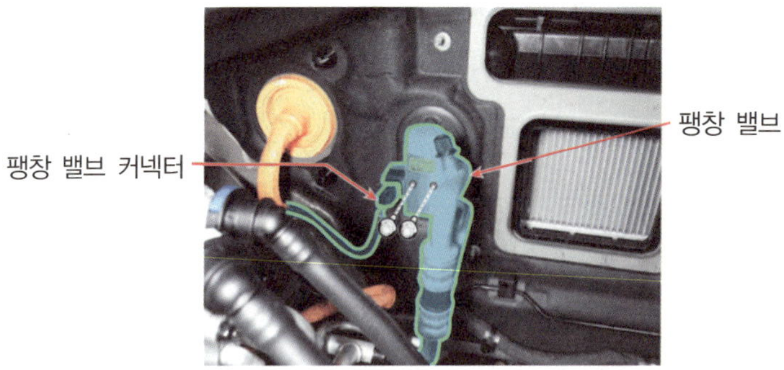

그림 7-7 팽창 밸브 커넥터 분리 및 팽창 밸브 분리

⑧ 장착 볼트를 풀고 석션 & 리퀴드 라인과 호스를 분리한다.

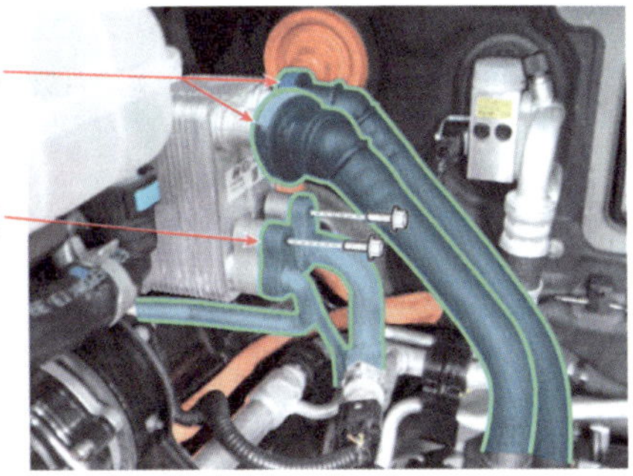

그림 7-8 석션 & 리퀴드 라인과 호스 분리

⑨ 에어컨 온도 센서 #1 커넥터를 분리한다.

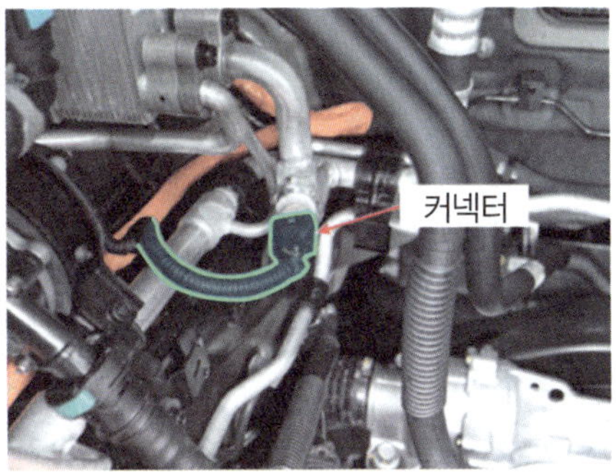

그림 7-9 에어컨 온도 센서 #1 커넥터 분리

⑩ 에어컨 온도 센서 #2 커넥터를 분리한다.

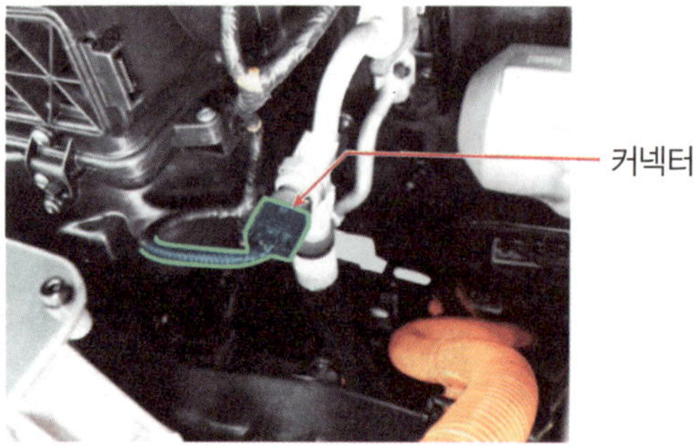

그림 7-10 에어컨 온도 센서 #2 커넥터 분리

⑪ 장착 볼트를 풀고 석션 & 리퀴드 라인을 분리한다(체결 토크 : 0.9~1.4kgf·m).

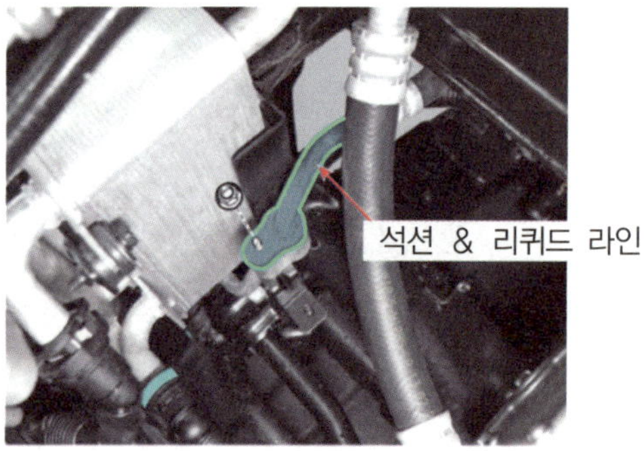

그림 7-11 석션 & 리퀴드 라인 분리

⑫ 장착 볼트를 풀고 석션 & 리퀴드 라인을 분리한다(체결 토크 : 0.9~1.4kgf · m).

그림 7-12 석션 & 리퀴드 라인 분리

⑬ 장착 볼트를 풀고 전동식 에어컨 컴프레서 석션 라인을 분리한다(체결 토크 : 1.7~2.6kgf · m).

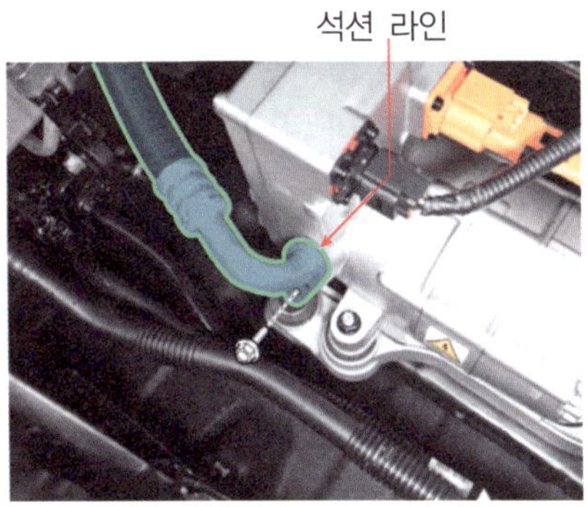

그림 7-13 석션 라인 분리

⑭ 장착 볼트를 풀고 프런트 석션 & 리퀴드 파이프 어셈블리를 엔진룸 위로 탈거한다(체결 토크 : 0.9~1.4kgf·m).

그림 7-14 프런트 석션 & 리퀴드 파이프 어셈블리 탈거

⑮ 장착은 탈거의 역순으로 진행한다. 장착이 완료되면 냉각시스템 안에 공기를 제거하고 냉매를 충전한 후(규정 충전량 – 일반 사양 : 700±25g, 히트펌프 사양 : 900±25g), 가스 누출 탐지기를 사용하여 냉매의 누출을 점검한다.

1.6 전동식 에어컨 컴프레서

전동식 에어컨 컴프레서는 연비를 향상시키고 모터 정지 시에도 에어컨을 작동시킬 수 있도록 한다.

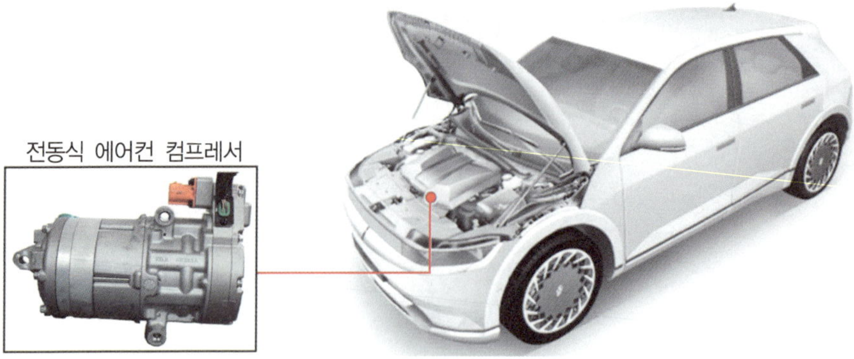

그림 7-15 전동식 에어컨 컴프레서 설치 위치

1.6.1. 고장진단

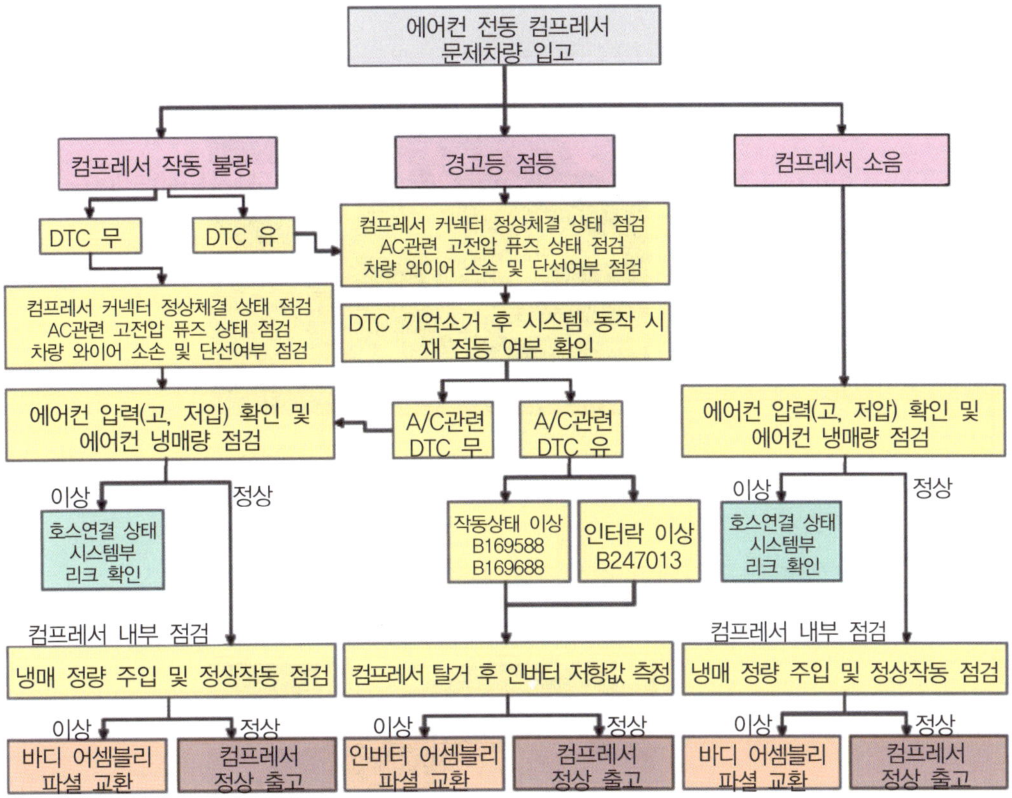

그림 7-16 고장진단 흐름도

1.6.2. 탈거

[1] 전동식 에어컨 컴프레서 어셈블리

① 만약 컴프레서 사용이 가능하다면 에어컨을 몇 분 동안 작동시킨 후 정지시킨다.

② 배터리의 (−)케이블을 분리한다.

③ 고전압 회로를 차단한다.

④ 회수/재생/충전기로 냉매를 회수한다.

⑤ 프런트 트렁크를 탈거한다.

⑥ 장착 볼트를 풀고 석션 라인과 디스차지 라인을 분리한다(체결 토크 : 1.7~2.6kgf·m).

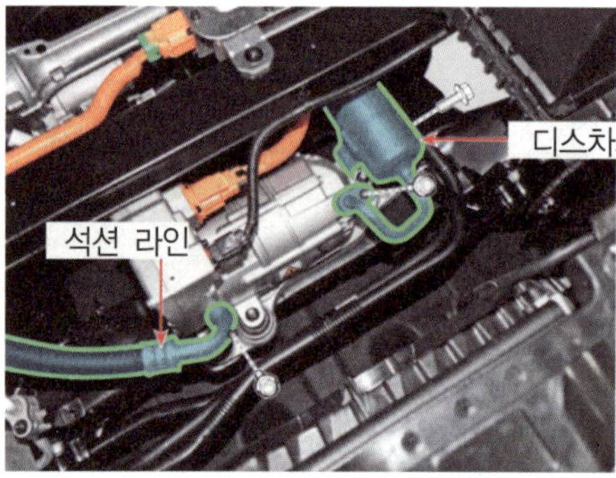

그림 7-17 석션 라인과 디스차지 라인 분리

⑦ 전동식 에어컨 컴프레서 커넥터와 고전압 커넥터를 분리한다.

그림 7-18 전동식 에어컨 컴프레서 커넥터와 고전압 커넥터 분리

⑧ 장착 너트를 풀고 전동식 에어컨 컴프레서 어셈블리를 탈거한다(체결 토크 : 1.7~2.6kgf · m).

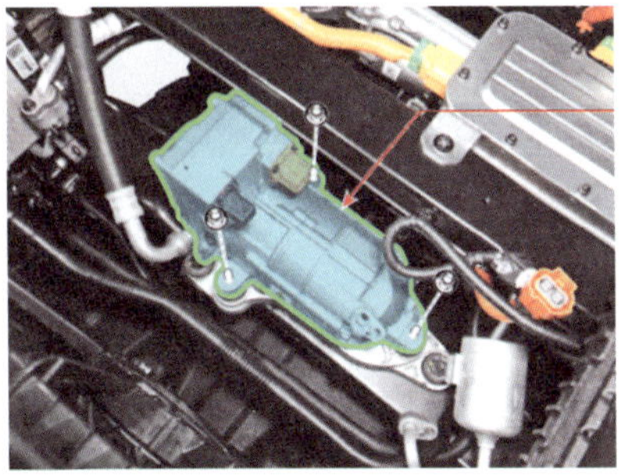

그림 7-19 전동식 에어컨 컴프레서 어셈블리를 탈거

[2] 전동식 에어컨 컴프레서 브라켓

① 전동식 에어컨 컴프레서를 탈거한다.

② 장착 볼트를 풀고 전동식 에어컨 컴프레서 브라켓을 탈거한다.

그림 7-20 브라켓 탈거

1.6.3. 장착

[1] 전동식 에어컨 컴프레서 어셈블리

① 다음 그림 순서에 따라 전동식 컴프레서 어셈블리 장착 볼트를 체결한다.

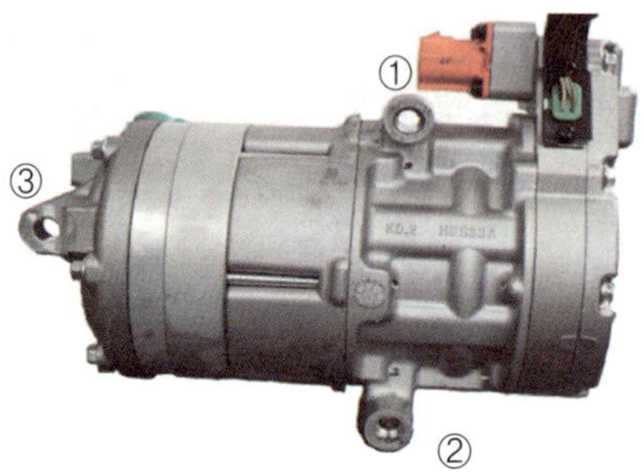

그림 7-21 전동식 컴프레서 어셈블리 장착 볼트 체결

② 탈거의 역순으로 장착하며 다음 사항을 참고한다.

㉮ 만약 새 컴프레서를 장착하면 제거된 컴프레서로부터 컴프레서 오일을 모두 빼낸다. 컴프레서 오일의 양을 측정하고 규정량 이상 되는 것을 막기 위해 200ml에서 측정된 양만큼을 새 컴프레서로부터(석션 라인을 통해) 빼내야 한다.

㉯ 호스나 라인을 연결하기 전 O링에 몇 방울의 냉매를 바른다.

㉰ R-1234yf의 누출을 피하기 위해서는 적당한 O링을 사용한다.

㉱ 오염을 피하기 위해 한 번 사용된 용기의 오일은 다시 사용하지 말아야 하고, 다른 컴프레서 오일과 섞이지 않도록 주의해야 한다.

㉲ 오일을 사용한 후에 즉시 용기의 캡을 교환하고 습기가 들어가지 않도록 용기를 봉인한다.

㉳ 컴프레서 오일은 페인트를 손상시킬 수 있어 차량 위에 컴프레서 오일을 흘리지 않도록 해야 한다. 만약 컴프레서 오일이 차량에 묻으면 즉시 닦아낸다.

㉴ 시스템을 충전하고, 에어컨 성능을 테스트한다.

[2] 전동식 에어컨 컴프레서 브라켓

① 장착은 탈거의 역순으로 진행한다.

1.6.4. 점검

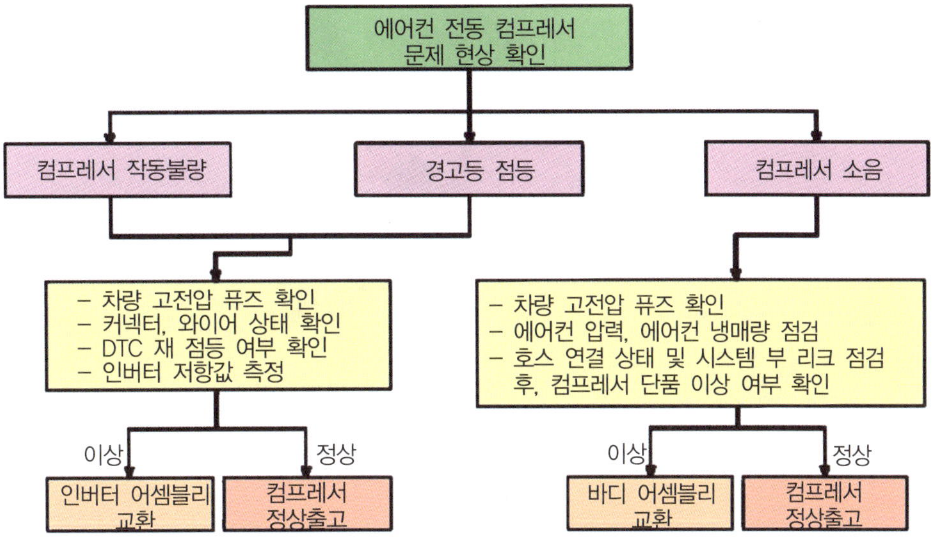

그림 7-22 에어컨 전동 컴프레서 점검

표 7-1 에어컨 고장 유형

구분	에어컨 고장 유형	재사용품	신품(킷)
바디 어셈블리 교환	소음, 작동불량	인버터	바디, 절연시트, 3상 전원핀 슬리브, PCB 볼트, 개스킷, 인버터 커버, 인버터 커버 볼트, 고전압 커넥터 링 터미널 볼트, 인버터 & 클램프 볼트
인버터 교환	A/C 관련 DTC 코드 및 경고등 점등	바디 어셈블리	바디, 절연시트, 3상 전원핀 슬리브, PCB 볼트, 개스킷, 인버터 커버, 인버터 커버 볼트, 고전압 커넥터 링 터미널 볼트, 인버터 & 클램프 볼트

[1] 전동식 에어컨 컴프레서 바디 내부 점검

전동식 에어컨 컴프레서 바디 내부 이상 여부 확인 방법

① 전동식 에어컨 컴프레서측 저압 파이프 탈거

② 전동식 에어컨 컴프레서 저압 파이프 내부측 오염 여부 확인

그림 7-23 오염 여부 확인

[2] 전동식 에어컨 컴프레서 모터 점검

전동식 에어컨 컴프레서 모터의 점검을 위해 3상 전원 핀의 저항값을 측정한다. 3상 저항값이 불량이면 모터가 이상이므로 전동식 에어컨 컴프레서 바디를 교환한다.

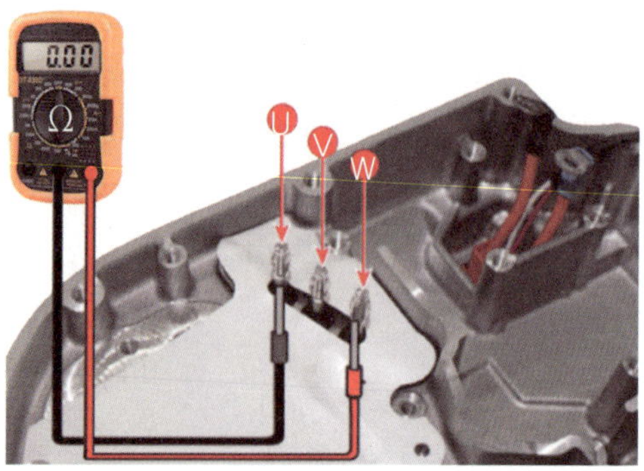

그림 7-24 3상 전원 핀 저항값 측정

표 7-2 3상 전원 핀의 저항값

구분	U-V상	V-W상	U-W상
정상 저항값	0.69Ω 이하		
불량 저항값	0.7Ω 이상		

[3] 전동식 에어컨 컴프레서 인버터 점검

컴프레서 인버터를 점검하려면 컴프레서의 고전압 핀, 저전압 핀 및 절연체의 저항값을 측정한다.

① 고전압 핀(정상 : 100kΩ 이상, 불량 : 100kΩ 이하)

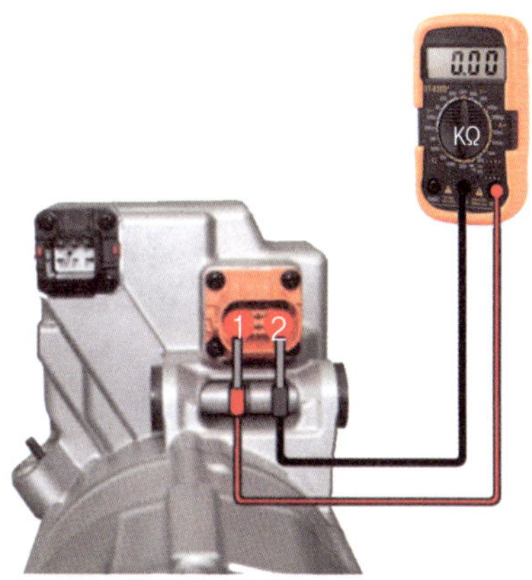

그림 7-25 고전압 핀 저항 점검

② 저전압 핀

㉮ 2-5번 단자간 CAN High/Low 저항을 측정한다(정상 : 약 120Ω).

㉯ CAN 접지 저항을 측정한다.

- 1-5 : 정상 100kΩ 이상, 불량 : 100kΩ 이하
- 1-2 : 정상 100kΩ 이상, 불량 : 100kΩ 이하

③ 인터락 High/Low 저항을 측정한다(고전압 커넥터를 연결하고 저전압 3 및 6 저항을 측정한다)(정상 : 1.0Ω 이하, 불량 : MΩ).

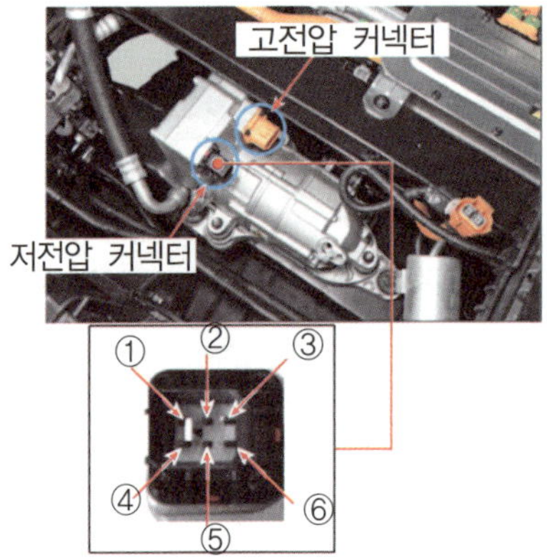

그림 7-26 저전압 핀 번호

표 7-3 **저전압 핀 번호 및 기능**

핀 번호	기능	핀 번호	기능
1	12V 접지	4	12V 전원
2	CAN LOW	5	CAN HIGH
3	인터락(−)	6	인터락(+)

[4] 전동식 에어컨 컴프레서 절연 저항 점검

전동식 에어컨 컴프레서의 절연 저항을 측정한다(정상 저항값 : 절연저항 점검(최소값 : 100MΩ@1000Vdc, 무냉매)).

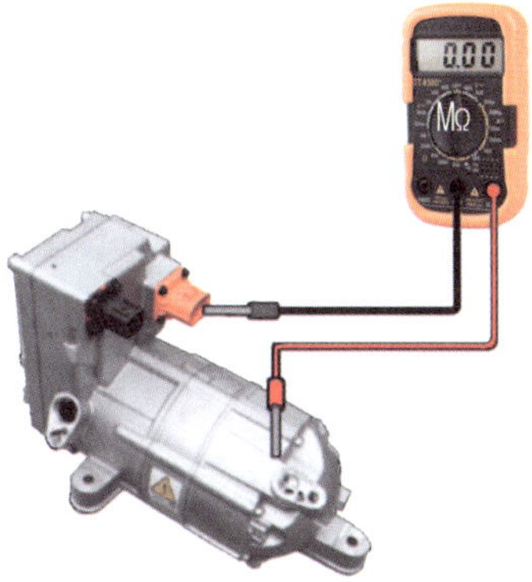

그림 7-27 절연 저항 점검

1.6.5. 고전압 정션 박스 컴프레서 퓨즈 탈거 및 장착

① 고전압 정션 박스 어퍼 커버를 탈거한다.

② 장착 너트를 풀고 고전압 컴프레서 퓨즈를 분리한다(체결 토크 : 0.4~0.6kgf · m). 버스바 스크류 분리 후 도포되어 있던 록 타이트를 (-)드라이버 혹은 기타 공구를 활용하여 제거한다. 이물질이나 록 타이트 잔여물로 인해 단자 간 접촉 불량이 발생할 수 있다.

그림 7-28 고전압 컴프레서 퓨즈 분리

③ 장착은 탈거의 역순으로 진행한다. 릴레이 접점 부 부스바 체결 후 록 타이트를 도포한다.

1.7 콘덴서

1.7.1. 콘덴서 탈거 및 장착

그림 7-29 콘덴서 설치 위치

① 배터리의 (-)단자를 분리한다.

② 회수/재생/충전기로 냉매를 회수한다.

③ 프런트 범퍼 어셈블리를 탈거한다.

④ 장착 볼트를 풀고 에어 가드를 탈거한다(체결 토크 : 0.8~1.2kgf · m).

그림 7-30 에어 가드 탈거

⑤ 장착 볼트를 풀고 콘덴서 측 냉매 라인을 분리한다(체결 토크 : 0.8~1.2kgf · m).

그림 7-31 콘덴서 측 냉매 라인 분리

⑥ 장착 볼트를 풀고 콘덴서를 탈거한다(체결 토크 : 0.8~1.2kgf · m).

그림 7-32 콘덴서 탈거

⑦ 장착은 탈거의 역순으로 진행한다. 새 콘덴서를 장착하면 컴프레서 오일(POE OIL)을 보충한다. 각 연결부의 O-링은 새것으로 교환하고, 호스나 라인을 연결하기 전 O-링에 몇 방울의 컴프레서 오일(냉동유)을 바른다. 시스템을 충전하고, 에어컨 성능을 테스트한다.

1.7.2. 점검

① 콘덴서 핀이 막혔거나 손상이 있는가를 점검한다. 핀이 막혔다면 물로 청소하거나 압축공기로 건조시키고, 핀이 휘었으면 드라이버나 플라이어 등으로 곱게 펴준다.

② 콘덴서 연결부에 누설이 있는지 점검하고 필요시 수리 또는 교환한다.

1.8 수냉 콘덴서

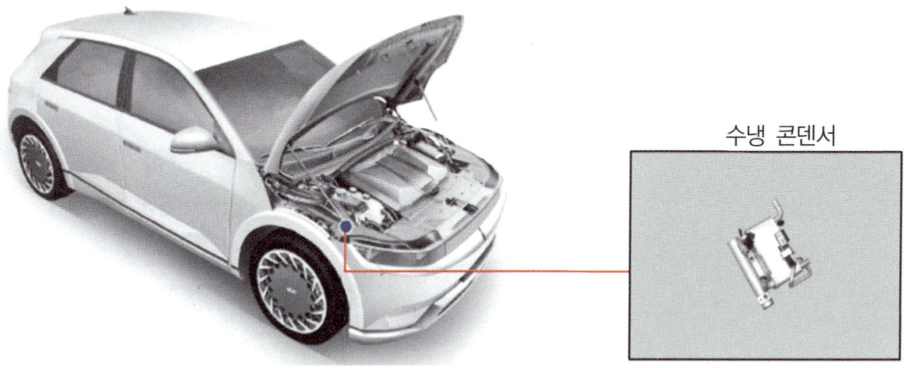

그림 7-33 수냉 콘덴서 설치 위치

① 배터리의 (-)단자를 분리한다.

② 회수/재생/충전기로 냉매를 회수한다.

③ 모터가 냉각되었을 때 냉각수를 라디에이터에서 배출시킨다.

④ 프런트 트렁크를 탈거한다.

⑤ 장착 볼트를 풀고 석션 & 리퀴드 라인을 분리한다(체결 토크 : 0.9~1.4kgf・m).

그림 7-34 석션 & 리퀴드 라인 분리

⑥ 장착 볼트를 풀고 석션 & 리퀴드 라인을 분리한다(체결 토크 : 0.9~1.4kgf · m).

그림 7-35 석션 & 리퀴드 라인 분리

⑦ 수냉 콘덴서 호스를 분리한다.

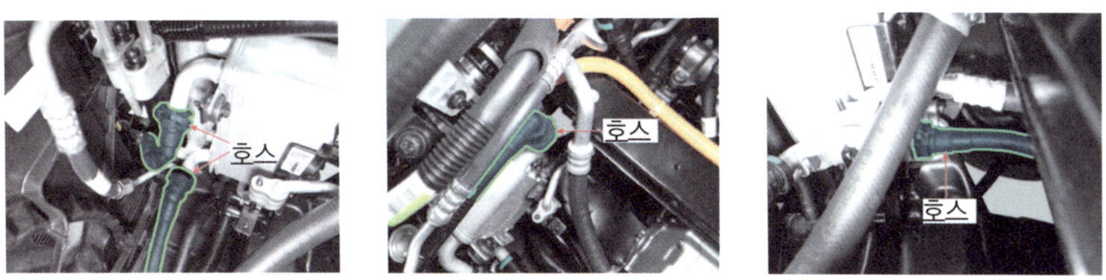

그림 7-36 호스 분리

⑧ 장착 볼트 및 너트를 풀고 수냉 콘덴서를 탈거한다.

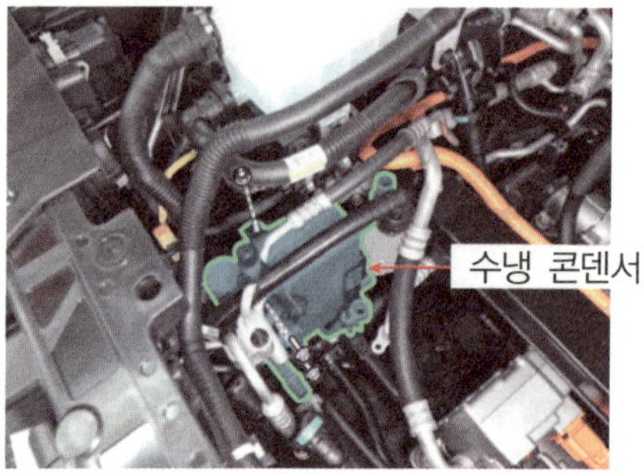

그림 7-37 수냉 콘덴서 탈거

⑨ 장착은 탈거의 역순으로 진행한다. 새 콘덴서를 장착하면 컴프레서 오일(POE OIL)을 보충한다. 각 연결부의 O-링은 새것으로 교환하고, 호스나 라인을 연결하기 전 O-링에 몇 방울의 컴프레서 오일(냉동유)을 바른다. 시스템을 충전하고, 에어컨 성능을 테스트한다.

1.9 실내 콘덴서

고온/고압 냉매를 사용하여 실내를 따뜻하게 하는 열원 역할을 한다.

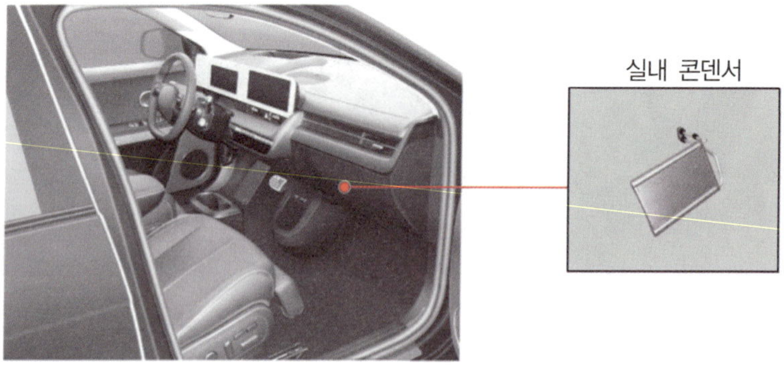

그림 7-38 실내 콘덴서 설치 위치

① 배터리의 (–)단자를 분리한다.

② 회수/재생/충전기로 냉매를 회수한다.

③ 히터 유닛을 탈거한다.

④ 장착 스크류를 풀고 실내 콘덴서 커버를 탈거한다.

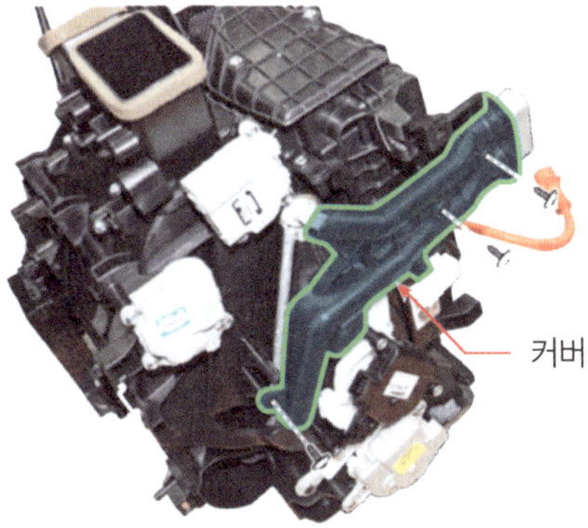

그림 7-39 실내 콘덴서 커버 탈거

⑤ 실내 콘덴서를 탈거한다.

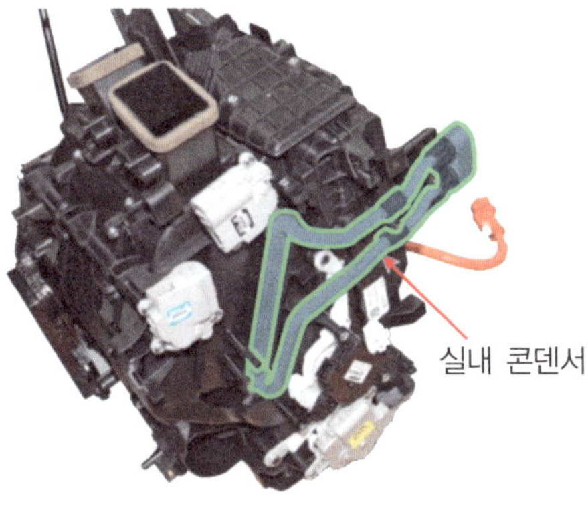

그림 7-40 실내 콘덴서 탈거

⑥ 장착은 탈거의 역순으로 진행한다. 새 콘덴서를 장착하면, 컴프레서 오일(POE OIL)을

보충한다. 각 연결부의 O-링은 새것으로 교환하고, 호스나 라인을 연결하기 전 O-링에 몇 방울의 컴프레서 오일(냉동유)을 바른다. 시스템을 충전하고, 에어컨 성능을 테스트한다.

1.10 에어컨 온도 센서

(a) 에어컨 온도 센서 #1 (b) 에어컨 온도 센서 #2

그림 7-41 에어컨 온도 센서 설치 위치

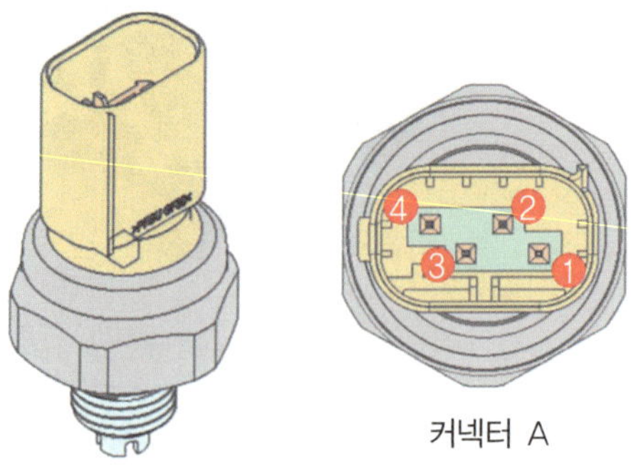

그림 7-42 에어컨 온도 센서 및 커넥터

표 7-4 에어컨 온도 센서 핀 번호 및 기능

커넥터	핀 번호	기능	핀 번호	기능
A	1	접지	3	서미스터 저항(Output)
	2	압력(Output)	4	전원

1.10.1. 에어컨 온도 센서 #1 탈거 및 장착

① 배터리의 (−)단자를 분리한다.

② 에어컨 온도 센서 커넥터를 분리한다.

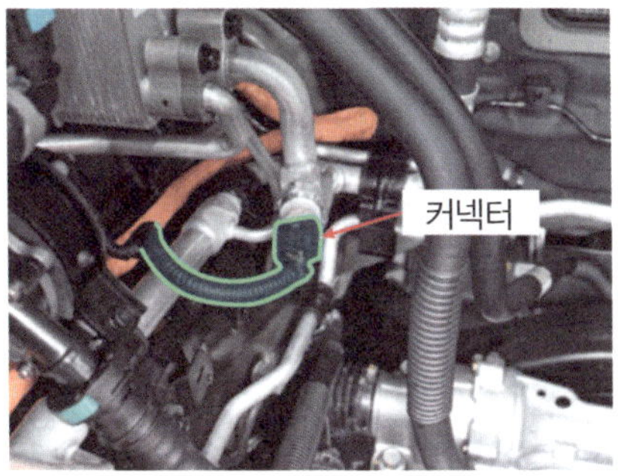

그림 7-43 에어컨 온도 센서 커넥터 분리

③ 에어컨 온도 센서 #1을 탈거한다.

그림 7-44 에어컨 온도 센서 #1 탈거

④ 장착은 탈거의 역순으로 진행한다.

1.10.2. 에어컨 온도 센서 #2 탈거 및 장착

① 배터리의 (−)단자를 분리한다.

② 에어컨 온도 센서 커넥터를 분리한다.

③ 에어컨 온도 센서 #2를 탈거한다.

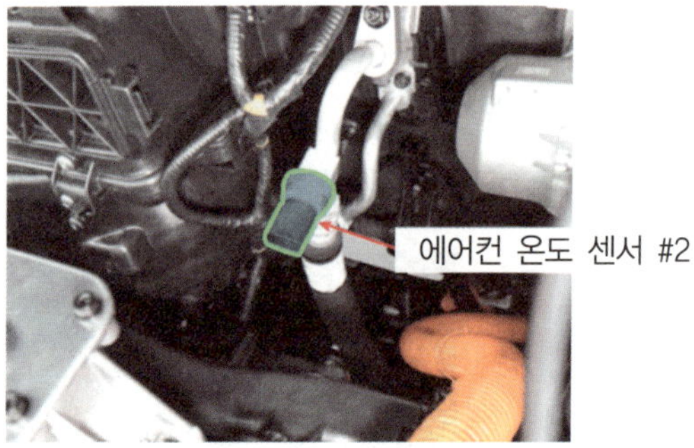

그림 7-45 에어컨 온도 센서 #2 탈거

④ 장착은 탈거의 역순으로 진행한다.

1.11 이베퍼레이터 온도 센서

이베퍼레이터 온도 센서는 이베퍼레이터 코어의 온도를 감지하여 이베퍼레이터의 결빙을 방지할 목적으로 이베퍼레이터에 장착된다. 센서 내부는 부특성 서미스터가 장착되어 있어 온도가 낮아지면 저항값은 높아지고 온도가 높아지면 저항값은 낮아진다.

그림 7-46 이베퍼레이터 온도 센서

1.11.1. 점검

① 시동을 건다.

② 에어컨 스위치를 ON시킨다.

③ 멀티 테스터를 이베퍼레이터 온도 센서에 연결한 후 (+)와 (−)단자의 저항을 측정한다.

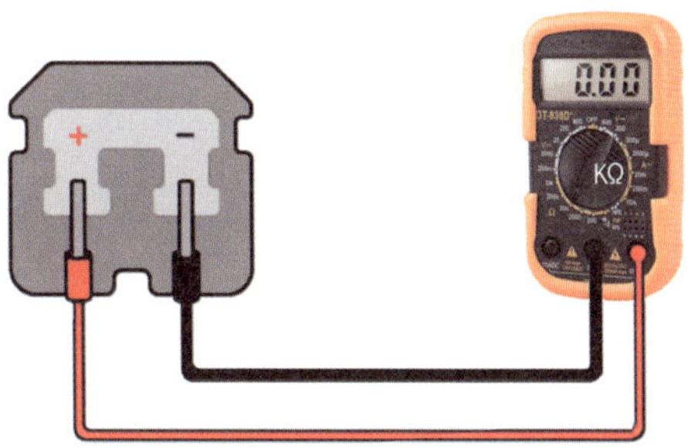

그림 7-47 이베퍼레이터 온도 센서 점검

표 7-5 이베퍼레이터 온도 센서 저항

이베퍼레이터 코어 온도(℃)	저항(kΩ)
−2	30.16
0	27.62±1%
2	25.32
4	23.24
6	21.35

1.11.2. 탈착 및 장착

① 배터리의 (−)단자를 분리한다.

② 이베퍼레이터 코어를 탈거한다.

③ 이베퍼레이터 코어에서 이베퍼레이터 온도 센서를 분리한다.

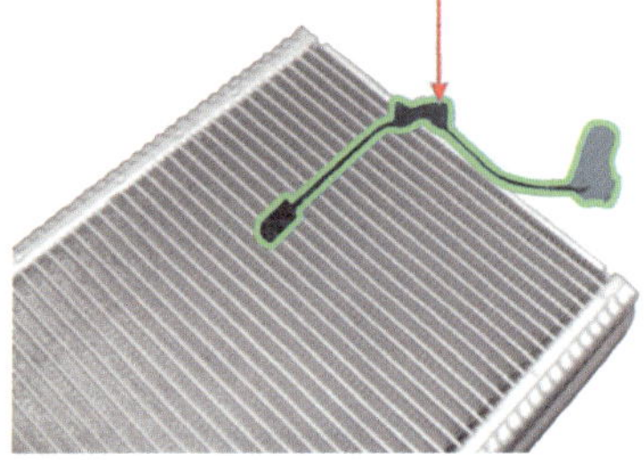

그림 7-48 이베퍼레이터 온도 센서 분리

④ 장착은 탈거의 역순으로 진행한다.

1.12 실내 온도 센서 탈거 및 장착

실내 온도 센서는 히터 및 에어컨 컨트롤 유닛 내에 장착되어 있으며 실내 온도를 감지하여, 토출 온도 제어, 센서 보정, 믹스 도어 제어, 블로어 모터 속도 제어, 에어컨 오토 제어, 난방 기동 제어 등에 이용된다. 실내의 공기를 흡입하여 온도를 감지하여 저항치를 변화시키면 그에 상응한 전압치가 자동온도 조절 모듈에 전달된다.

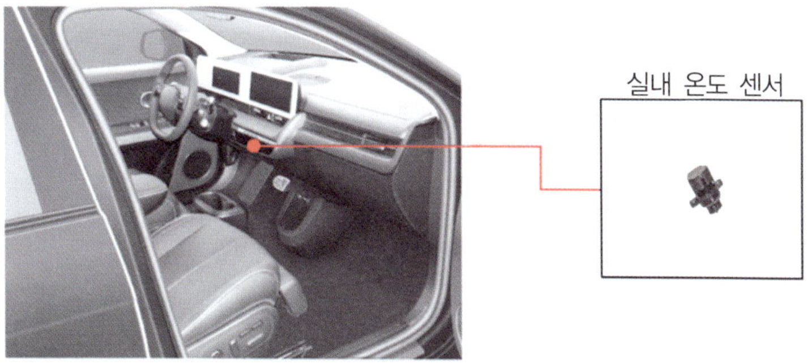

그림 7-49 실내 온도 센서 설치 위치

① 크래쉬 패드 센터 패널을 탈거한다.

② 장착 스크류를 풀고 실내 온도 센서를 탈거한다.

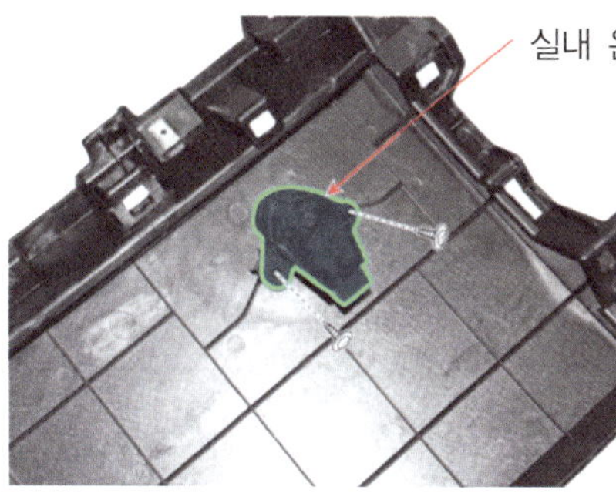

그림 7-50 실내 온도 센서 탈거

③ 장착은 탈거의 역순으로 진행한다.

1.13 포토 센서 탈거 및 장착

일광 센서는 포토 센서와 오토 라이트 센서의 기능을 합친 복합 센서이며, 광기전성 다이오드를 내장하고 있다(일사량 감지). 발광은 빛이 받아들여지는 부분에 나타나며 발광의 양에 비례하여 전기력이 발생되고 이 전기력이 자동온도 조절 모듈에 전달되어 풍량 및 토출 온도를 보상한다.

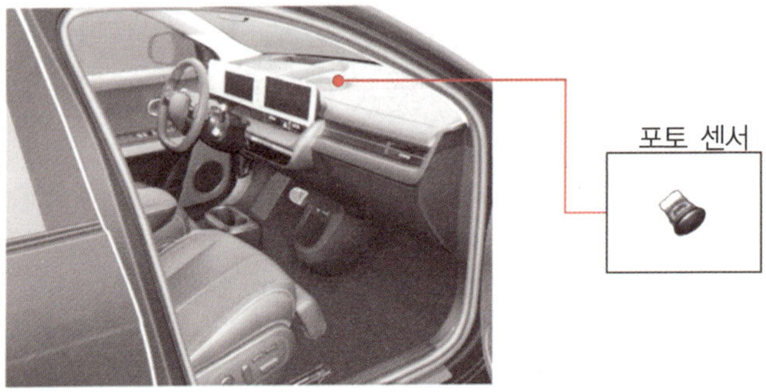

그림 7-51 포토 센서 설치 위치

① 배터리의 (−)단자를 분리한다.

② 스크류 드라이버 또는 리무버를 이용하여 크래쉬 패드 어퍼 가니쉬를 탈거한다.

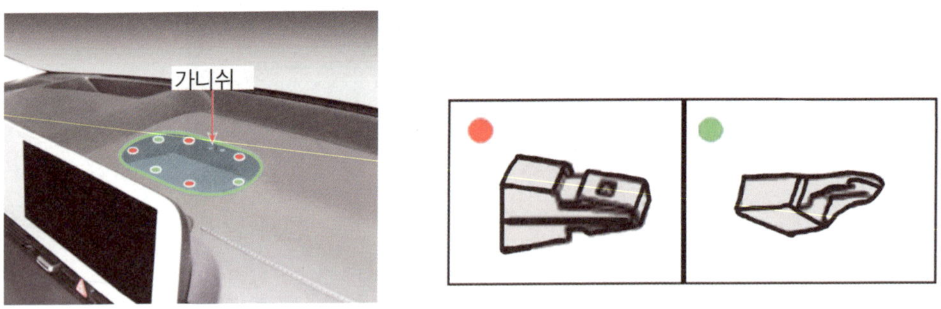

그림 7-52 가니쉬 탈거

③ 커넥터를 분리한다.

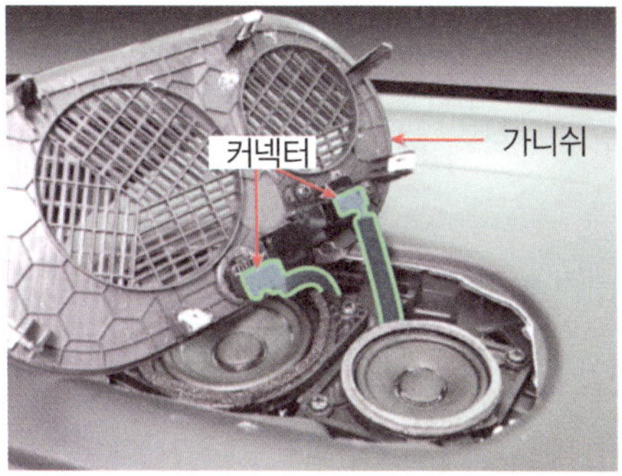

그림 7-53 커넥터 분리

④ 포토 센서를 탈거한다.

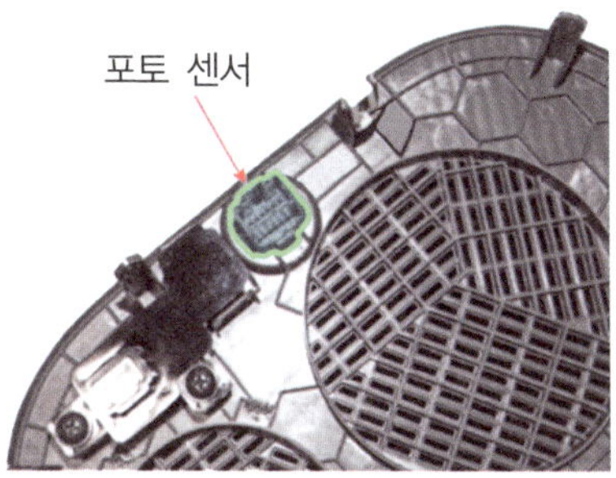

그림 7-54 포토 센서 탈거

⑤ 장착은 탈거의 역순으로 진행한다.

1.14 외기 온도 센서

콘덴서 앞쪽에 장착되어 있으며 외기의 온도를 감지한다. 온도가 올라가면 저항값이 내려가고 온도가 내려가면 저항값이 올라가는 부특성 서미스터 타입이다. 토출 온도 제어, 센서 보정, 온도 조절 도어 제어, 블로어 모터 속도 제어, 믹스 모드 제어, 차내 습도 제어 등에 사용된다.

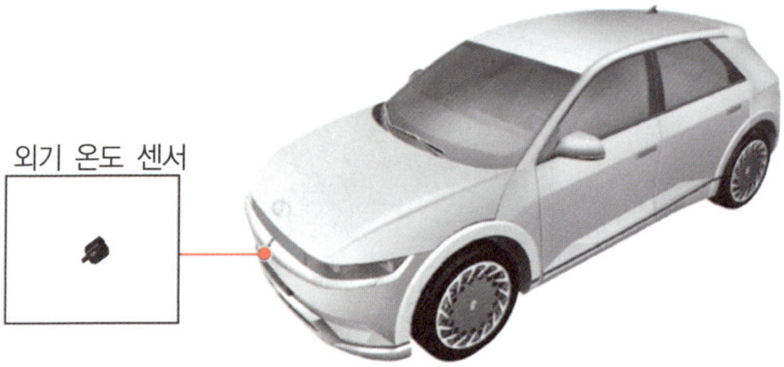

그림 7-55 외기 온도 센서 설치 위치

1.14.1. 점검

① 외기 온도 센서에 공기의 온도 변화를 주어 1번과 2번의 저항값이 변하는지 점검한다.

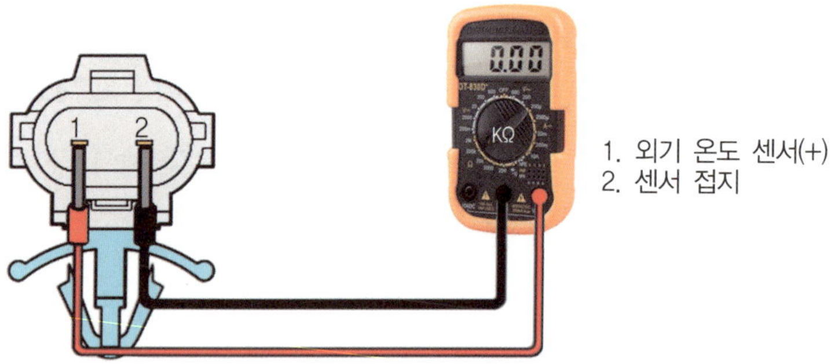

그림 7-56 외기 온도 센서 점검

표 7-6 외기 온도 센서 저항

온도(℃)	최소 저항(kΩ)	저항(kΩ)	최대 저항(kΩ)
−40	811.09	881.03	956.78
−30	447.67	480.41	515.43
−20	255.63	271.21	287.67
−10	150.71	158.18	165.98
0	91.53	95.1	98.76
10	57.14	58.8	60.49
20	36.6	37.32	38.04
30	23.8	24.26	24.73
40	15.69	16.13	16.58
50	10.57	10.95	11.34
60	7.24	7.58	7.91
70	5.08	5.34	5.61
80	3.62	3.83	4.05

1.14.2. 탈거 및 장착

① 배터리의 (−)단자를 분리한다.

② 프런트 범퍼 어셈블리를 탈거한다.

③ 외기 온도 센서 커넥터를 분리한 후, 외기 온도 센서를 탈거한다.

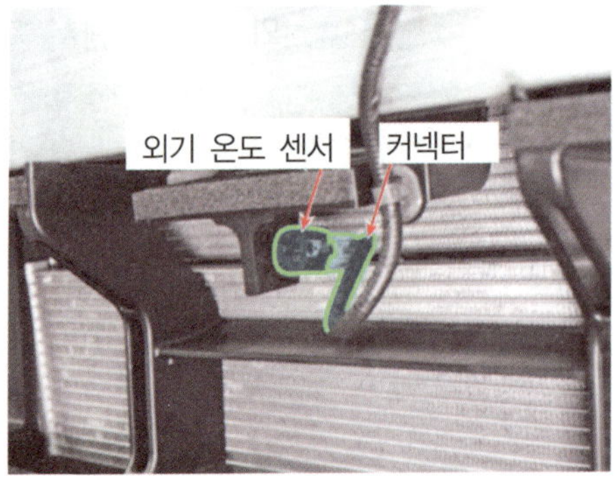

그림 7-57 외기 온도 센서 탈거

④ 장착은 탈거의 역순으로 진행한다.

1.15 오토 디포깅 센서 탈거 및 장착

오토 디포깅 센서는 차량 앞 유리에 장착되어 습기를 감지하여 포깅 발생 전 조기에 제거 기능을 수행하며 시계확보 및 쾌적성을 향상시킨다.

① 배터리의 (−)단자를 분리한다.

② 인사이드 리어 뷰 미러 커버를 탈거한다.

③ 레인 센서 커버를 탈거한다.

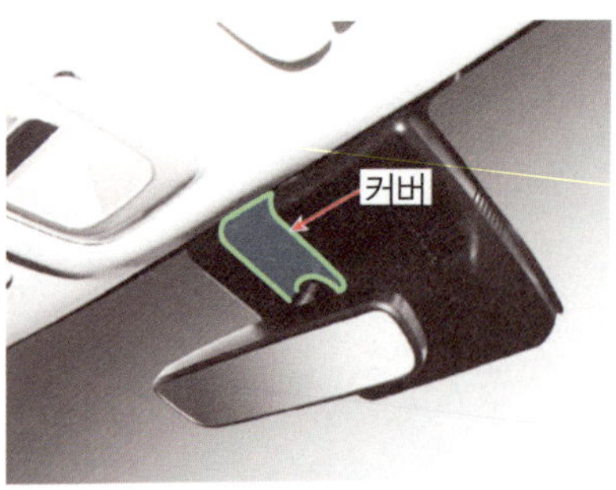

그림 7-58 인사이드 리어뷰 미러커버 탈거

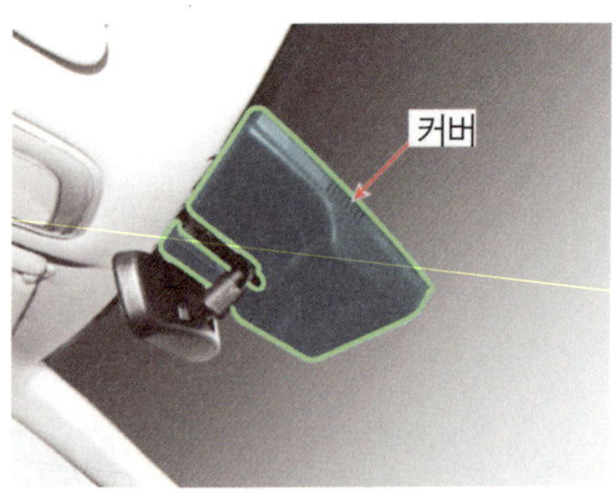

그림 7-59 레인 센서 커버 탈거

④ 오토 디포깅 센서 커넥터를 분리한 후 오토 디포깅 센서를 탈거한다.

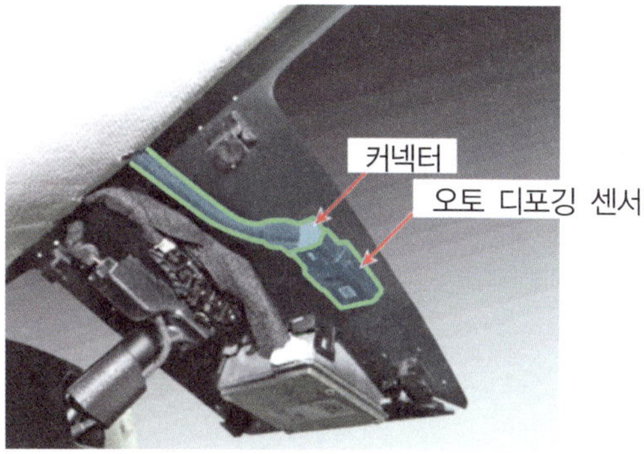

그림 7-60 오토 디포깅 센서 탈거

⑤ 장착은 탈거의 역순으로 진행한다.

1.16 PM 센서 탈거 및 장착

블로어 ON 시 차량 내부의 공기질을 실시간으로 모니터링(미세먼지 센서) 및 화면에 상태 표시한다. 미세먼지 농도가 높을 시 자동으로 작동한다(조건 : 내기 모드 + A/C ON + 풍량 1~5단).

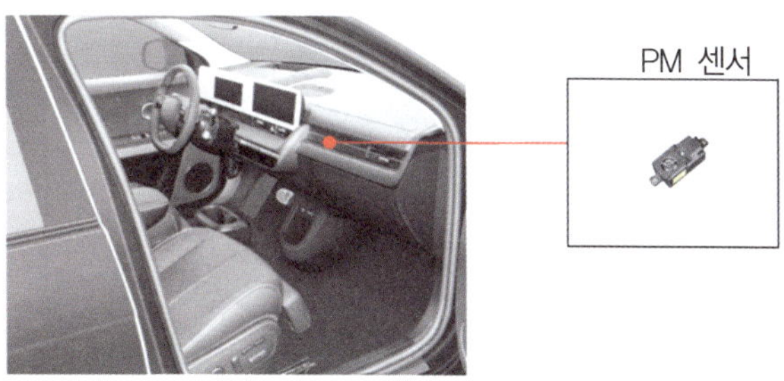

그림 7-61 PM 센서 설치 위치

① 배터리의 (-)단자를 분리한다.

② 크래쉬 패드 에어 벤트(RH)를 탈거한다.

③ 장착 스크류를 풀고 PM 센서를 탈거한다.

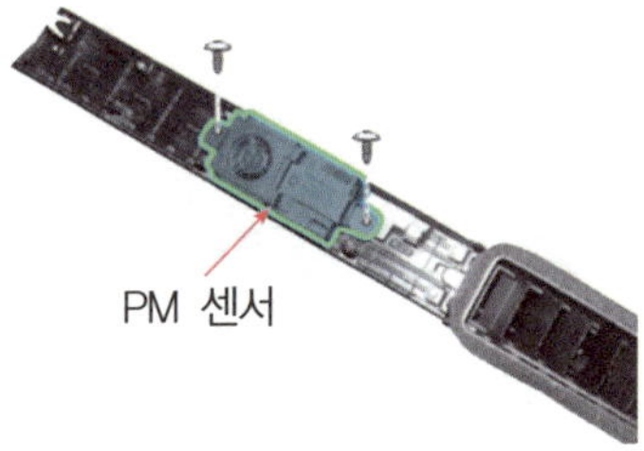

그림 7-62 PM 센서 탈거

④ 장착은 탈거의 역순으로 진행한다.

1.17 칠러 탈거 및 장착

모터 전장 폐열을 이용하여 저온의 냉매를 열 교환시키는 히트펌프 시스템으로 전장 폐열을 회수하는 역할을 한다.

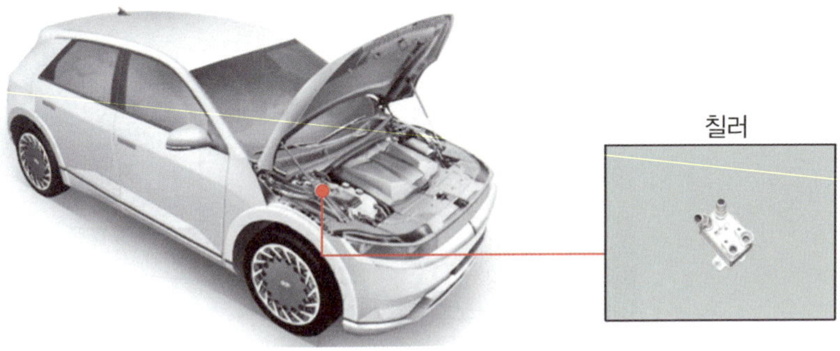

그림 7-63 칠러 설치 위치

① 배터리의 (-)단자를 분리한다.

② 회수/재생/충전기로 냉매를 회수한다.

③ 모터가 냉각되었을 때, 냉각수를 라디에이터에서 배출한다.

④ 프런트 트렁크를 탈거한다.

⑤ 장착 볼트를 풀고 석션 & 리퀴드 라인과 호스를 분리한다.

⑥ 장착 볼트를 풀고 칠러 인렛 라인을 탈거한다.

그림 7-64 석션 & 리퀴드 라인과 호스 분리

그림 7-65 칠러 인렛 라인 탈거

⑦ 장착 볼트를 풀고 칠러를 탈거한다.

그림 7-66 칠러 탈거

⑧ 장착은 탈거의 역순으로 진행한다.

2 히터

2.1 히터 유닛 탈거 및 장착

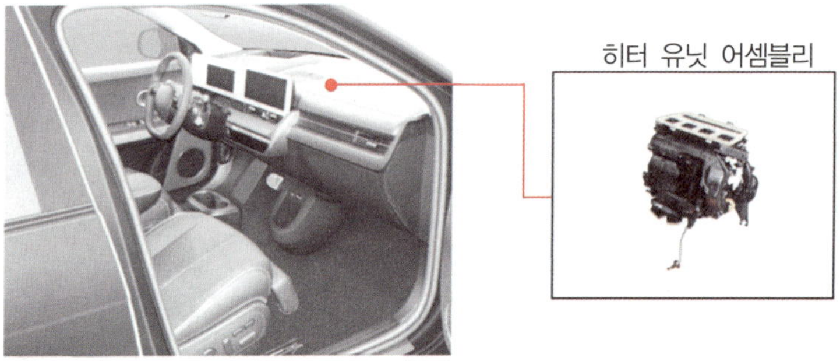

그림 7-67 히터 유닛 어셈블리 설치 위치

① 배터리의 (–)단자를 분리한다.

② 고전압 회로를 차단한다.

③ 회수/재생/충전기로 냉매를 회수한다.

④ 카울 크로스 바 어셈블리를 탈거한다.

⑤ 장착 볼트를 풀고 팽창 밸브를 이베퍼레이터 코어로부터 분리한다(체결 토크 : 0.9~1.4kgf · m).

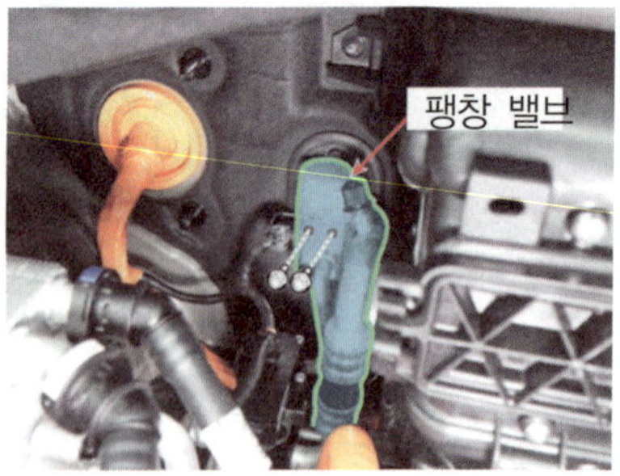

그림 7-68 팽창 밸브 분리

⑥ 장착 볼트를 풀고 냉매 라인을 실내 콘덴서로부터 분리한다(체결 토크 : 0.9~1.4kgf · m).

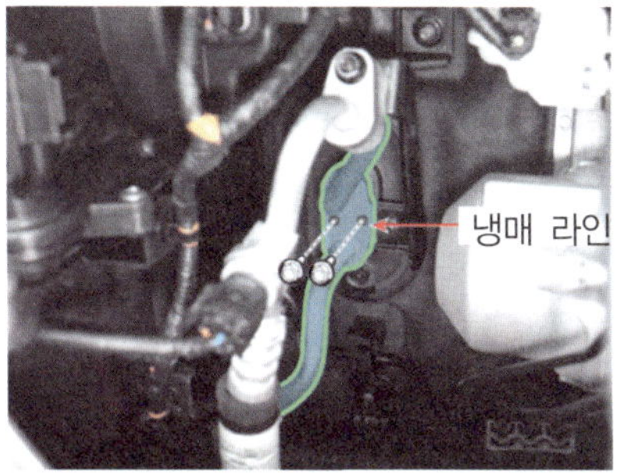

그림 7-69 냉매 라인 분리

⑦ 드레인 호스를 분리한다.

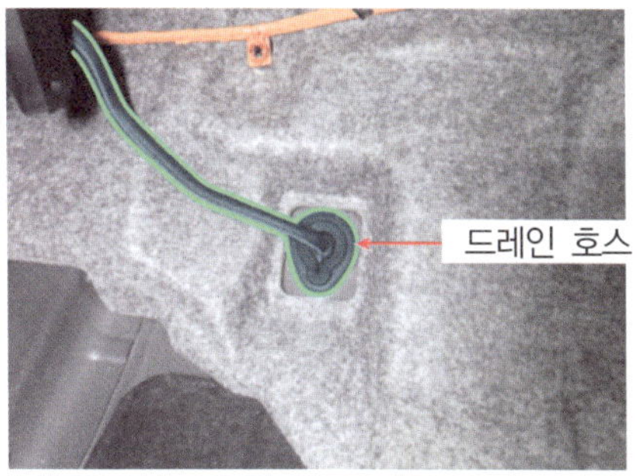

그림 7-70 드레인 호스 분리

⑧ 히터 유닛 하단의 장착 볼트를 탈거한다(체결 토크 : 0.4~0.6kgf · m).

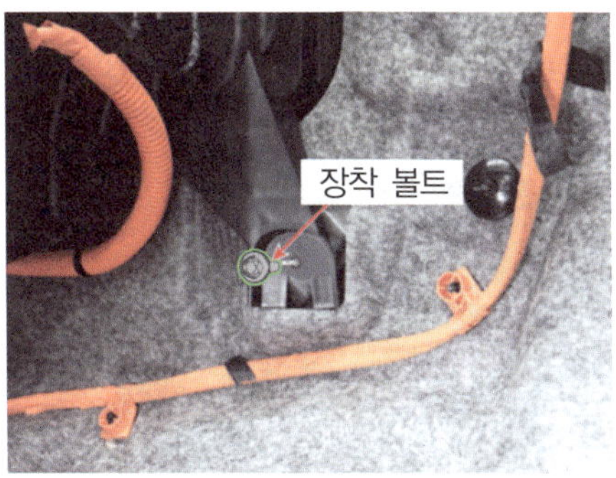

그림 7-71 장착 볼트 탈거

⑨ 히터 유닛을 차체로부터 탈거한다.

⑩ 장착은 탈거의 역순으로 진행한다.

2.2 이베퍼레이터 코어 탈거 및 장착

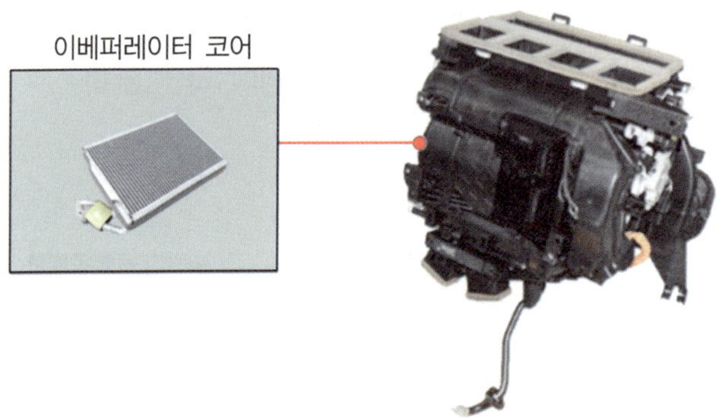

그림 7-72 이베퍼레이터 코어 설치 위치

① 배터리의 (-)단자를 분리한다.

② 실내 콘덴서를 탈거한다.

③ 장착 스크류를 풀고 이베퍼레이터 코어 커버를 탈거한다.

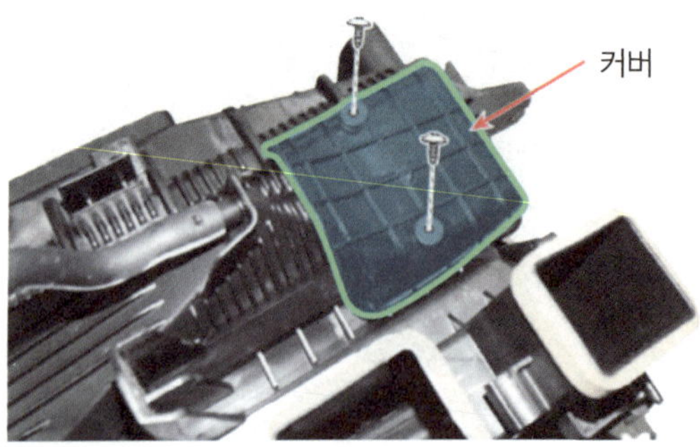

그림 7-73 이베퍼레이터 코어 커버 탈거

④ 장착 스크류를 풀고 이베퍼레이터 코어 커버를 탈거한다.

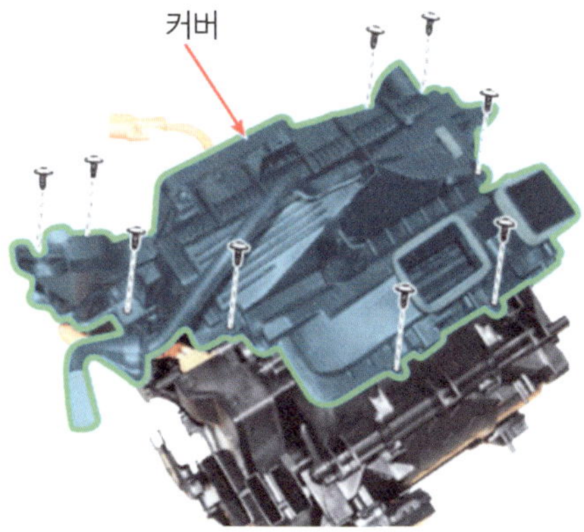

그림 7-74 이베퍼레이터 코어 커버 탈거

⑤ 이베퍼레이터 코어를 탈거한다.

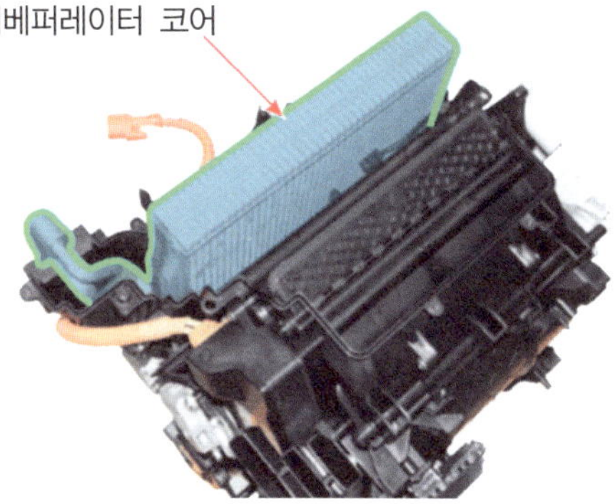

그림 7-75 이베퍼레이터 코어 탈거

⑥ 이베퍼레이터 온도 센서를 탈거한다.

⑦ 장착은 탈거의 역순으로 진행한다.

2.3 PTC 히터

히터 내부의 다수의 PTC 서미스터에 고전압배터리 전원을 인가하여 서미스터의 발열을 이용해 난방의 열원으로 사용한다. 난방을 필요로 하는 조건에서 고전압이 인가되고 블로어가 작동 시에 찬 공기를 따뜻한 공기로 변환한다.

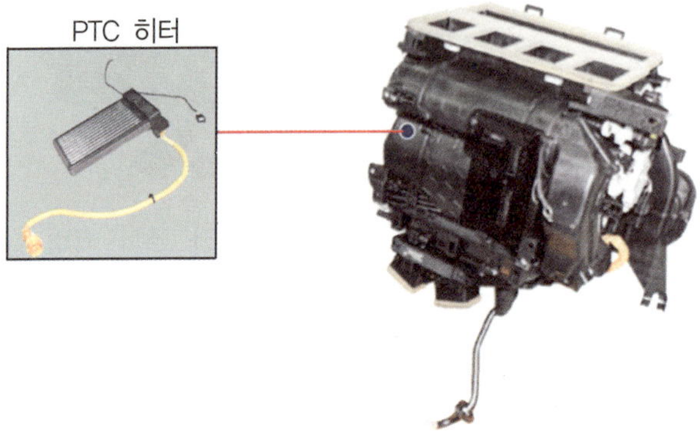

그림 7-76 PTC 히터 설치 위치

2.3.1. 작동원리

표 7-7 PTC 히터 성능

항목	구분	제원
Vn	작동 전압	654±5V
Air intake	흡기 온도	0℃±1℃
Cp air	공칭 기류	300kg/h±5kg/h
Pn	공칭 조건에서 운전자/승객의 각 성능	6300㎾+10%, -5%

① 작동 전압 : DC 248~865V

② FET 작동 인터페이스(@300kg/h, 654V)

2.3.2. 점검

① A/C 컨트롤러에서 출력 신호(작동 요청)가 있는지 확인한다.

② 인터락에 문제가 없는지 진단기기로 검사한다.

③ 저전압(12.0V)이 공급되는지 확인한다.

④ 점검은 자기진단과 Fail safe를 참조한다.

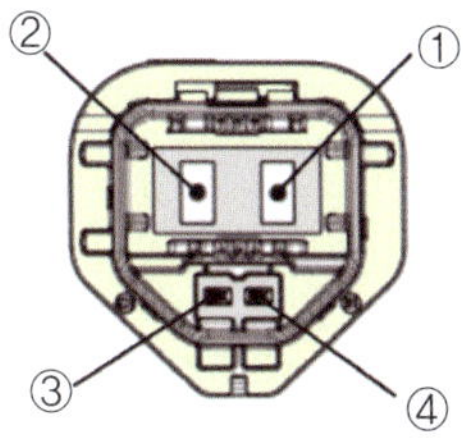

그림 7-77 PTC 히터 커넥터

표 7-8 PTC 히터 커넥터 A 기능

핀 번호	기능
1	HV(−)
2	HV(+)
3	인터락(+)
4	인터락(−)

표 7-9 PTC 히터 커넥터 B 기능

핀 번호	기능
1	IGN 3
2	CAN High
3	CAN Low
4	인터락(+)
5	인터락(−)
6	접지

2.3.3. 탈거 및 장착

① 고전압 차단 절차를 수행한다.

② 글러브 박스를 탈거한다.

③ 잠금 핀을 눌러 덕트 센서 커넥터를 분리한다.

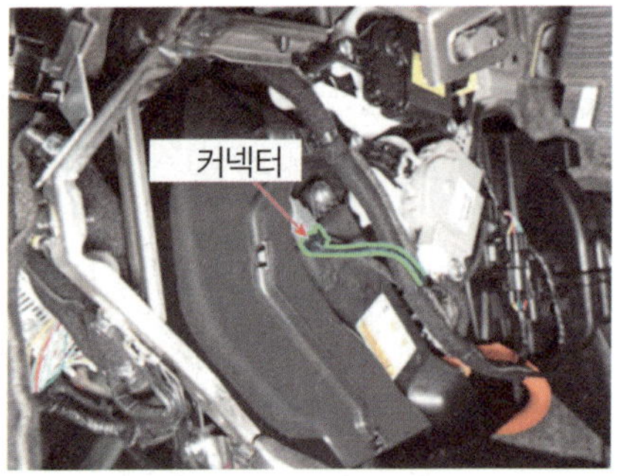

그림 7-78 덕트 센서 커넥터 분리

④ 장착 스크류를 풀어 동승석 샤워 덕트를 탈거한다.

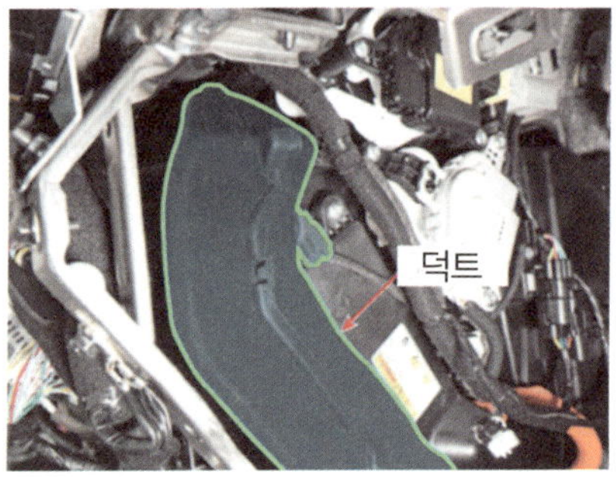

그림 7-79 동승석 샤워 덕트 탈거

⑤ PTC 히터 고전압 케이블 커넥터를 분리한다.

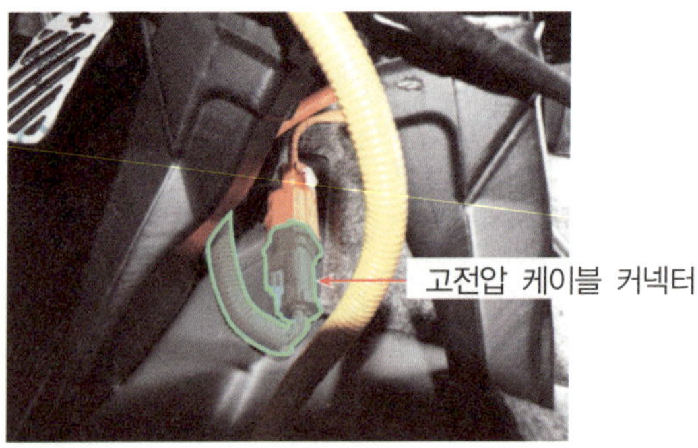

그림 7-80 고전압 케이블 커넥터 분리

⑥ 케이블 고정 클립을 히터 유닛으로부터 탈거한다.

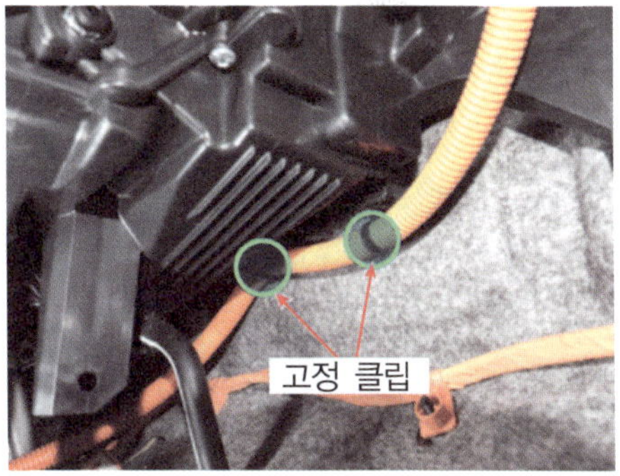

그림 7-81 케이블 고정 클립 탈거

⑦ 잠금 핀을 눌러 PTC 히터 신호선 배선을 분리한다.

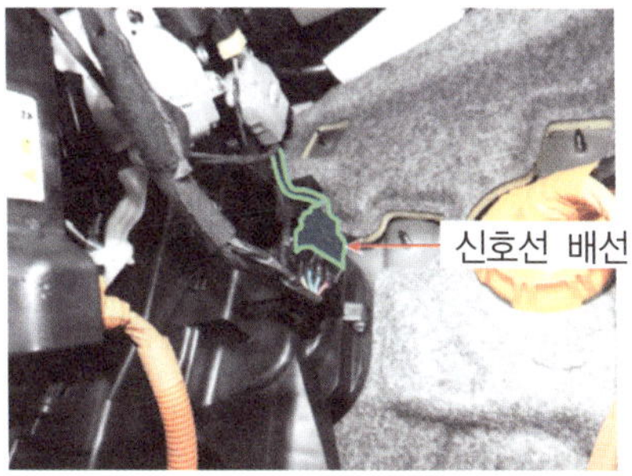

그림 7-82 PTC 히터 신호선 배선 분리

⑧ 장착 볼트를 풀어 PTC 히터 접지 배선을 분리한다.

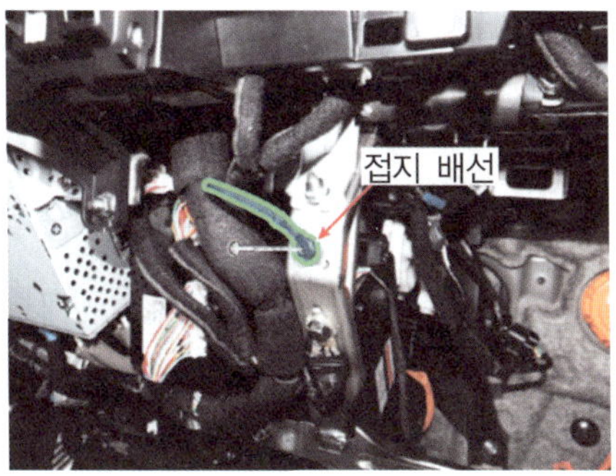

그림 7-83 접지 배선 분리

⑨ 장착 스크류를 풀어 PTC 히터를 화살표 방향으로 탈거한다.

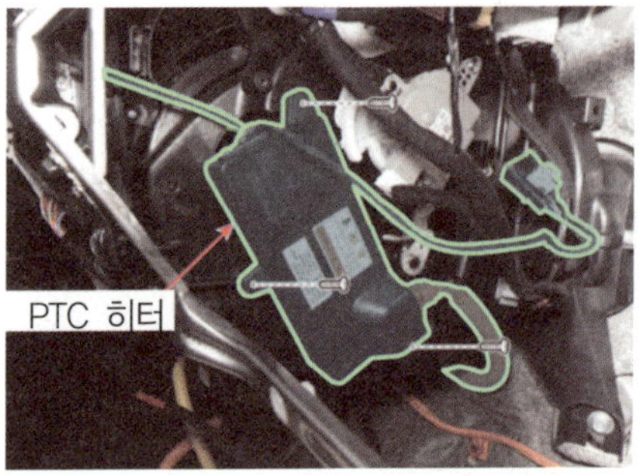

(a) 스크류 탈거

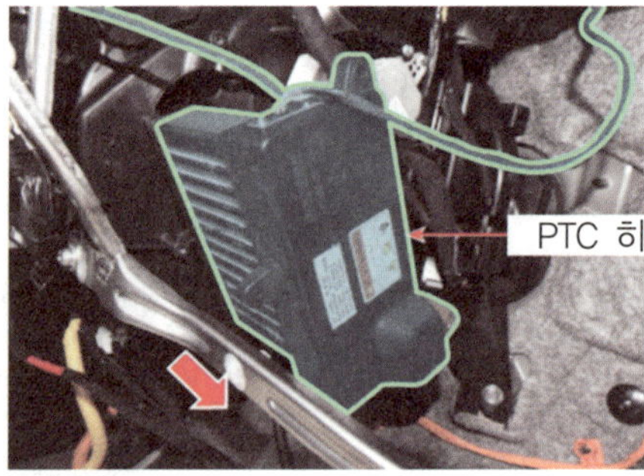

(b) PTC 히터 탈거

그림 7-84 PTC 히터 탈거

⑩ 장착은 탈거의 역순으로 진행한다.

2.3.4. PTC 히터 퓨즈

① 고전압 차단 절차를 수행한다.

② 장착 볼트를 탈거하고, 고전압 정션 박스 어퍼 커버를 탈거한다(체결 토크 : 0.5~0.6kgf·m).

③ 장착 너트를 풀고 고전압 정션 박스 PTC 히터 퓨즈를 분리한다(체결 토크 : 0.5~0.6kgf·m).

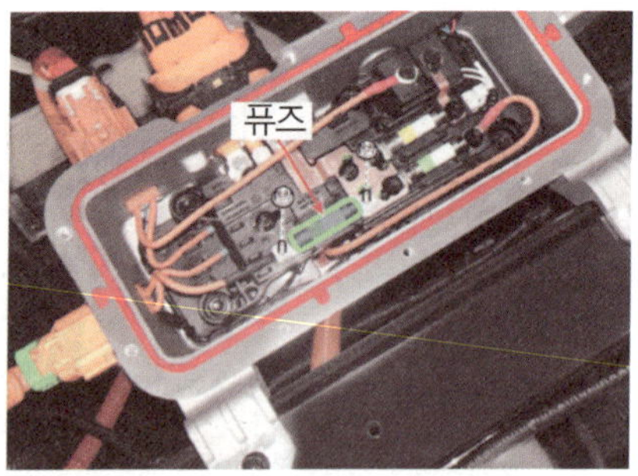

그림 7-85 PTC 히터 퓨즈 분리

④ 장착은 탈거의 역순으로 진행한다.

2.4 블로어

2.4.1. 블로어 유닛 탈거 및 장착

① 배터리의 (−)단자를 분리한다.

② 프런트 트렁크를 탈거한다.

③ 흡입 액추에이터 커넥터 및 블로어 모터 커넥터를 분리한다.

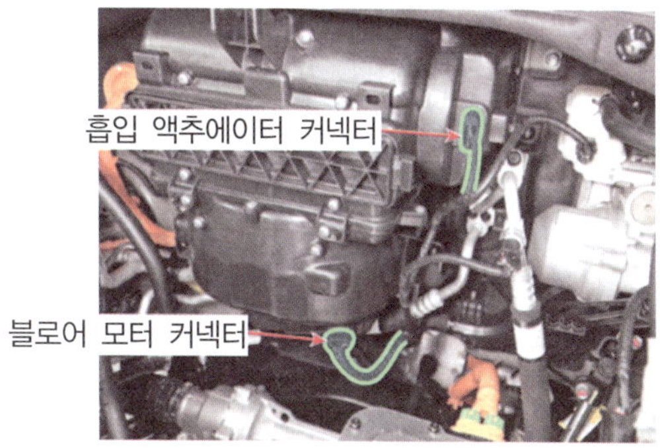

그림 7-86 흡입 액추에이터 커넥터 및 블로어 모터 커넥터 분리

④ 장착 너트를 풀고 블로어 유닛 어셈블리를 탈거한다.

그림 7-87 블로어 유닛 어셈블리 탈거

⑤ 장착은 탈거의 역순으로 진행한다.

2.4.2. 블로어 모터

[1] 점검

① IGN2에서 히터 컨트롤을 조작하여 모터가 구동하는지 확인한다.

㉮ 1번 단자에 전압을 가하고, 4번 및 신호 발생기 (−)단자는 접지시킨다.

㉯ 2번 단자에 신호 발생기 (+)신호를 연결한 후 아래와 같이 신호 발생기 설정을 맞춘다.

- 주파수 : 180㎐
- High/Low Voltage : 10V/0V
- Duty : 10~90%

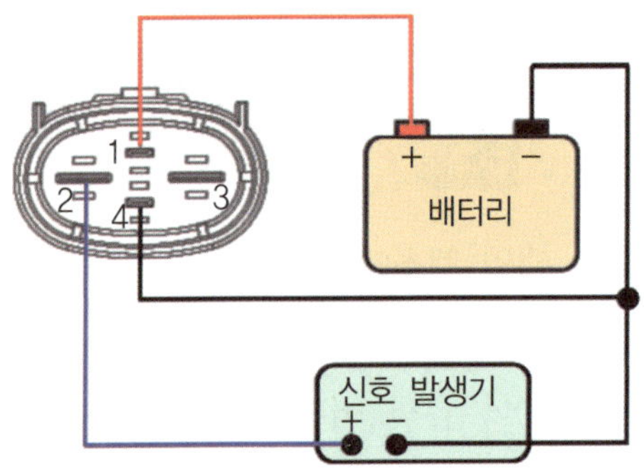

그림 7-88 블로어 모터 점검

표 7-10 블로어 모터 단자별 기능

단자	기능
1	입력 신호
2	배터리 (+)
3	접지
4	MVS(모터 전압 센싱)

② Duty를 10~90%로 작동시켜 모터가 구동하는지 점검한다.

③ 만약 블로어 모터가 작동하지 않으면 정품의 블로어 모터로 교체하여 작동을 확인한다.

④ 블로어 모터 작동이 정상이면 블로어 모터를 교환한다.

[2] 탈거 및 장착

① 배터리의 (-)단자를 분리한다.

② 로어 블로어 유닛을 탈거한다.

③ 장착 스크류를 풀고 로어 블로어 하우징을 탈거한다.

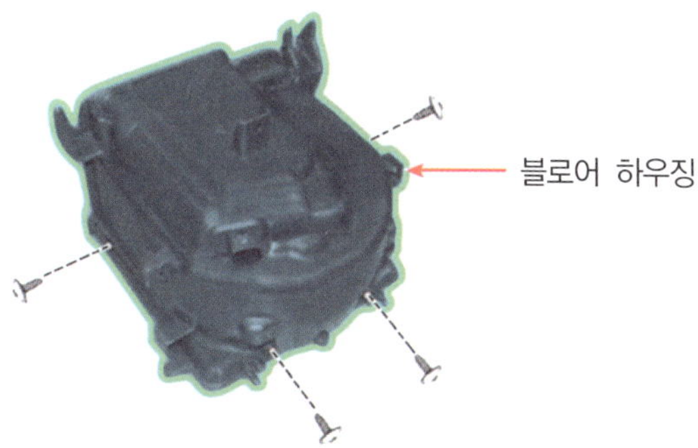

그림 7-89 블로어 하우징 탈거

④ 장착 스크류를 풀고 블로어 모터를 탈거한다.

그림 7-90 블로어 모터 탈거

⑤ 장착은 탈거의 역순으로 진행한다.

2.4.3. 공조 장치용 에어필터 탈거 및 장착

공조 장치용 에어필터는 블로어 유닛에 장착되어 이물질 또는 냄새 등을 제거한다. 파티클 필터는 일반적인 먼지 제거뿐만 아니라 냄새 제거 필터의 역할을 수행하여 안락한 실내 환경을 유지시켜 준다.

① 배터리의 (−)단자를 분리한다.

② 프런트 트렁크를 탈거한다.

③ 공조 장치용 에어필터 커버의 노브를 눌러 탈거한다.

그림 7-91 에어필터 커버 탈거

④ 공조 장치용 에어필터를 교환한다. 대기 오염이 심한 지역이나 도로 조건이 나빠서 매연 등이 많이 발생하는 지역 운행 시는 수시 점검 및 교환해 주어야 한다.

그림 7-92 공조 장치용 에어필터 교환

⑤ 장착은 탈거의 역순으로 진행한다.

2.5 컨트롤러

2.5.1. 히터 및 에어컨 컨트롤 유닛(MKBD) 탈거 및 장착

① 배터리의 (-)케이블을 분리한다.

② 크래쉬 패드 가니쉬(RH)를 탈거한다.

③ 장착 스크류를 풀고 히터 및 에어컨 컨트롤 유닛을 탈거한다.

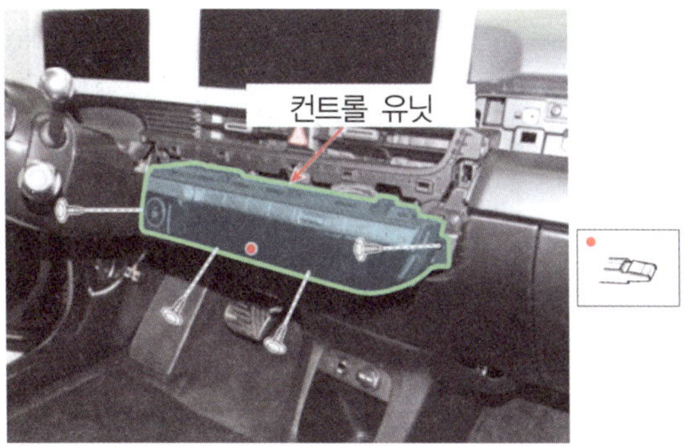

그림 7-93 히터 및 에어컨 컨트롤 유닛 탈거

④ 히터 및 에어컨 컨트롤 유닛(MKBD)에 연결된 커넥터를 분리한다.

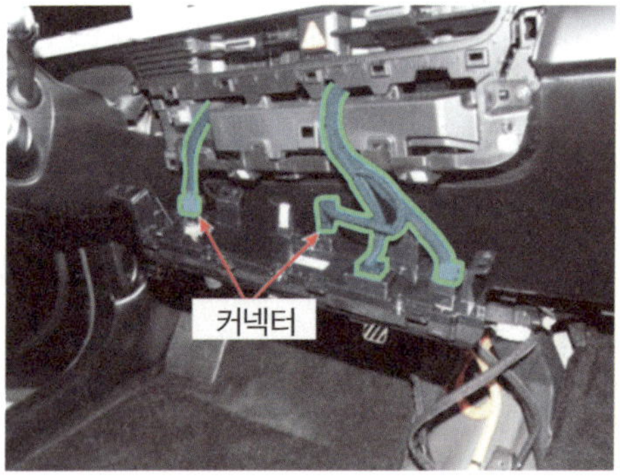

그림 7-94 커넥터 분리

⑤ 장착은 탈거의 역순으로 진행한다.

2.5.2. 히터 컨트롤 유닛 탈거 및 장착

① 배터리의 (-)케이블을 분리한다.

② 크래쉬 패드 센터 패널(RH)을 탈거한다.

③ 히터 컨트롤 유닛 커넥터를 분리한다.

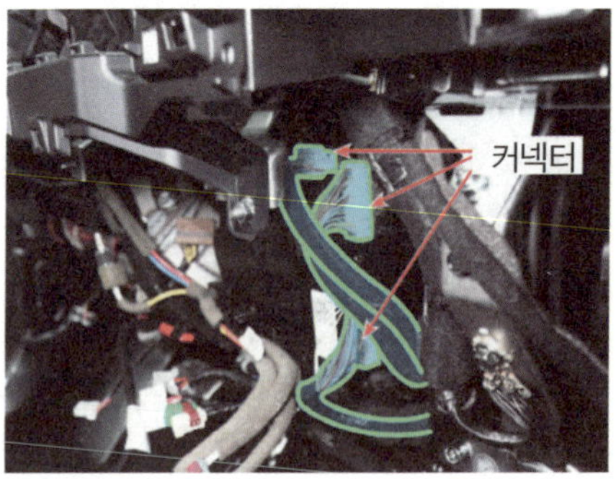

그림 7-95 히터 컨트롤 유닛 커넥터 분리

④ 장착 스크류를 풀고 히터 컨트롤 유닛을 탈거한다.

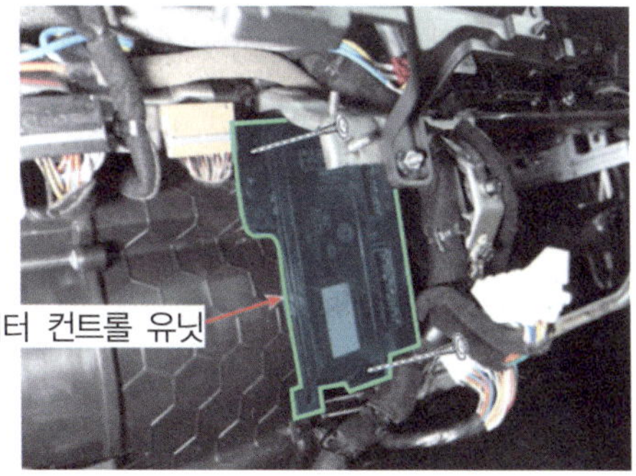

그림 7-96 히터 컨트롤 유닛 탈거

⑤ 장착은 탈거의 역순으로 진행한다.

3 히트펌프

3.1 개요

히트펌프는 열 교환을 위한 솔레노이드 팽창 밸브와 냉매 라인이 내장된 시스템으로 역으로 작동하면 에어컨처럼 동작한다. 히트펌프 시스템의 장점은 동작 효율이 저항 소자 PTC(정온도 계수) 히터보다 3~4배 더 높을 수 있다. 그러나 이 시스템은 -20℃ 이하의 환경에서만 제대로 동작한다.

3.2 탈거 및 장착

① 배터리 (-)터미널을 분리하고, 고전압을 차단한다.

② 프런트 트렁크를 탈거한다.

③ 프런트 언더 커버를 탈거한다.

④ 고전압배터리 라디에이터 드레인 플러그를 열어 냉각수를 배출한다.

⑤ 프런트 고전압 정션 박스에서 히트펌프 커넥터를 분리한다.

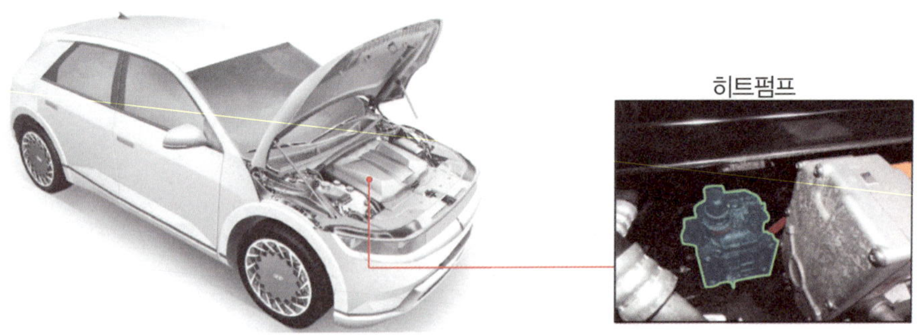

그림 7-97 히트펌프 설치 위치

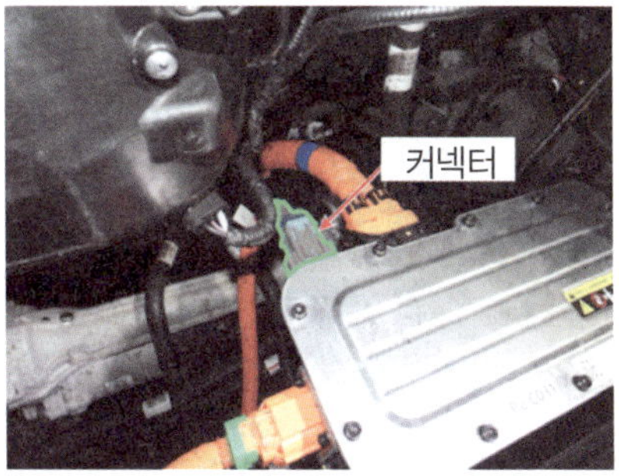

그림 7-98 히트펌프 커넥터 분리

⑥ 히트펌프 냉각수 인렛 호스를 분리한다.

그림 7-99 인렛 호스 분리

⑦ 히트펌프 접지 볼트를 탈거하고, 접지 케이블을 분리한다(체결토크 : 1.1~1.4kgf · m).

그림 7-100 접지 케이블 분리

⑧ 히트펌프 냉각수 아웃렛 호스를 분리한다.

그림 7-101 아웃렛 호스 분리

⑨ 히트펌프 온도 센서 커넥터를 분리한다.

⑩ 고전압배터리 히트펌프를 탈거한다.

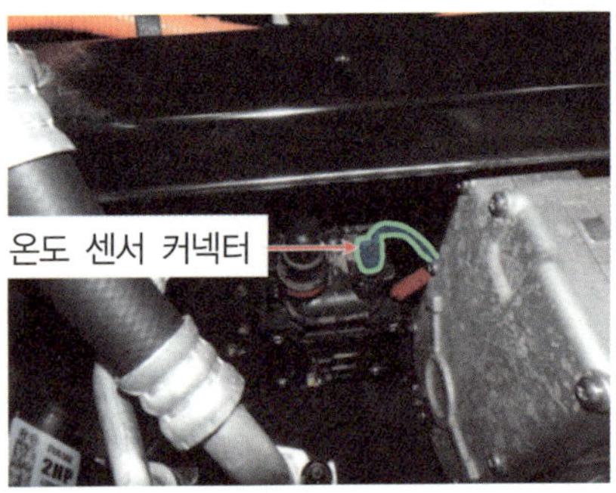

그림 7-102 온도 센서 커넥터 분리

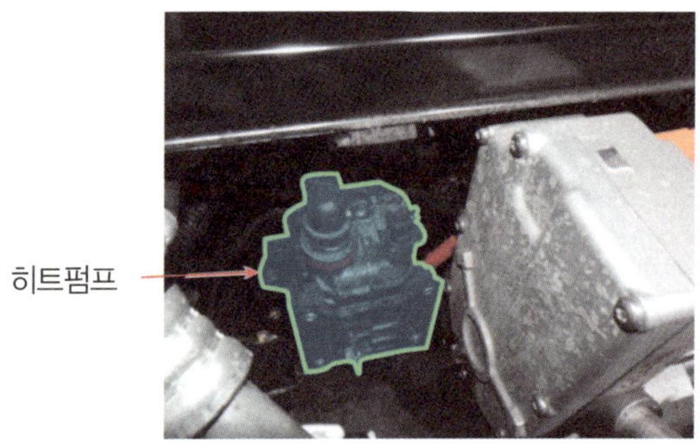

그림 7-103 히트펌프 탈거

⑪ 장착은 탈거의 역순으로 한다.

⑫ 고전압배터리 냉각수를 주입한다. 냉각수 주입 시 진단기기를 이용하여 전자식 워터 펌프(EWP)를 강제 구동시켜 공기빼기 작업을 진행한다.

3.3 히트펌프 퓨즈 탈거 및 장착

① 배터리 (-)터미널을 분리하고, 고전압을 차단한다.

② 프런트 트렁크를 탈거한다.

③ 배터리와 배터리 트레이를 탈거한다.

④ 고전압 정션 박스 커버를 탈거한다(체결토크 : 0.8~1.2kgf · m).

그림 7-104 고전압 정션 박스 커버 탈거

⑤ 장착 너트를 풀고 히트펌프 퓨즈를 탈거한다(체결토크 : 0.4~0.6kgf · m). 버스 바를 분리한 후 (-)드라이버 또는 기타 공구를 사용하여 록 타이트를 제거 및 단자 간 접촉이 원활하도록 이물질을 제거한다.

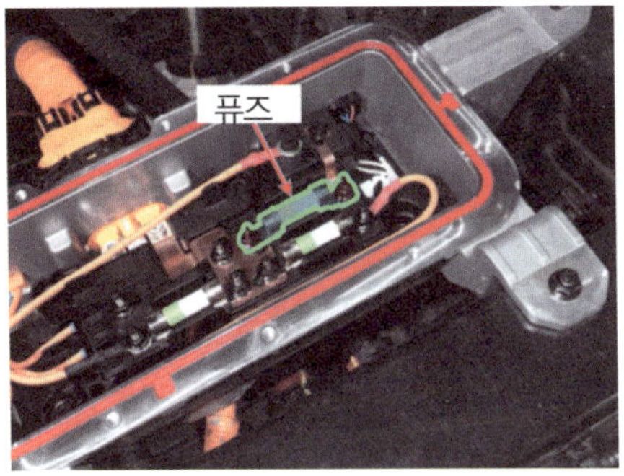

그림 7-105 히트펌프 퓨즈를 탈거

그림 7-106 록 타이트 제거

⑥ 장착은 탈거의 역순으로 진행한다. 퓨즈에 버스 바를 장착한 후 록 타이트를 도포하고 규정 토크로 장착한다.

3.4 히트펌프 릴레이 탈거 및 장착

① 배터리 (−)터미널을 분리하고, 고전압을 차단한다.

② 프런트 트렁크를 탈거한다.

③ 배터리와 배터리 트레이를 탈거한다.

④ 고전압 정션 박스 커버를 탈거한다(체결토크 : 0.8~1.2kgf · m).

⑤ 장착 너트를 풀고 히트펌프 퓨즈를 탈거한다(체결토크 : 0.4~0.6kgf · m).

⑥ 릴레이 버스 바 장착 볼트를 탈거한다(체결토크 : 0.8~1.2kgf · m). 버스 바를 분리한 후 (−)드라이버 또는 기타 공구를 사용하여 록 타이트를 제거 및 단자 간 접촉이 원활하도록 이물질을 제거한다.

⑦ 릴레이 케이블 장착 볼트를 탈거한다(체결토크 : 0.8~1.2kgf · m).

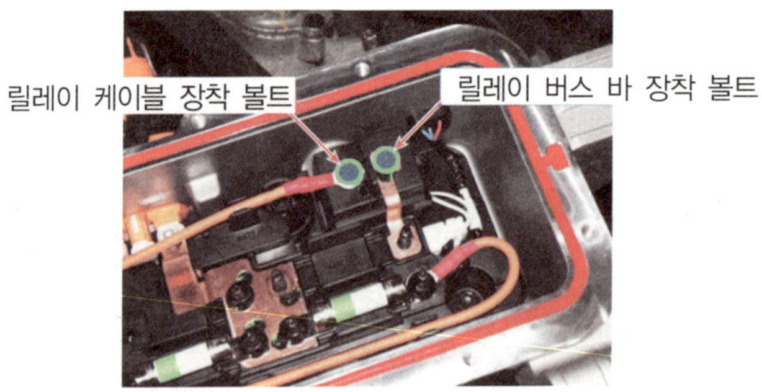

그림 7-107 릴레이 버스 바 장착 볼트 및 릴레이 케이블 장착 볼트 탈거

⑧ 히트펌프 릴레이 커넥터를 분리한다.

그림 7-108 커넥터 분리

⑨ 장착 너트를 풀고, 히트펌프 릴레이를 탈거한다(체결토크 : 0.8~1.2kgf·m).

그림 7-109 히트펌프 릴레이 탈거

⑩ 장착은 탈거의 역순으로 진행한다. 퓨즈에 버스 바를 장착한 후 록 타이트를 도포하고 규정 토크로 장착한다.

전기자동차 유지관리 및 주의사항

08

CHAPTER 08

전기자동차 유지관리 및 주의사항

1 고전압배터리 시스템 취급 시 주의사항

① 고전압으로 작동되는 장치이므로 시동 키 2단(ON) 또는 엔진 시동 상태에서는 관련 부품을 만지거나 탈/부착하지 않는다.

② 고전압배터리에 연결된 DC 파워케이블(+, -)은 감전의 우려가 있으므로 안전조치를 취하지 않은 상태에서 손으로 만지거나 임의로 탈/부착하지 않는다.

③ 고전압배터리 관련 정비/점검 작업을 할 경우 반드시 안전 플러그를 탈거하여 고전압을 사전에 차단시킨다.

④ 고전압배터리는 트렁크 룸 내부에 장착되므로 과다한 화물 적재 또는 충격이 가해지지 않도록 유의한다(부품 손상, 배터리 냉각 및 환기 불량 초래).

⑤ 고전압배터리 시스템 관련 부품의 정비/점검 및 수리작업은 서비스센터로 의뢰한다.

2 고전압배터리 시스템의 화재 발생 시 주의사항

① 차량의 시동키를 "OFF"하여 전기 동력 시스템 작동을 차단시킨다(고전압배터리 전기에너지 입/출력이 금지됨).

② 스타트 버튼을 "OFF"한 후 의도치 않은 시동을 방지하기 위해 스마트키를 차량으로부터 2m 이상 떨어진 위치에 보관하도록 한다.

③ 고전압배터리 부위의 직접적인 화재가 아니거나 화재 초기 상태라면 트렁크를 열고 신속히 안전 플러그를 탈거한다(화재 진행 중이라면 접근 금지).

④ 실내 또는 밀폐된 공간에서 화재가 발생되었을 경우 유해 가스의 원활한 방출을 위해 신속히 환기시킨 후 대피한다.

⑤ 화재 진압을 위해서는 액체 물질을 사용하지 말고 분말소화기 또는 모래를 이용한다.

⑥ 와이어 하네스나 다른 부품에서 발생한 화재에 대해서는 ABC소화기 사용이 가능하다.

⑦ 이산화탄소는 전기에 대해 절연성이 우수하기 때문에 전기(C급) 화재에도 적합하다.

⑧ 불을 끌 수 없다면 안전한 곳으로 대피한다. 그리고 소방서에 전기자동차 화재를 알리고 불이 꺼지기 전까지 차량에 접근하지 않도록 한다.

⑨ 차량의 침수/충돌사고 발생 후 정지 시 최대한 빨리 차량키(시동키)를 OFF 및 외부로 대피한다.

3 고전압배터리 가스 및 전해질 유출 시 주의사항

① 가스 및 전해질 유출 시 초기진화 방법은 유해물질(액체, 증기, 가스)이 피부나 눈에 접촉되었을 경우 빠른 조치가 중요하다.

② 점화 스위치를 "OFF"한 후 차량으로부터 탈출한다.

③ 가스는 수소 및 알칼리성 증기이므로, 실내일 경우 즉시 환기 후 안전한 장소로 대피한다.

④ 누출된 액체가 피부에 접촉 시 즉각 붕소액으로 중화 후 흐르는 물 또는 소금물로 환부를 세척한다. 누출된 증기나 액체가 눈에 접촉 시 즉시 흐르는 물에 세척 후 의사의 진료를 받아야 한다. 고온에 의한 가스 누출일 경우 고전압배터리가 상온으로 완전히 냉각될 때까지 사용을 금지한다.

4 전지자동차 장기방치 시 주의사항

① 차량의 시동키를 "OFF"하여 전기 동력 시스템 작동을 차단시킨다(고전압배터리 전기 에너지 입/출력이 금지됨).

② 스타트 버튼을 "OFF"한 후 의도치 않은 시동을 방지하기 위해 스마트키를 차량으로부터 2m 이상 떨어진 위치에 보관하도록 한다(암전류 등으로 인한 고전압배터리 방전 방지).

③ 고전압배터리의 SOC(충전 상태)가 30% 이하일 경우(계기판의 SOC 게이지가 적색 구간 이하) 2개월 이상 차량 장기 방치 시 고전압배터리의 재사용이 불가할 수 있으므로 주의한다.

④ 고전압배터리의 SOC(충전 상태)가 정상(약 60%)일 경우라도 6개월 이상 장기 방치 시 고전압배터리의 재사용이 불가할 수 있으므로 SOC 상태가 0으로 되는 것을 방지하기 위해 3개월에 한 번 완속충전으로 완전충전하여 보관한다.

⑤ 보조배터리 방전 여부 점검 및 교체 시 고전압배터리의 SOC 초기화에 따른 문제점을 점검한다.

5 고전압배터리의 관리 및 보관 시 주의사항

5.1 고전압배터리의 방전조치

분리된 고전압배터리를 재활용하고자 하는 경우 운반·보관 전에 방전설비를 통하여 전기적 방전을 실시한다. 그러나 ESS 등 재사용의 경우에는 배터리 성능의 저하를 가져올 수 있으므로 예외로 할 수 있다.

5.2 고전압배터리의 운반

① 배터리의 운반에 필요한 적정한 포장방식의 채택 및 방화·방수·방폭·절연·단열·부식 방지 등의 안전방호 대책을 수립한다.

② 배터리의 개별 포장 후 운반에 적합한 강도의 단단한 외부 포장재 포장 및 단락방지를 한다.

③ 액체류나 폭발 위험성이 있는 다른 위험물과 같이 포장하거나, 동일한 운송수단으로 같이 운반하지 않도록 주의한다.

④ 진동 및 충격 영향, 더 심한 손상으로 이어질 수 있는 배터리의 이동방지 등 운반 중 위험한 상태를 최소화하기 위한 적절한 조치를 마련한다.

5.3 고전압배터리의 보관

① 장기 보관 시 배터리가 건조하게 유지될 수 있도록 환기가 잘되는 저온 저습한 곳에 보관한다.

② 고온・화기・직사광선이나 수분 등에 노출되지 않도록 주의한다.

③ 과도한 열이나 힘이 가해지지 않도록 하고, 떨어뜨리거나 기계적 부하 또는 구멍을 뚫는 행위 등으로 인한 손상이 발생되지 않도록 주의한다.

④ 배터리를 바닥에 둘 경우 아래에 고압 고무절연 매트를 깔고 정상 설치된 방향으로 보관하며, 뒤집어서 보관하지 않도록 주의한다.

⑤ 배터리는 합선에 대해 충분한 절연처리를 해야 하며, 필요시 고압 고무절연 매트로 배터리를 덮어서 보관한다.

⑥ 배터리를 보관하는 보관소에는 경고표시를 하도록 하며, 외부인에 의한 파손이나 사고를 예방할 수 있도록 보안장치를 설치한다.

6 우천 시 주의사항

① 집중호우로 인한 전기자동차 침수 피해 및 사고 예방을 위해 우천 시 전기자동차 사용법을 숙지하고, 주의를 기울여 안전사고에 대비해야 한다.

② 전기자동차를 충전할 때 젖은 손으로 충전기 사용은 지양하고, 우천 시 충전장치에 수분 유입을 주의해야 한다. 또 폭풍, 천둥, 번개가 심하게 칠 때는 충전기 사용을 지양하고, 충전기 커넥터를 하늘 방향으로 향하지 않게 하는 것이 좋다.

③ 차량이 침수된 경우에는 고전압배터리는 차체로부터 절연되어 있기 때문에 차량과 접촉해도 감전되지 않지만, 안전을 위해 가급적 빠르게 시동을 끄고 신속히 차량에서 대피해야 한다.

④ 침수된 전기자동차의 배수 후 안전을 위해 전기자동차의 고전압 케이블(주황색)과 커넥터, 고전원 배터리를 직접 접촉하지 않도록 주의해야 한다. 이때 소방서 등 응급기관 및 해당 제작사의 서비스센터에 연락해 조치를 받는 것이 바람직하다.

7 사고 전기차 취급 방법

7.1 사고 전기차 취급 시 주의사항

① 절연장갑(또는 고무장갑), 보호 안경, 절연복 및 절연화를 착용한다.

② 절연 피복이 벗겨진 파워 케이블은 절대 접촉하지 않는다.

③ 자동차 화재 시 ABC 소화기로 진압하며, 물 사용을 금지한다.

④ 차량이 절반 이상 침수 상태인 경우 안전 플러그 등 고전압 관련 부품에 절대 접근하지 않는다. 불가피한 경우라도 차량을 안전한 곳으로 완전히 이동시킨 후 조치한다.

⑤ 가스는 수소 및 알칼리성 증기이므로 실내일 경우 즉시 환기 후 안전한 장소로 대피한다.

⑥ 누출된 액체가 피부에 접촉 시 즉각 붕소액으로 중화 후 흐르는 물 또는 소금물로 환부를 세척한다.

⑦ 고전압 차단이 필요한 경우에는 "고전압 차단 절차"를 참조하여 작업한다.

7.2 사고 전기차 작업 시 준비사항

① 절연 장갑(또는 고무장갑), 보호안경, 안전복 및 안전화

② 붕소액

③ ABC 소화기

④ 전해질용 수건

⑤ 비닐 테이프(터미널 절연용)

⑥ 메가옴 테스터기(고전압 절연저항 확인용)

7.3 전기차 사고 및 화재발생 시 응급조치

① 차량 사고가 발생하였을 경우에는 차량을 안전한 장소로 이동한 후 고전압의 전기 누출을 방지하기 위해 차량 시동을 끄고, 모터룸에 있는 서비스 인터록 커넥터(노란색 태그)와 12V 배터리의 단자를 분리하여 전원을 차단한다.

② 차량 내부나 외부에서 보았을 때 노출된 전선이 있을 경우 전선을 만지지 말아야 한다. 또한 고전압의 전선(주황색)과 커넥터 그리고 모든 전기 부품 및 장치를 만지지 말아야 한다. 전기 충격이 발생하여 상해를 입을 수 있다.

③ 차량 사고가 발생하였을 때 구동용(고전압) 배터리가 파손되어 인체에 유해한 가스 및 전해액이 누출될 수 있다. 누출된 액체가 피부에 접촉되지 않도록 주의해야 한다.

④ 가연성 가스 및 유독 가스 누출이 의심되면 창문을 열어 환기하고 안전한 장소로 대피해야 한다. 만일 누출된 액체가 눈에 들어가거나 피부에 접촉되면 즉시 흐르는 물 또는 소금물로 신체 접촉 부위를 씻은 후 의사의 진료를 받아야 한다.

⑤ 소규모 화재일 경우에는 전기 화재용 소화기(ABC, BC소화기)를 사용하여 화재를 진화해야 한다. 초기에 신속한 화재 진압이 불가능할 경우 안전한 장소로 대피하고 사람들이 접근하지 않도록 해야 한다. 119 등 긴급전화를 통하여 전기 차량에 화재가 발생하였음을 알리고, 화재에 대한 적절한 조치를 안내받아야 한다.

⑥ 화재가 차량 하부의 구동용(고전압) 배터리에 전이된 경우 화재를 완전히 진압하기 위해서는 장시간 동안 대량의 물이 지속적으로 공급되어야 한다. 만약 소량의 물 또는 부적절한 소화기를 사용할 경우 화재 진화가 어렵고 감전으로 인한 사고가 발생하여 다칠 수 있다.

⑦ 차량이 침수되었을 경우에는 즉시 시동을 끄고 안전한 장소로 대피하고 소방서 등 응급기관 및 서비스센터나 서비스협력사에 연락하여 조치를 받아야 한다.

7.4 전기자동차 견인 시 주의사항 및 견인방법

7.4.1. 견인 시 주의사항

전기자동차는 고전압을 사용하므로 고장 발생 시 고전압을 취급할 수 있는 전문업체에 의뢰해야 한다.

① 전문 견인 업체에 요청해야 한다.

② 로프나 체인을 이용하여 다른 차의 뒤에서 견인할 경우 매우 위험하다.

③ 견인 시 필요하다면 네 바퀴를 모두 들어 올려 견인해야 한다.

④ 바퀴가 지면에 닿은 상태로 견인할 경우 차량 구동계(감속기) 부품이 손상될 수 있다.

⑤ 차량을 견인할 때 구동 시스템이 포함된 전륜 또는 후륜의 한쪽 바퀴만 견인하지 말아야 한다.

⑥ 배터리 화재가 발생한 차량의 경우 2차 화재가 발생할 수도 있으므로 차량 이동 및 견인 시 반드시 소방차와 함께 이동해야 한다.

7.4.2. 차량 견인방법

[1] 견인방법

(1) 플랫-베드 견인방법

고장 자동차를 견인트럭 뒤에 실어서 견인하는 방법으로 자동차 견인의 가장 안전하고 좋은 방법이다.

그림 8-1 플랫-베드 견인

(2) 휠 리프트 견인 방법

견인 트럭에 자동차의 구동축 바퀴를 들어 올려 반대쪽 바퀴는 바닥에 닿게 하거나 보조 장비를 이용하여 견인한다.

그림 8-2 휠 리프트 견인

(3) 슬링 타입 견인 방법

견인 트럭의 후크가 달린 체인을 이용하여 견인하는 방법으로 후크를 프레임이나 서스펜션에 걸고 체인을 이용하여 자동차를 들어 올려 견인하는 방법으로 자동차의 서스펜션과 차체에 심하게 손상될 수 있어 이러한 방법으로 견인해서는 안 된다.

그림 8-3 슬링 타입 견인

[2] 견인 트럭으로 견인 시

(1) 방법

그림 8-4 견인 트럭으로 견인 시 방법

① 견인하는 가장 좋은 방법은 견인 차량에 차량을 실어 운반하는 상차 견인이다.

② 상차 견인이 불가할 경우에는 앞바퀴 또는 뒷바퀴를 지그에 올리고 나머지 바퀴를 지면에 닿지 않도록 돌리를 사용하여 견인해야 한다.

③ 되도록 서비스센터나 서비스 협력사 또는 견인 전문업체를 이용해야 한다.

(2) 주의

그림 8-5 견인 시 주의

① 상차 견인 시 연결 고리를 차체 또는 섀시에 연결하지 말아야 한다. 차량이 손상될 수 있다.

② 서스펜션 구속 방식으로 견인하면 범퍼 및 하부 부품에 손상을 줄 수 있다.

③ 구동 바퀴를 땅에 대고 차량을 견인하면 감속기에 손상을 줄 수 있다.

④ 견인 시 범퍼 및 하부 부품 손상에 주의해야 한다.

⑤ 견인 트럭으로 상차하거나 차량의 위치 조절이 필요한 경우에만 약 10m 이내의 매우 짧은 거리를 약 5km/h 이하의 속도로 이동해야 한다. 이때 차량의 변속 위치는 N(중립) 상태이며 주차 브레이크는 해제해야 한다. 변속 위치 및 주차 브레이크 조작이 불가능한 경우에는 뒷바퀴를 들어 올린 상태로 이동해야 한다.

[3] 2륜 구동 차량의 경우

① 2륜 구동 차량의 경우 상차 견인이 불가할 때 구동 시스템이 포함된 바퀴가 회전하지 않도록 바퀴를 구속한 상태에서 차량 변속 위치를 N(중립)으로 두고 주차 브레이크를 풀어 구동 시스템이 없는 바퀴를 땅에 대고 견인한다.

② 타이어를 땅에 대고 견인 시 POWER ON 또는 DRIVE READY 상태에서 변속 위치를 N(중립)으로 변속 후 유지해야 한다.
③ 전기 구동 차량에서 ①, ② 사항 미준수 시 구동계 부품이 파손될 수 있다.
④ POWER ON 상태에서 N(중립)으로 변속하면 구동계(고전압) 배터리의 전원이 공급되지 않아 12V 배터리가 방전될 수 있다.

[4] 사이드 에어백 장착 차량 견인 시

반드시 시동을 끄고 견인해야 한다. 시동을 켠 상태에서 차량이 기울어질 경우 전복으로 감지되어 측면 에어백이 전개될 수 있다(전복 센서 적용 시).

8 기타 주의사항

① 차량 사고 등으로 도장을 하고 고온 열처리를 할 경우 구동용(고전압) 배터리의 성능이 저하될 수 있다. 고온 열처리가 필요할 경우에는 서비스센터나 서비스협력사에 문의해야 한다.
② 모터룸 내부 청소 시 고압 세차나 물 세척을 하지 말아야 한다. 고전압 누전에 의한 감전을 일으킬 수 있고, 부품 손상 등 차량의 전기 계통에 이상이 생겨 차량에 문제가 발생할 수 있다.
③ 비순정 부품을 사용하거나 임의 개조, 장착을 하지 말아야 한다. 전기 동력 시스템에 손상을 줄 수 있다.